胡杨异形叶功能性状的协同变化与权衡策略

李志军 翟军团 李 秀 王 杰 著

国家自然科学基金项目（31860198、U1803231、31060026、U1303101、31460042）、新疆维吾尔自治区第二批"天山英才"培养计划科技创新团队项目（2023TSYCTD0019）资助

科学出版社

北 京

内 容 简 介

本书以作者近 10 年对胡杨异形叶性生物学特性的研究为基础，在阐明胡杨异形叶发生分布、异形叶结构生理特征，以及异形叶养分和激素含量与个体发育阶段关系的基础上，通过网络分析方法，可视化了胡杨不同发育阶段各类异形叶结构功能性状之间的相互依存关系，揭示了胡杨在个体发育过程中不同类型异形叶通过叶性状间的协同变化完成对自身生长发育和环境适应的调控。本书可为进一步揭示木本植物异形叶性的分子调控机理和多样化的生态适应策略奠定理论基础。

本书可供植物学、生态学、林学、环境保护学等领域的科研人员和高等院校相关师生参考使用。

图书在版编目（CIP）数据

胡杨异形叶功能性状的协同变化与权衡策略/李志军等著. -- 北京：科学出版社, 2025.6. -- ISBN 978-7-03-079326-3

Ⅰ. S792.119

中国国家版本馆 CIP 数据核字第 2024914HH6 号

责任编辑：王　静　付　聪 / 责任校对：郭春蝶
责任印制：肖　兴 / 封面设计：无极书装

科 学 出 版 社 出版

北京东黄城根北街 16 号
邮政编码：100717
http://www.sciencep.com

北京建宏印刷有限公司印刷
科学出版社发行　各地新华书店经销
*
2025 年 6 月第 一 版　开本：787×1092 1/16
2025 年 6 月第一次印刷　印张：13 1/2
字数：320 000
定价：**168.00 元**
（如有印装质量问题，我社负责调换）

前　　言

植物功能性状可分为形态性状和生理性状、营养性状和繁殖性状、地上性状和地下性状、影响性状和响应性状、结构型性状和功能型性状等。植物功能性状与植物体生命过程关联，能反映植被对环境变化的响应。植物性状并非独立存在，而是多种性状之间表现出紧密的相关性。单个物种的性状间存在普遍的和多样的联系，植物可以通过其性状间的协同变化适应不同的环境。对于植物而言，多性状之间的正相关或负相关关系代表着性状间的协调或权衡，体现着植物的生长、繁殖和环境适应策略。因此，研究植物不同性状间的协调或权衡关系可了解植物在不同生境下的生态适应策略，对于物种共存及生态位分化的研究有重要意义。

叶是植物对环境变化响应最敏感的器官，叶性状间关系的改变说明环境变化对叶不同性状的作用程度发生了改变，植物依靠不同叶性状的改变来最大限度地适应环境。近年来，大量学者聚焦于利用网络分析方法量化多个性状之间复杂的关系。网络分析可以可视化多个性状之间的相互依存关系，确定不同环境条件下和不同生活型植物性状之间的差异。在植物发育过程中，植物的功能性状会发生改变，利用网络分析方法探究植物不同发育阶段功能性状的变化规律及相互间的关系，进而揭示植物生长发育过程性状网络及适应策略的变化趋势，有助于更全面了解植物对环境的适应策略。

胡杨作为干旱荒漠区河岸森林的建群种，具有在异质生境中完成生活周期的特性，表现为在种子萌发到幼苗形成的早期阶段高度依赖河岸地表的湿润环境，而胡杨生活周期的大部分时间是在大气与土壤极度干燥的环境中生存，依赖埋深 4～10m 的地下水源维持生命活动。从对湿生环境的依赖过渡到干旱生境中对地下水的依赖，反映了胡杨具有适应生境变干的能力。胡杨还具有异形叶性的独特生物学特性，这是胡杨在异质生境中完成生活周期过程，对环境长期适应所形成的一种可遗传的特性。胡杨异形叶形态结构、生理特性、氮磷钾养分含量，以及生长素、赤霉素、细胞分裂素及脱落酸的含量随个体发育阶段和树冠冠层高度变化而变化，结构功能性状变化朝着使个体干旱适应能力逐渐增强的方向发展。但目前，胡杨不同发育阶段异形叶结构功能性状之间的相互依存关系，以及通过叶性状间的协同变化来适应环境的调控机制尚不明晰，而有关这些方面的研究恰恰是全面了解胡杨个体发育过程生态适应策略的关键，也是全球植物功能性状研究的热点，对研究极端干旱区木本植物生态适应性及在生态系统中的功能具有重要意义。

本书在作者多年调查统计和多层面研究分析论证的基础上，对胡杨异形叶功能性状与生态适应的关系进行了全面总结和梳理。本书将植物生理生态学研究手段与植物性状网络分析方法相结合，系统和定量研究了胡杨不同发育阶段异形叶功能性状的变化规律、叶性状网络特征、多性状协同变化与权衡策略及土壤干旱胁迫和适宜水分条件下的差异，旨在揭示胡杨的异形叶性在胡杨生长发育和环境适应中的调控作用。

全书共5章。第1章为植物叶功能性状研究概述；第2章探讨了胡杨不同发育阶段叶功能性状的协同变化与权衡策略；第3章讨论了土壤干旱胁迫下胡杨叶功能性状的协同变化与权衡策略；第4章阐述了胡杨叶功能性状协同变化与权衡策略的雌雄差异；第5章探讨了胡杨枝叶性状间异速生长的雌雄差异。这对全面揭示胡杨的异形叶性在胡杨生长抗逆中的多样化调控机制及胡杨的生态适应策略有重要的理论指导意义。

全书由李志军负责审核定稿。翟军团负责第 1 章、第 2 章、第 3 章和第 5 章的撰写，李秀负责第 4 章的撰写，王杰参与了第 2 章、第 3 章和第 4 章的撰写。

本书研究工作承蒙国家自然科学基金项目"胡杨异形叶发生发育的时空规律及生理机制研究"（31060026）和"水分变化对胡杨异形叶性时空变化的调节机制"（31860198）、国家自然科学基金新疆联合基金项目"胡杨个体发育过程中叶形变化的分子机理研究"（U1303101）和"塔里木河流域胡杨雌雄干旱适应差异的生理与分子机制"（U1803231）及新疆维吾尔自治区第二批"天山英才"培养计划"干旱区胡杨林生态系统保育修复创新团队"科技创新团队项目（2023TSYCTD0019）的资助，以及塔里木盆地生物资源保护利用兵团重点实验室——省部共建国家重点实验室培育基地的支持！感谢塔里木大学胡杨研究团队坚持不懈的努力！

本书是塔里木大学胡杨研究团队多年来系统研究的成果。胡杨研究团队努力工作，适时总结，但受知识水平所限，书中错误、遗漏和不足之处在所难免，敬请广大读者批评指正。

李志军

2024 年 12 月 4 日

目　　录

前言
第1章　植物叶功能性状研究概述 ·· 1
1.1　研究意义 ·· 1
1.2　植物叶结构性状的研究 ·· 1
1.3　植物叶功能性状的研究 ·· 2
1.4　植物叶性状间的关联性研究 ·· 3
1.5　胡杨异形叶功能性状研究 ··· 4
第2章　胡杨不同发育阶段叶功能性状的协同变化与权衡策略 ······························· 6
2.1　研究区概况和研究方法 ·· 6
2.1.1　研究区概况 ·· 6
2.1.2　试验设计 ·· 6
2.1.3　采样方法 ·· 7
2.1.4　异形叶结构性状指标的测定 ·· 7
2.1.5　异形叶生理指标的测定 ·· 7
2.1.6　异形叶养分含量的测定 ·· 8
2.1.7　异形叶性状网络的建立 ·· 9
2.1.8　数据统计分析方法 ··· 9
2.2　异形叶形态结构性状随径阶和树高的变化规律 ·· 10
2.2.1　异形叶形态性状随径阶和树高的变化规律 ··· 10
2.2.2　异形叶结构性状随径阶和树高的变化规律 ··· 11
2.3　异形叶生理性状随径阶和树高的变化规律 ·· 12
2.3.1　异形叶光合生理性状随径阶和树高的变化规律 ··· 12
2.3.2　异形叶水分生理性状随径阶和树高的变化规律 ··· 13
2.3.3　异形叶脯氨酸含量和丙二醛含量随径阶和树高的变化规律 ······························ 14
2.3.4　异形叶结构功能性状与径阶和树高的关系 ··· 15
2.4　异形叶化学计量性状随径阶和树高的变化规律 ·· 17
2.4.1　异形叶养分含量随径阶和树高的变化规律 ··· 17
2.4.2　异形叶养分含量与径阶和树高的相关性 ·· 18
2.4.3　异形叶养分含量与叶形态指标的相关性 ·· 18
2.5　异形叶内源激素含量及其比值随径阶和树高的变化规律 ·· 19
2.5.1　异形叶内源激素含量随径阶和树高的变化规律 ··· 19

2.5.2 异形叶内源激素含量比值随径阶和树高的变化规律 ·····················20

2.5.3 异形叶内源激素含量及其比值与径阶和树高的相关性 ·················21

2.6 异形叶内源激素含量及其比值与叶形态性状的相关性 ·····················22

2.7 不同径阶和不同树高处的异形叶性状网络特征 ·····························22

2.7.1 不同径阶叶性状网络特征 ···22

2.7.2 不同径阶叶性状网络的中心性状和连接性状 ···························24

2.7.3 不同树高处叶性状网络特征 ···25

2.7.4 不同树高处叶性状网络的中心性状和连接性状 ·························26

2.7.5 不同径阶和树高的异形叶性状连通性 ···································27

2.8 讨论 ···30

2.8.1 异形叶结构性状随发育阶段变化的生物学意义 ·························30

2.8.2 异形叶生理性状随发育阶段变化的生物学意义 ·························30

2.8.3 异形叶化学计量性状随发育阶段变化的生物学意义 ·····················32

2.8.4 不同发育阶段叶性状网络差异与环境适应策略 ·························32

2.8.5 不同冠层叶性状网络差异与高度适应策略 ·····························34

2.8.6 不同径阶和树高对叶性状关系组成的影响 ·····························35

第3章 土壤干旱胁迫下胡杨叶功能性状的协同变化与权衡策略 ···············37

3.1 材料与方法 ···37

3.1.1 研究区概况 ···37

3.1.2 样株的确定及采样方法 ···37

3.1.3 异形叶结构性状指标的测定 ···37

3.1.4 异形叶生理性状指标的测定 ···38

3.1.5 数据处理方法 ···39

3.2 不同土壤水分条件下异形叶结构性状与树高的关系 ·······················39

3.2.1 不同土壤水分条件下异形叶形态性状随树高的变化规律 ·················39

3.2.2 不同土壤水分条件下异形叶结构性状随树高的变化规律 ·················41

3.2.3 不同土壤水分条件下异形叶结构性状与树高的相关性分析 ···············43

3.3 不同土壤水分条件下同一径阶异形叶结构性状的比较 ·····················43

3.3.1 不同土壤水分条件下同一径阶异形叶形态性状的比较 ···················43

3.3.2 不同土壤水分条件下同一径阶异形叶解剖结构性状的比较 ···············44

3.4 不同土壤水分条件下异形叶生理性状与树高的关系 ·······················46

3.4.1 不同土壤水分条件下异形叶光合性状随树高的变化规律 ·················46

3.4.2 不同土壤水分条件下异形叶水分含量随树高的变化规律 ·················48

3.4.3 不同土壤水分条件下异形叶生化特性随树高的变化规律 ·················50

3.4.4 不同土壤水分条件下异形叶生理性状与树高的相关性分析 ···············51

3.5 不同土壤水分条件下同一径阶异形叶生理性状的比较 ·····················52

3.5.1　不同土壤水分条件下同一径阶异形叶光合生理特性的比较 ························52

3.5.2　不同土壤水分条件下同一径阶异形叶水分生理特性的比较 ························53

3.5.3　不同土壤水分条件下同一径阶异形叶生理特性的比较 ····························55

3.6　不同土壤水分条件下胡杨异形叶性状网络特征 ································56

3.6.1　不同土壤水分条件下叶性状网络整体特征 ·······························56

3.6.2　不同土壤水分条件下叶性状网络特征随树高的变化规律 ···················57

3.6.3　干旱胁迫条件下叶性状网络的中心性状和连接性状 ·····················62

3.6.4　适宜水分条件下叶性状网络的中心性状和连接性状 ·····················64

3.7　讨论 ··66

3.7.1　异形叶结构性状对干旱环境的适应策略 ·····························66

3.7.2　异形叶功能性状对干旱环境的适应策略 ·····························67

3.7.3　不同土壤水分条件下异形叶性状网络差异 ···························68

3.7.4　干旱土壤条件下不同树高处异形叶性状网络差异 ·····················69

3.7.5　适宜水分条件下不同树高处异形叶性状网络差异 ·····················70

第4章　胡杨叶功能性状协同变化与权衡策略的雌雄差异 ························72

4.1　材料与方法 ··72

4.1.1　研究区概况 ··72

4.1.2　试验设计与取样 ···73

4.1.3　雌雄株异形叶结构性状指标的测定 ································73

4.1.4　雌雄株异形叶功能性状指标的测定 ································74

4.1.5　雌雄株异形叶化学计量性状指标的测定 ·····························74

4.1.6　数据处理方法 ···75

4.2　异形叶结构性状随径阶和树高变化的雌雄差异 ························75

4.2.1　异形叶结构性状随径阶变化的雌雄差异 ·····························75

4.2.2　异形叶结构性状随树高变化的雌雄差异 ·····························75

4.2.3　雌雄株异形叶结构性状与径阶和树高的关系 ·························82

4.2.4　异形叶结构性状的雌雄间比较 ····································83

4.2.5　雌雄株异形叶结构性状间的关系 ··································91

4.3　异形叶功能性状随径阶和树高变化的雌雄差异 ························94

4.3.1　异形叶光合生理特性随径阶和树高变化的雌雄差异 ·····················94

4.3.2　异形叶水分生理特性随径阶和树高变化的雌雄差异 ·····················97

4.3.3　异形叶生理生化特性随径阶和树高变化的雌雄差异 ·····················98

4.3.4　异形叶功能性状与径阶和树高的关系 ·······························100

4.3.5　异形叶功能性状的雌雄比较 ······································100

4.3.6　雌雄株异形叶功能性状间的关系 ··································105

4.4　异形叶化学计量性状随径阶和树高变化的雌雄差异 ······················107

4.4.1 异形叶化学计量性状随径阶变化的雌雄差异 ·························· 107
4.4.2 异形叶化学计量性状随树高变化的雌雄差异 ·························· 107
4.4.3 异形叶化学计量性状与径阶和树高的关系 ·························· 109
4.4.4 异形叶化学计量性状的雌雄比较 ······································ 110
4.4.5 异形叶化学计量性状指标间的关系 ··································· 110
4.4.6 异形叶化学计量性状与结构性状间的关系 ·························· 112
4.4.7 异形叶化学计量性状与功能性状间的关系 ·························· 114
4.5 异形叶结构功能性状网络的雌雄比较 ····································· 114
4.5.1 雌雄株叶性状网络的总体特征 ··· 114
4.5.2 雌雄株叶性状网络特征随树高的变化规律 ·························· 119
4.5.3 雄株叶性状网络中心性状和连接性状 ································· 131
4.5.4 雌株叶性状网络中心性状和连接性状 ································· 142
4.6 讨论 ··· 153
4.6.1 雌雄株异形叶结构性状差异与干旱适应 ······························ 153
4.6.2 雌雄株异形叶功能性状差异与干旱适应 ······························ 154
4.6.3 雌雄株异形叶化学计量性状差异与干旱适应 ························· 156
4.6.4 雌雄株异形叶性状网络差异与环境适应策略 ························· 156
4.6.5 雌雄株不同发育阶段异形叶性状网络差异与环境适应策略 ·········· 157
4.6.6 雌雄株不同树高异形叶性状网络差异与环境适应策略 ··············· 159

第5章 胡杨枝叶性状间异速生长的雌雄差异 ······························· 161
5.1 材料与方法 ·· 161
5.1.1 研究区概况 ··· 161
5.1.2 试验方法 ·· 161
5.1.3 数据分析 ·· 162
5.2 雌雄株枝叶性状与生物量之间的关系 ····································· 162
5.2.1 雌雄株枝叶性状及生物量在径阶、树高间的差异 ···················· 162
5.2.2 雌雄株异形叶结构性状间的关系 ······································ 165
5.2.3 雌雄株异形叶功能性状与结构性状间的关系 ························· 168
5.3 雌雄株枝叶形态性状间的异速生长关系 ···································· 170
5.3.1 枝叶形态性状间异速生长关系在不同径阶的雌雄差异 ··············· 170
5.3.2 枝叶形态性状间异速生长关系在同一径阶不同树高间的雌雄差异 ··· 173
5.4 雌雄株枝叶干重间的异速生长关系 ·· 183
5.4.1 枝叶干重间异速生长关系在不同径阶的雌雄差异 ···················· 183
5.4.2 枝叶干重间异速生长关系在同一径阶不同树高间的雌雄差异 ········ 183
5.5 雌雄株枝干重与叶性间的异速生长关系 ···································· 185
5.5.1 枝干重与叶性状间异速生长关系在不同径阶的雌雄差异 ············· 185

5.5.2　枝干重与叶性状间异速生长关系在同一径阶不同树高间的雌雄差异 ········186

5.6　讨论 ···192

5.6.1　雌雄株不同径阶和树高枝叶性状及干重的变化特征 ················192

5.6.2　雌雄株不同径阶和树高枝、叶资源利用策略 ·····················193

5.6.3　雌雄株枝、叶资源利用的差异 ···································194

主要参考文献 ··195

第 1 章　植物叶功能性状研究概述

1.1　研　究　意　义

植物功能性状与植物体生命过程关联，能反映植被对环境变化的响应（李耀琪和王志恒，2023），包括形态性状和生理性状、营养性状和繁殖性状、地上性状和地下性状、影响性状和响应性状、结构型性状和功能型性状等（Cornelissen et al.，2003）。研究不同性状间的平衡关系可了解植物在不同生境下的生态策略，对于物种共存及生态位分化的研究有重要意义。

目前，国内外对植物功能性状的研究主要集中在全球、区域、群落和物种尺度上对植物多个叶性状的差异分析，以及对叶性状与环境因子相关关系的解析（Li et al.，2014；Pasho et al.，2011；张慧文等，2010；Ratnam et al.，2008；Volaire，2008；Vicente-serrano，2007）。叶的结构型性状包括叶大小、叶寿命、比叶面积、叶干物质含量、叶元素含量及元素计量比等在特定环境下较为稳定的生物化学特征，功能型性状包括光合速率、呼吸速率、气孔导度等随时空变化波动性较大的指标（王超等，2022）。叶性状能直接反映植物对环境变化的适应策略（白岩松等，2024；吕建魁，2023；徐满厚和薛娴，2013），叶具有较强的形态结构可塑性，与植物对资源的获取和利用有着密切联系（杨彦东等，2023；李宗杰等，2018；Reich et al.，2003；陈林等，2014）。特别是在干旱荒漠地区，荒漠植物通常是高度旱生的植物类型，是具有耐旱、抗旱或避旱的生理机制的植物（Sack et al.，2003）。荒漠植物为适应干旱环境，其叶的形态结构性状及功能性状会发生很大的变化（朱济友等，2018），而叶片结构的改变势必会影响其生理生态功能的变化（许洺山等，2015）。植物叶性状在不同的环境表现出不同的适应策略（刘晓娟和马克平，2015），因此，深入揭示植物叶的功能性状对研究植物生态适应具有重要意义。

1.2　植物叶结构性状的研究

叶片结构性状主要包括叶柄维管结构特征、叶脉特征、气孔性状、叶片横切面组织结构特征等叶片的解剖结构属性。叶片结构性状在种间和种内有较大的差异，在很大程度上会影响植物的光合生理，进而影响植物的生长状况（孙梅等，2017）。叶片的结构性状决定了其机械强度，植物通过此类性状的协同与权衡机制来调整叶片结构（张慧文等，2010），从而对生物量产出与资源储存进行调整（Volaire，2008）。叶面积可以反映叶片的资源获取和保存能力，尤其是对光照资源的捕获能力（李耀琪和王志恒，2021）。比叶面积是叶片面积与叶片干重之比，被广泛用于解释植物资源获取和功能优化策略。叶组织密度可以反映植物器官中生物量的累积状况（刘晓娟和马克平，2015），与叶片承载力和周转生长速度密切相关（朱济友等，2018）。较厚的叶片具有更大的基于面积的光吸收、氮分配、水输送和每叶面积的碳通量（Sack et al.，2003）。增加叶片厚度是一种"保守型"策略，主要是为了提高养分储存效率，以获得竞争优势（许洺山等，2015）。叶干物质含量和叶片厚度可以体现植物资源获取、保护和防御的能力（王超等，2022）。Li 等（2022）的研究表明，叶片厚度及其相关的叶经济性状在叶片内部连通着多个生理过程，在叶片性状网络的模块中具有高连通性和中心性，因此这些性状是网络中的中心性状，可能起着影响整个植物表型的中心调控作用。叶片解剖结构可以反映植物叶片的碳投资策略。CO_2 通过海绵组织扩散至栅栏组织进行光合作用，栅栏组织产生的碳则用于构建叶脉。一般认为叶片主脉维管束是运输水分及养分的主要结构，而栅栏组织与光合作用效率、水分利用和养分生产有关（董芳宇等，2016）。发达的主脉木质部、主脉维管束结构可增强叶片水分吸收与输送能力，从而使植物更好地适应干旱胁迫环境（燕玲等，2000）。叶片结构疏松度是海绵组织厚度占叶片总厚度的比例，能综合叶片厚度与海绵组织厚度来反映叶片的抗旱能力。叶片结构疏松度越大，植物抗旱能力越弱（钟悦鸣等，2017）。角质层可以防止植物体内水分的过分蒸腾，较厚的角质层是反映植物抗旱能力的一个重要指标（丁伟等，2010）。

植物性状并非独立存在，性状间的正相关或负相关关系代表着协同或权衡关系，体现着植物的生态适应策略（Freschet et al.，2015）。性状的协变组合可以反映植物在不同生境条件下的适应策略，是植物生物量分配和资源利用效率间的权衡，因而受到越来越多的关注（Donovan et al.，2011）。叶片是植物对环境变化响应最敏感的器官（吴陶红等，2023）。叶性状间关系的改变反映了植物对环境变化的高度协同响应，植物通过叶性状间的协同变化来最大限度地适应环境（Atkinson et al.，2010）。众多研究阐释了植物性状间的密切相关（毛伟等，2012；Chave et al.，2009）。植物在干旱生境下通常生长出较厚的叶片，并以减小叶面积、比叶面积，以及增加叶组织密度等资源保守型策略来增强抗逆性（马万飞等，2020；Ohashi et al.，2006）。程雯等（2019）认为植物为了增强自身抗逆性，将更多的干物质投入叶片构建，叶组织密度增加，相应的比叶面积减小，从而降低水分散失。

1.3 植物叶功能性状的研究

植物通过不断调整性状组合来适应不断变化的环境（Carlquist，2018）。当环境条件不适宜植物生长时，植物的光合碳同化能力会首先遭受胁迫，此时植物具有较低的净光合速率和较高的瞬时水分利用效率（Bjorkman，2015）。气孔导度控制着蒸腾速率，也控制着光合作用的 CO_2 交换（Sack and Holbrook，2006）。高钰惠等（2021）的研究表明，小叶杨在重度干旱下通过降低气孔导度和蒸腾速率使净光合速率降低，以牺牲碳固定为代价维持叶片水分散失。植物木质部导水率与植物的蒸腾作用和光合作用密切相关（He et al.，2020；Bucci et al.，2019）。植物叶片功能性状与木质部结构特征无法耦合时，可能会导致植物死亡。一些研究发现，叶水力性状与叶经济性状有显著相关性（Carlquist，2018；Zhu et al.，2018；Scoffoni et al.，2016），比叶重与叶片水力导度存在显著负相关关系（Simonin et al.，2012），叶片和茎干的水力特性相互协调（Creek et al.，2018）。

不同功能性状之间的相互作用在应对环境变化时会产生协同响应（Mina et al.，2021；Lian et al.，2021）。叶片化学计量特征可以反映植物生长的养分利用策略，是分析植物适应逆境的重要途径（晁鑫艳等，2023）。Ågren 和 Weih（2012）研究发现，营养物质吸收过量或不足都可能会限制植物生长。随着水分胁迫程度的加剧，植物为避免引起叶绿体的氧化损伤，需要积累更多 K^+ 以维持光合作用（Teng et al.，2014）。因此，叶片对 K^+ 的高积累有利于抵抗干旱（Kusvuran，2012；Cakmak，2005）。在区域尺度上，比叶重与氮含量呈负相关关系（Fajardo and Siefert，2018）。较高的水分利用效率（较大的叶碳同位素含量）和较高的叶片构建成本（较高的比叶重）是对干旱环境的响应策略（Wright et al.，2005）。例如，荒漠植物黑沙蒿随龄级的增加会提升小枝向叶片供水的潜力以增加耐干旱能力，从而减少对叶片功能性状的影响（张建玲等，2024）。

1.4　植物叶性状间的关联性研究

植物性状并非独立存在，而是与多种性状紧密相关（李志军等，2021；黄文娟等，2010a，2010b）。目前，对植物功能性状的研究，国内外学者已经将研究对象从单一性状转变为多个性状，同时也考虑到植物种内和种间变异及性状间的相互作用（Díaz et al.，2016）。比如，Kermavnar 等（2022）收集了 175 个横跨赤道和北极的森林样点的 219 科 2548 种植物，发现生长形态和生理结构密切相关的 6 种叶片性状间存在相一致的权衡规律。Chave 等（2009）在对全球数据库 8412 个物种的 Meta 分析中发现茎干性状间也存在权衡关系，解析了木材性状间的关联对种群动态和生物地理格局的影响。

对于植物而言，多性状之间的正相关或负相关关系代表着性状的协调或权衡，体现着植物的生长、繁殖和环境适应策略。近年来，相关研究聚焦于多性状间的相关关系，将多性状间的关系简化为一个"维度"或"轴"，从而揭示植物对环境的适应策略（Dong et al.，2020）。叶经济谱也能够较好的表征个体生产力、群落和生态系统的生态系统服务特征（Kermavnar et al.，2022）。Wright 等（2004）通过对全球从热带到极地 175 个站点共 1248 个物种的 6 个植物叶片的关键性状之间的关系进行分析，提出了全球的叶经济谱。叶经济谱将植物性状排列在特定的轴上，轴的一端代表着比叶面积大、叶片氮含量高、光合速率和呼吸速率快且叶片寿命短的"快速投资-收益型"策略；轴的另一端代表着与上述特征相反的"缓慢投资-收益型"策略。

与叶经济谱类似，Roumet 等（2016）通过对 3 个生物群落 74 个物种细根（直径≤2mm）的 12 个性状进行测量及分析，提出了根经济谱。该研究发现，根的呼吸作用与根的干物质含量呈负相关关系，而与根的氮含量和比根长呈显著正相关关系。除了叶经济谱和根经济谱外，枝干在植物生活史中也起着不可或缺的作用。Carvalho 等（2023）研究表明，木材经济谱（如比密度）与植物生理形态和结构密切相关。此外，Chave 等（2009）通过对全球尺度上木材密度、机械强度、解剖性状及分枝特征等性状间的相关性进行分析，并对这些性状与植物的生长率和死亡率的关系进行探究，提出了全球树干经济型谱，并指出植物的存活率、生长速率与木材密度密切相关，低木材密度的物种通常生长速率较高，而高木材密度的物种往往存活率较高。

2011 年，全球植物性状数据库 TRY 是在整合其他数据库［如细根生态学数据库（FRED）、叶片性状数据库——国际植物性状网络（Global Plant Trait Network，GlopNet）、苔原性状数据库等］的基础上建成的。到目前为止，TRY 包括了 279 875 种植物的 11 850 781 个性状记录（Kattge et al.，2011）。在 TRY 数据的基础上，全球植物形态谱系被提出。Díaz 等（2016）的研究指出，叶经济谱维度与树高-种子质量维度是植物适应环境的两个独立维度，所有植物共同遵循叶经济谱，但木本植物和草本植物树高-种子质量维度是相互分开的。Eller 等（2018）也提出了茎经济学谱系、水力经济学谱系等。所有这些组织或器官的经济学谱系共同组成了植物经济学谱系（Freschet et al.，2010）。前人关于不同温度带或气候类型的植物性状经济谱学的研究表明，植物性状之间的关系会影响植物的响应模式。例如，Liu 等（2022）通过系统调查中国 76 个生态系统中 5424 种植物的比叶面积发现，比叶面积在温度、降水、干旱指数、土壤氮含量及辐射等多种环境梯度下的响应具有显著的非线性特征，而这种响应模式正是受到比叶面积与其他植物功能性状协同关系的调控。

关于性状之间的关系，目前通过相关性分析、回归分析、主成分分析和结构方程模型等方法揭示多性状之间的相互关系。然而，这些分析方法在评估植物多个性状间的关系时仍存在一定的局限性。例如，它们可能会将相关性较小的性状之间的关系忽略掉，这使得性状之间的关系更加模糊。网络分析是一种量化多个性状复杂关系的有效方法，它通过使多性状之间相互依存的关系可视化，从而更全面地揭示植物的适应策略。Li 等（2021）通过网络分析，确定了不同环境条件下和不同生活型植物性状之间的相互关系。植物在发育过程中其性状功能不断发生转变，可以通过网络分析使不同发育阶段植物性状间的关系可视化，来探究植物生长过程中性状网络及适应策略的演变趋势。

1.5　胡杨异形叶功能性状研究

胡杨（*Populus euphratica*）隶属于杨柳科杨属胡杨亚属，主要分布在中亚和中国西北部干旱荒漠区。全世界大约 61.0%的胡杨分布在我国，我国 91.1%的胡杨分布在新疆（李志军等，2020）。天然胡杨林对稳定新疆极端干旱荒漠区的生态平衡具有不可替代的重要作用。胡杨能够在干旱荒漠地带生存，这与其独特的生物学特征——异形叶性是分不开的（李志军等，2021）。研究胡杨的异形叶性及其生物学功能，对于认识胡杨的生长发育规律、适应性进化及生态适应策略具有重要的理论价值。

自然界中大多数植物同一植株上的叶形态一致。但也有不少植物，因生育时期的不同或环境条件的变化而出现不同形态的叶，这种现象被称为植物的异形叶性（heterophylly），不同形态的叶被称为异形叶（白书农，2003；赵良田和孙金根，1989）。从水生蕨类［蘋（*Marsilea quadrifolia*）］（Lindermayr et al.，2005）到被子植物都能看到最典型的环境诱导异形叶发生的现象（Goliber and Feldman，1990）。胡杨的异形叶性与其他植物因环境诱导发生的异形叶性有所不同。胡杨异形叶性表现为从幼苗到成年植株不同发育阶段依次出现条形叶、披针形叶、卵形叶、阔卵形叶，异形叶性的发生与个体发育阶段相关（李志军等，2021）。目前，有关胡杨异形叶性的研究聚焦在异形叶功能性状与生长发育和生态适应的关系研究等方面，旨在揭示胡杨的异形叶性在其生长发育和干旱适应中发挥的调控作用。

研究发现，胡杨异形叶的发生、空间分布及结构功能变化与个体发育阶段密切相关（李志军等，2021；李加好，2015；冯梅，2014；冯梅等，2014；黄文娟等，2010a，2010b）。对成熟胡杨同一植株上不同异形叶结构功能性状进行比较研究发现，从树冠顶部到基部依次分布着阔卵形叶、卵形叶、披针形叶、条形叶，阔卵形叶光合速率较卵形叶和披针形叶强（Liu et al.，2015；王海珍等，2011；白雪等，2011；岳宁，2009；郑彩霞等，2006；邱箭，2005；苏培玺等，2003）；树冠下部披针形叶的叶水势比上部阔卵形叶的高，水分由水势高处往水势低处移动（李小琴等，2014；司建华等，2005）；阔卵形叶的水分利用效率比披针形叶的高（马剑英等，2007；苏培玺等，2003）；异形叶间水分含量差异不大，但阔卵形叶叶片束缚水含量最多且水势最低，渗透调节物质的含量最高，表明阔卵形叶渗透调节能力高于披针形叶（岳宁，2009；杨树德等，2004；苏培玺等，2003）。研究还显示，胡杨阔叶的耐旱性强于狭叶，两者的耐旱方式存在差异：阔叶的保水能力强，渗透物质含量高，耐低渗透势的能力强；狭叶主要通过高弹性的细胞壁维持膨压，耐低渗透势的能力不及阔叶（杨灵丽，2006），这一研究结果表明胡杨同一植株上不同的异形叶结构功能存在差异。

对胡杨不同发育阶段异形叶结构功能性状的比较研究发现，叶片厚度、栅栏组织厚度与胸径和冠层高度显著正相关（赵鹏宇等，2016）；叶面积、叶片厚度和叶片干重与胸径极显著正相关，叶片干物质含量与胸径显著正相关，比叶面积与胸径极显著负相关（李志军等，2021）。胡杨异形叶形态结构随胸径和冠层高度增加趋于更加明显的旱生结构特点，异形叶净光合速率、蒸腾速率、气孔导度、瞬时水分利用效率、碳同位素比值（$\delta^{13}C$）及脯氨酸含量和丙二醛含量也均随径阶、冠层高度的增加而增加，叶片长度、叶形指数和胞间 CO_2 浓度在不同径阶和同一径阶不同冠层高度上差异明显（李志军等，2021；Zhai et al.，2020）。研究还发现。胡杨异形叶结构功能性状在各发育阶段和冠层高度上存在相关的协同变化（李志军等，2021；黄文娟等，2010a，2010b）。

第 2 章　胡杨不同发育阶段叶功能性状的
协同变化与权衡策略

关于胡杨异形叶形态结构、光合水分生理特性、养分及碳水化合物含量等与个体发育阶段和树冠垂直空间分布的关系，已有深入系统的研究（李志军等，2021；赵鹏宇等，2016；李加好等，2015；冯梅等，2014；黄文娟等，2010a）。然而，胡杨异形叶结构功能性状之间存在什么样的协同变化关系，以及这些性状如何协同调控胡杨在不同发育阶段和不同冠层高度的干旱适应机制，目前尚未见报道。为了深入理解胡杨异形叶多个性状协同作用形成不同发育阶段的生态适应策略，我们采用植物性状网络的研究方法，探究不同发育阶段和不同树高的胡杨叶性状网络特征，揭示由幼树至成年树木发育阶段叶性状关联的差异和冠层的叶性状空间差异，解析胡杨个体发育过程中叶性状功能的转变，阐明胡杨通过其叶性状间的不同组合完成对环境适应的调控机制。

2.1　研究区概况和研究方法

2.1.1　研究区概况

研究区位于新疆塔里木盆地西北缘（40°32′36.90″N，81°17′56.52″E）。研究区气候炎热干燥，年平均降水量仅 50mm 左右，年平均蒸发量可达 3000mm 左右，年平均气温 10.8℃，年平均日照时数为 2900h，是典型的温带荒漠气候。

2.1.2　试验设计

本研究以不同径阶的胡杨代表胡杨的不同发育阶段。径阶是将胸径按一定间隔（2cm 或 4cm）划分的等级。本研究以 4cm 为间隔（阶距）进行整化，根据样株的胸径将研究区内 191 株胡杨划分为 4 径阶、8 径阶、12 径阶、16 径阶、20 径阶（各径阶样株数见表 2-1），5 个径阶代表胡杨 5 个发育阶段。各径阶随机选取 3 株作为重复样株，胡杨样本数总计 15 株。

表 2-1　胡杨各径阶基本信息

径阶	株数/株	平均胸径/cm	平均树高/m	平均树龄/a
4	78	3.9	8.8	5.2
8	59	7.9	8.1	7.6
12	43	12.0	9.7	10.3
16	8	15.7	9.6	11.6
20	3	17.4	11.1	11.3

2.1.3　采样方法

用围尺测量样株胸径。用全站仪测量样株树高，以 2m 为间距在树高 2m、4m、6m、8m、10m、12m 处取样。在每个取样高度按东、南、西、北 4 个方位采集 4 个当年生枝条，将 4 个当年生枝条基部开始第 4 节位的叶作为该取样高度叶的测试样品。采集的叶测试样品用于叶形态、解剖结构、干重、$\delta^{13}C$、脯氨酸含量、丙二醛含量、可溶性糖含量、淀粉含量、可溶性蛋白含量和 4 种内源激素含量的测定。用于测定内源激素含量、脯氨酸含量和丙二醛含量的叶采集后用液氮保存。

2.1.4　异形叶结构性状指标的测定

2.1.4.1　叶形态指标的测定

使用 MRS-9600FU2 扫描仪、万深 LA-S 植物图像分析仪系统测量叶片长度、叶片宽度和叶面积，并计算叶形指数（叶片长度/叶片宽度）。

2.1.4.2　叶解剖结构指标的测定

在叶片最宽处横切材料，用福尔马林-乙醇-冰醋酸混合（FAA）固定液保存。采用石蜡制片法制作组织切片，切片厚度 8μm，番红-固绿双重染色，中性树脂封片。在徕卡显微镜下观察，测定叶片厚度、角质层厚度、栅栏组织厚度、海绵组织厚度，计算栅海比。每叶片观测 5 个视野，每视野观测 20 个值。5 个视野叶结构参数的平均值为此叶片解剖结构参数值。

2.1.4.3　比叶重的测定

将采集的叶片放入烘箱，105℃杀青 10min，然后在 65℃下烘至恒重。恒重后放入干燥器中冷却至室温，用精度 0.001g 的电子天平称量叶片干重，并计算比叶重（叶片干重/叶面积）。

2.1.5　异形叶生理指标的测定

2.1.5.1　光合水分生理指标的测定

7 月中旬，选择晴天 11：00～13：00 采集当年生枝条，将采集好的枝条立刻用保鲜膜包住切口防止失水；采集当年生枝条基部开始的第 4 节位叶，使用 Li-6400 光合仪测定叶的气体交换参数：净光合速率、蒸腾速率、气孔导度和胞间 CO_2 浓度，并计算叶瞬时水分利用效率（净光合速率/蒸腾速率）。在每个样株树高 2m、4m、6m、8m、10m、12m 处测定 10 片叶的光合生理指标，3 次重复。

2.1.5.2 碳同位素比值的测定

将测定完形态指标参数的叶用蒸馏水漂洗,放入烘箱105℃杀青10min,然后在65℃下烘48h至恒重,用粉碎机粉碎后过90目筛制成测试样品。采用气体稳定同位素质谱仪测定碳同位素组成。

2.1.5.3 生理生化指标的测定

叶片脯氨酸含量采用酸性茚三酮法测定。操作步骤为:称取叶片鲜样0.5~1.0g,放入研钵或匀浆器中,加入3ml 80%的乙醇和少许石英砂研磨成匀浆,移入刻度试管中,并用80%的乙醇冲洗研钵,洗液与匀浆合并总量为10ml,加盖后沸水浴煮沸10min后,加活性炭粉末0.25g,振荡过滤,之后再加入10ml样品提取液和1g人造沸石,摇荡10min后滤去人造沸石。取2ml滤液,依次加入冰醋酸2ml、茚三酮试剂2ml,摇匀后加盖,于沸水中煮沸10~15min,冷却后于515nm波长下比色,计算叶脯氨酸含量。

叶片丙二醛含量采用硫代巴比妥酸显色法测定。操作步骤为:称取叶片材料1g,剪碎,加入2ml 10%的三氯乙酸和少量石英砂研磨,再加入8ml 10%的三氯乙酸,充分研磨后放入离心机,4000r/min离心10min。取上清液(即样品提取液)2ml,加入2ml 0.6%的硫代巴比妥酸混匀,于沸水浴中反应15min,迅速冷却后离心。以2ml蒸馏水代替提取液作为对照。取2ml上清液测定532nm、450nm和600nm波长处的光密度(即OD值),计算叶丙二醛含量。

取叶片的混合样品,测定胡杨叶片可溶性糖含量、淀粉含量和可溶性蛋白含量。其中,可溶性糖含量采用蒽酮-硫酸法测定;淀粉含量采用蒽酮比色法测定;可溶性蛋白含量采用考马斯亮蓝G-250法测定。

2.1.5.4 内源激素含量的测定

取0.2g左右的叶片混合样品,用液氮速冻并放入-80℃的超低温冰箱中保存备用。采用酶联免疫吸附测定法测定吲哚乙酸含量、玉米素核苷含量、赤霉素含量和脱落酸含量。该部分的测试工作委托中国农业大学完成。

2.1.6 异形叶养分含量的测定

将叶的混合样品用自来水冲洗干净,再用去离子水冲洗两遍,阴干后置于烘箱中,在105℃条件下杀青10min,然后在65℃条件下烘至恒重。烘干后的样品取出后迅速用植物粉碎机粉碎,过100目筛备用。全氮含量采用凯式定氮法测定;全磷含量采用钼锑抗比色法测定;全钾含量采用乙酸铵提取——火焰光度法测定;有机碳含量[植物组织中的碳几乎全部以有机碳的形式存在,无机碳(如碳酸盐)的含量极低,通常可以忽略不计,故有机碳含量≈全碳含量]采用重铬酸钾氧化——外加热法测定。采用全碳含量和全氮含量计算碳氮比。

2.1.7　异形叶性状网络的建立

在叶性状网络中，植物性状是节点，性状与性状连接是边（Liu et al.，2021）。首先，使用皮尔逊（Pearson）相关系数计算性状-性状系数矩阵，使用相关系数的绝对值（$|r|$）计算性状之间关系的强度。为避免性状之间的虚假关系，性状-性状系数在 $P<0.05$ 水平上显著时为 1，不显著时为 0。邻接矩阵 $A=[a_{i, j}]$，式中 $a_{i, j}\in[0, 1]$。因此，叶性状网络仅显示性状之间存在和不存在相关性。其次，利用相关系数的绝对值对任意一对叶性状之间的边进行加权（Kleyer et al.，2018）。最后，构建叶性状网络进行可视化。

构建不同时空状态下胡杨叶性状网络的首要步骤：构建 34 个不同性状（叶片长度、叶片宽度、叶面积、叶形指数、叶片厚度、叶柄长度、表皮细胞长度、栅栏组织厚度、海绵组织厚度、叶紧密度、叶疏松度、栅海比、上表皮细胞宽度、下表皮细胞宽度、可溶性糖含量、淀粉含量、可溶性蛋白含量、全氮含量、全磷含量、全钾含量、有机碳含量、碳氮比、赤霉素含量、吲哚乙酸含量、玉米素核苷含量、脱落酸含量、胞间 CO_2 浓度、气孔导度、瞬时水分利用效率、净光合速率、蒸腾速率、碳同位素含量、丙二醛含量、脯氨酸含量）间的关系矩阵。通过设置阈值建立一个邻接矩阵，利用 R 语言中的 igraph 软件包对叶性状网络进行可视化处理，并计算网络的各项参数。从网络参数中调选 2 个网络节点参数及 5 个网络整体参数来表示胡杨异形叶各功能之间的关系及叶整体的适应策略。

选择 5 个网络整体参数和 2 个网络节点参数来描述叶性状网络内性状的特性。直径表示网络中任意两个连接的节点之间的最短距离；平均路径长度是网络中所有节点性状之间的平均最短路径；边密度是实际边数的总和与最大可能边数的总和之比（Scott Armbruster et al.，2014）。具有相似功能的性状往往相互关联并组织为一个模块，模块度用于描述子网络（或模块）之间的分离程度（Medeiros et al.，2019）。平均聚类系数被定义为叶性状网络中所有性状的聚类系数的平均值，平均聚类系数较高意味着网络中部分特定性状的协同性较好（Yang et al.，2019）。度为网络中焦点性状所有相邻的边的数量的总和。度高的植物性状可视为焦点性状。焦点性状的介数确定为包含焦点性状的性状对之间的最短路径数（Deng et al.，2012）。

2.1.8　数据统计分析方法

①各冠层异形叶结构功能性状指标参数值为各冠层 4 个当年生枝（东、南、西、北 4 个方位）基部开始的第 4 节位的 4 个异形叶结构功能性状指标参数值的平均值。②样株异形叶结构功能性状指标参数值为样株各冠层异形叶结构功能性状指标参数值的平均值。③同一径阶异形叶结构功能性状指标参数值为同一径阶内所有样株异形叶结构功能性状指标参数值的平均值。④同一径阶各冠层异形叶结构功能性状指标参数值为同一径阶内所有样株同一冠层异形叶结构功能性状指标参数值的平均值。⑤用 DPS 7.05 软件进行单因素方差分析，并进行相关性分析，检验各指标间的相关性。⑥使用 R 语言 igraph 软件包构建叶性状网络并计算网络参数。为了获得网络参数的不确定度范围，我

们随机选取 75% 的植物性状，即实际抽取性状个数 25≤*n*≤34 并进行 999 次随机重复。替代采样方法确定了每个组合的 100 个叶性状网络，并计算了它们的水平参数，计算出这些参数的平均值和标准误，使用 ggplot2 布局可视化胡杨不同发育阶段叶性状网络。⑦采用邓肯多重范围检验（Duncan multiple- range test）比较植物性状间网络参数均值之间的差异。采用单因素方差分析比较不同发育阶段的植物性状网络及 3 种不同结构性状间的相对重要性（绝对重要性值为每种性状的平均度，相对重要性值为绝对重要性除以所有性状度的总和）。性状数据在分析前进行对数转换，所有统计分析和可视化都使用 Origin（2021）和 R 语言（4.3.2 版本），显著性水平设定为 α=0.05。

2.2 异形叶形态结构性状随径阶和树高的变化规律

2.2.1 异形叶形态性状随径阶和树高的变化规律

由图 2-1 可知，异形叶叶片长度除 4 径阶外，其余径阶叶片长度随树高增加总体上呈减小趋势；叶形指数在 4～20 径阶总体上随径阶、树高的增加呈减小趋势；叶片宽度、

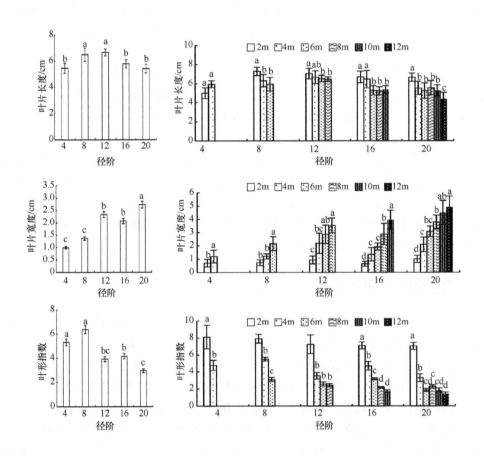

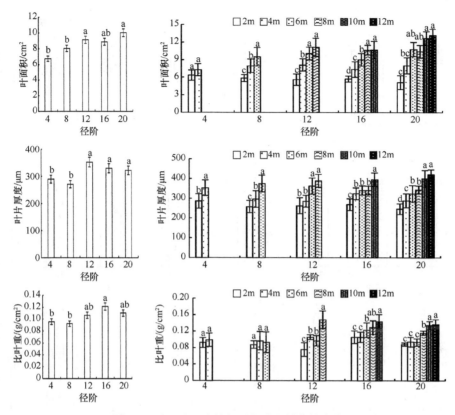

图 2-1　异形叶形态性状随径阶和树高的变化

左列图不含相同小写字母表示不同径阶间差异显著（P＜0.05）；右列图同一径阶不含相同小写字母表示不同树高间差异显著（P＜0.05）。图例为树高

叶面积、叶片厚度、比叶重在 4～20 径阶总体上随径阶、树高的增加呈增大趋势。各径阶树高最高处的叶与树高 2m 处的相比，叶明显变得更大、更厚。结果表明，胡杨异形叶形态（叶片厚度和比叶重）随发育阶段和异形叶所在树高位置的不同而异，在各发育阶段叶面积最大、叶片最厚的叶片总是分布在树的最高处。

2.2.2　异形叶结构性状随径阶和树高的变化规律

由图 2-2 可知，异形叶栅栏组织厚度在 4～20 径阶随径阶、树高增加总体上呈增加趋势；栅海比及角质层厚度随径阶增加总体上呈增大趋势；海绵组织厚度在不同径阶间无显著差异，在 8 径阶随树高增加呈增加趋势，在 16 径阶和 20 径阶总体上随树高增加呈先增后降的趋势。与树高 2m 处相比，除 4 径阶外，其余各径阶树的最高处异形叶的栅栏组织厚度、角质层厚度、栅海比（20 径阶除外）均达到最大值。初步表明，胡杨异形叶解剖结构随径阶和树高增加表现出更加明显的旱生结构特点。

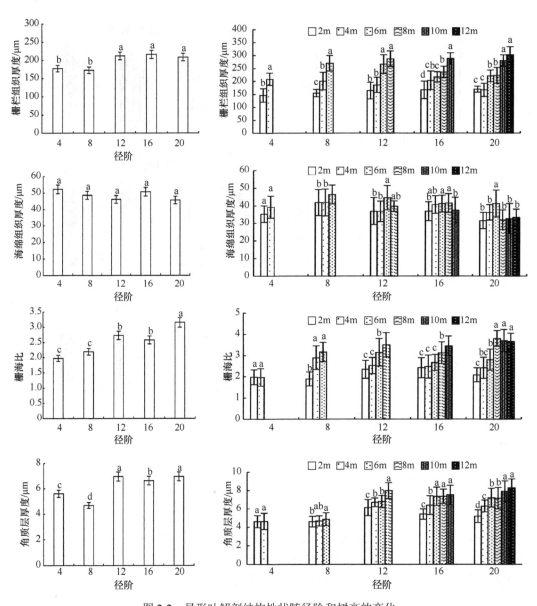

图 2-2　异形叶解剖结构性状随径阶和树高的变化

左列图不同小写字母表示不同径阶间差异显著（$P<0.05$）；右列图同一径阶不含相同小写字母表示不同树高间差异显著（$P<0.05$）。图例为树高

2.3　异形叶生理性状随径阶和树高的变化规律

2.3.1　异形叶光合生理性状随径阶和树高的变化规律

由图 2-3 可知，胡杨异形叶净光合速率随径阶和树高增加总体上呈增大趋势，各径阶树的最高处叶净光合速率与树高 2m 处的差异显著。异形叶蒸腾速率随径阶增加总体上呈增大趋势，但在 4 径阶、8 径阶、12 径阶、16 径阶的不同树高间无明显变化，在

20 径阶随树高增加总体上呈增大趋势，蒸腾速率在树高 12m 与 2m 间差异显著。异形叶胞间 CO_2 浓度在 12 径阶、16 径阶、20 径阶随树高增加呈减小趋势，胞间 CO_2 浓度在树的最高处显著低于树高 2m，变化幅度最大的是 20 径阶，降低了 22.55%。异形叶气孔导度在 8 径阶、12 径阶、16 径阶、20 径阶总体上呈现随树高增加而增大的趋势。结果表明，胡杨异形叶光合能力随径阶和树高增加有增强的趋势。

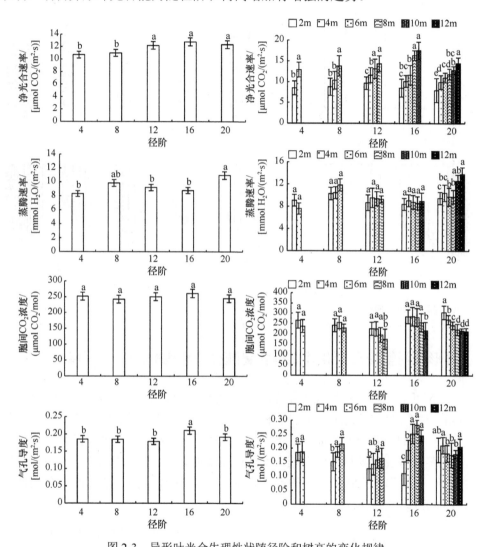

图 2-3　异形叶光合生理性状随径阶和树高的变化规律

左列图不含相同小写字母表示不同径阶间差异显著（$P<0.05$）；右列图同一径阶不含相同小写字母表示不同树高间差异显著（$P<0.05$）。图例为树高

2.3.2　异形叶水分生理性状随径阶和树高的变化规律

胡杨异形叶水分利用效率随径阶和树高的变化规律如图 2-4 所示。异形叶瞬时水分利用效率在 4～16 径阶随径阶、树高增加呈增加趋势，且各径阶树的最高处的瞬时水分利用效率与树高 2m 处的差异显著，其中 16 径阶瞬时水分利用效率增加的幅

度最大，增加了93.39%。异形叶 $\delta^{13}C$ 随径阶增加总体上呈增大趋势，在12径阶、16径阶、20径阶 $\delta^{13}C$ 随树高增加总体上呈增大趋势，且树的最高处的 $\delta^{13}C$ 显著高于树高2m处的 $\delta^{13}C$。说明，胡杨异形叶的水分利用效率有随径阶和树高增加而增加的趋势。

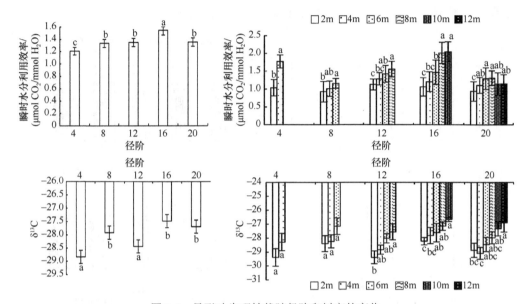

图 2-4　异形叶生理性状随径阶和树高的变化

左列图不同小写字母表示不同径阶间差异显著（$P<0.05$）；右列图同一径阶不含相同小写字母表示不同树高间差异显著（$P<0.05$）。图例为树高

2.3.3　异形叶脯氨酸含量和丙二醛含量随径阶和树高的变化规律

由图 2-5 可知，异形叶脯氨酸含量在各径阶随树高增加总体上呈增加的趋势。4 径阶、8 径阶、12 径阶、16 径阶、20 径阶树的最高处异形叶脯氨酸含量比树高 2m 处分别增加了 8.1%、62.98%、84.52%、11.85%、22.78%。异形叶丙二醛含量随径阶增加总体上呈增加趋势；各径阶异形叶丙二醛含量随树高增加总体上呈增加趋势，4 径阶、8 径阶、12 径阶、16 径阶、20 径阶树的最高处异形叶丙二醛含量比树高 2m 处分别增加了 21.6%、13.88%、10.71%、26.92%、17.64%。

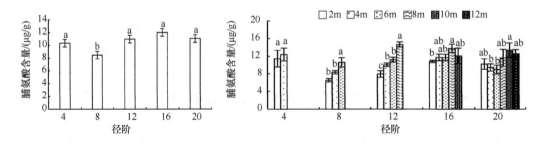

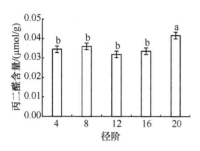 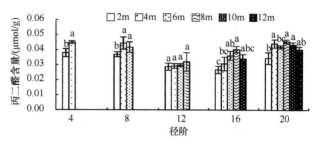

图 2-5　异形叶脯氨酸含量、丙二醛含量随径阶和树高的变化

左列图不同小写字母表示不同径阶间差异显著（$P<0.05$）；右列图同一径阶不含相同小写字母表示不同树高间差异显著（$P<0.05$）。图例为树高

2.3.4　异形叶结构功能性状与径阶和树高的关系

由表 2-2 可知，异形叶叶片宽度、叶面积、叶片厚度、比叶重、栅栏组织厚度、角质层厚度和栅海比均与径阶和异形叶所在树高呈极显著正相关（$P<0.01$），叶片长度、叶形指数均与异形叶所在树高呈极显著负相关（$P<0.01$），分别与径阶呈极显著（$P<0.01$）、显著（$P<0.05$）负相关。说明，胡杨异形叶形态结构变化与发育阶段和异形叶所在树高密切相关。

表 2-2　异形叶结构性状指标与径阶、树高的 Pearson 相关性（$n=220$）

影响因子	叶片长度	叶片宽度	叶形指数	叶面积	叶片厚度	比叶重	栅栏组织厚度	海绵组织厚度	角质层厚度	栅海比
树高	−0.57**	0.93**	−0.83**	0.85**	0.82**	0.84**	0.85**	−0.25	0.82**	0.88**
径阶	−0.93**	0.97**	−0.79*	0.93**	0.93**	0.94**	0.92**	−0.66	0.96**	0.91**

*表示差异显著（$P<0.05$）；**表示差异极显著（$P<0.01$），本章下同。

由表 2-3 可知，异形叶净光合速率、蒸腾速率、δ^{13}C、脯氨酸含量与异形叶所在树高和径阶呈极显著/显著正相关；胞间 CO_2 浓度与异形叶所在树高和径阶呈极显著负相关；气孔导度、瞬时水分利用效率与异形叶所在树高呈显著正相关。

表 2-3　异形叶功能性状指标与径阶、树高的 Pearson 相关性（$n=180$）

影响因子	净光合速率	蒸腾速率	气孔导度	胞间 CO_2 浓度	瞬时水分利用效率	δ^{13}C	脯氨酸含量	丙二醛含量
树高	0.83**	0.51*	0.48*	−0.58**	0.49*	0.79**	0.64**	0.31
径阶	0.86*	0.89**	0.72	−0.96**	0.33	0.94**	0.85*	0.67

相关性分析显示，胡杨异形叶形态结构性状与功能性状间存在极显著/显著相关关系（表 2-4），表明它们之间存在协同变化的关系。

表 2-4 异形叶结构性状与功能性状指标间的 Pearson 相关性 （n=180）

性状指标	叶片长度	叶片宽度	叶形指数	叶面积	叶片厚度	比叶重	栅栏组织厚度	海绵组织厚度	角质层厚度	栅海比	净光合速率	蒸腾速率	气孔导度	胞间CO₂浓度	瞬时水分利用效率	δ¹³C	脯氨酸含量	丙二醛含量
叶片长度	1.00																	
叶片宽度	−0.45*	1.00																
叶形指数	0.57**	−0.88**	1.00															
叶面积	−0.35	0.93**	−0.87**	1.00														
叶片厚度	−0.53*	0.73**	−0.77**	0.76**	1.00													
比叶重	−0.49*	0.70**	−0.61**	0.59**	0.67**	1.00												
栅栏组织厚度	−0.36	0.81**	−0.74**	0.79**	0.92**	0.71**	1.00											
海绵组织厚度	−0.08	−0.26	0.03	−0.1	0.2	−0.3	0.01	1.00										
角质层厚度	−0.52*	0.86**	−0.78**	0.78**	0.61**	0.79**	0.66**	−0.28	1.00									
栅海比	−0.34	0.84**	−0.73**	0.81**	0.70**	0.74**	0.81**	−0.39	0.70**	1.00								
净光合速率	−0.34	0.79**	−0.75**	0.72**	0.84**	0.74**	0.88**	0.02	0.65**	0.69**	1.00							
蒸腾速率	−0.29	0.47*	−0.31	0.49*	0.31	0.21	0.31	−0.34	0.19	0.47*	0.15	1.00						
气孔导度	−0.54*	0.38	−0.54*	0.23	0.46*	0.42	0.35	0.08	0.32	0.2	0.57**	0.07	1.00					
胞间CO₂浓度	−0.13	−0.64**	0.48*	−0.77**	−0.60**	−0.42	−0.70**	−0.01	−0.49*	−0.67**	−0.61**	−0.28	0.17	1.00				
瞬时水分利用效率	−0.24	0.48*	−0.54*	0.38	0.58**	0.57**	0.58**	0.23	0.53**	0.32	0.82**	−0.42	0.56**	−0.33	1.00			
δ¹³C	−0.42	0.64**	−0.56**	0.49*	0.76**	0.76**	0.82**	−0.13	0.49*	0.69**	0.82**	0.28	0.59**	−0.33	0.58**	1.00		
脯氨酸含量	−0.54*	0.52*	−0.62**	0.53*	0.69**	0.79**	0.60**	−0.02	0.66**	0.53**	0.63**	0.01	0.41	−0.29	0.58**	0.58**	1.00	
丙二醛含量	−0.4	0.22	−0.35	0.25	0.29	0.04	0.08	0.23	−0.01	0.17	0.16	0.38	0.43	−0.02	0.03	0.16	0.05	1.00

2.4　异形叶化学计量性状随径阶和树高的变化规律

2.4.1　异形叶养分含量随径阶和树高的变化规律

由图 2-6 可知，胡杨异形叶全氮含量随径阶和树高增加总体上呈增加的趋势，8～20 径阶，树高 6m、8m、10m、12m 处全氮含量均与树高 2m 处存在显著差异（$P<0.05$）；全磷含量随径阶增加呈增加的趋势，但各径阶不同树高的全磷含量差异不显著；全钾含量在不同径阶间及同一径阶不同树高间差异均不显著；有机碳含量随径阶和树高的增加总体上呈增加的趋势，8 径阶、12 径阶、16 径阶、20 径阶树最高处的有机碳含量均与树高 2m 处差异显著（$P<0.05$）；碳氮比在各径阶间无显著差异，各径阶随树高的

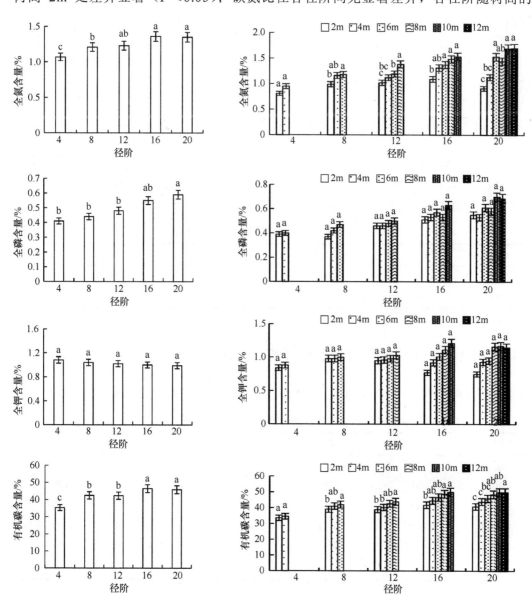

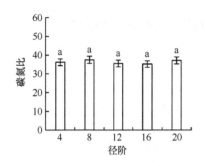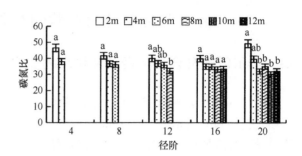

图 2-6　异形叶养分含量随径阶和树高的变化

左列图不含相同小写字母表示不同径阶间差异显著（$P<0.05$）；右列图同一径阶不含相同小写字母表示不同树高间差异显著（$P<0.05$）。图例为树高

增加碳氮比总体上呈减小趋势，12 径阶和 20 径阶树最高处的碳氮比显著低于树高 2m 处的碳氮比。初步说明，胡杨异形叶全氮含量、全磷含量、有机碳含量总体上是随径阶和树高增加而增加；碳氮比在 12 径阶和 20 径阶随树高的增加而减小；全钾含量在不同径阶和同一径阶不同树高间均无显著变化。

2.4.2　异形叶养分含量与径阶和树高的相关性

表 2-5 显示，异形叶全氮含量、全磷含量及有机碳含量均与径阶和树高呈极显著正相关（$P<0.01$），碳氮比与径阶和树高呈极显著负相关（$P<0.01$）。说明胡杨异形叶全氮含量、全磷含量、有机碳含量及碳氮比与胡杨个体发育阶段密切相关。

表 2-5　异形叶养分含量与径阶、树高的 Pearson 相关性（$n=105$）

影响因子	全氮含量	全磷含量	全钾含量	有机碳含量	碳氮比
径阶	0.56**	0.41**	−0.15	0.78**	−0.31**
树高	0.55**	0.27**	−0.09	0.69**	−0.27**

2.4.3　异形叶养分含量与叶形态指标的相关性

由表 2-6 可知，异形叶全氮含量、全磷含量和有机碳含量分别与叶面积、叶周长、

表 2-6　异形叶养分含量与叶形态性状指标间的 Pearson 相关性（$n=105$）

性状指标	全氮含量	全磷含量	全钾含量	有机碳含量	碳氮比
叶形指数	−0.58**	−0.30**	0.06	−0.67**	0.25*
叶面积	0.55**	0.31**	−0.14	0.58**	−0.28*
叶周长	0.42**	0.23*	−0.23*	0.47**	−0.23*
叶片长度	−0.39**	−0.24*	−0.01	−0.51**	0.05
叶片宽度	0.58**	0.37**	−0.12	0.69**	−0.24*
叶柄长度	0.59**	0.24*	−0.13	0.59**	−0.31**

叶片宽度和叶柄长度呈显著/极显著正相关,与叶形指数、叶片长度呈显著/极显著负相关;全钾含量仅与叶周长呈显著负相关;碳氮比与叶形指数呈显著正相关,与叶面积、叶周长、叶片宽度和叶柄长度呈显著/极显著负相关;全钾含量仅与叶周长存在显著负相关关系。说明胡杨异形叶全氮含量、全磷含量、全钾含量、有机碳含量和碳氮比与异形叶形态性状密切相关。

2.5 异形叶内源激素含量及其比值随径阶和树高的变化规律

2.5.1 异形叶内源激素含量随径阶和树高的变化规律

图 2-7 显示,异形叶赤霉素含量随径阶增加总体上呈减少的趋势,各径阶不同树高间赤霉素含量均差异不显著;吲哚乙酸含量随径阶增加总体上呈减少的趋势,12 径阶、16 径阶、20 径阶树的最高处吲哚乙酸含量与树高 2m 处均差异显著($P<0.05$);玉米素核苷含量随着径阶的增加总体上呈减小趋势,16 径阶、20 径阶显著低于 4 径阶,各径阶不同树高间玉米素核苷含量均无显著差异;脱落酸含量在径阶间差异不显著,各径阶不同树高间的脱落酸含量均无显著差异。结果表明,胡杨异形叶 4 种内源激素含量随径阶和树高变化的特点有所不同。

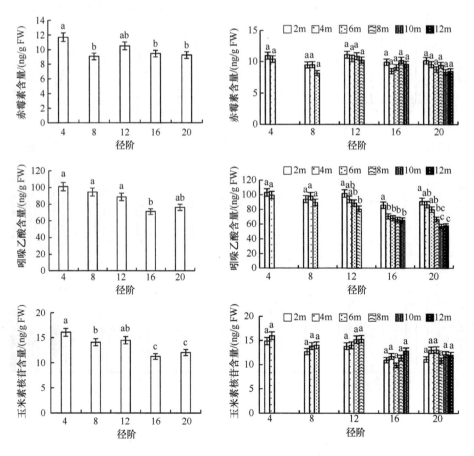

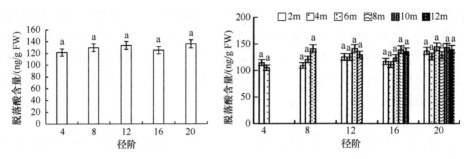

图 2-7　异形叶 4 种内源激素含量随径阶和树高的变化

左列图不含相同小写字母表示不同径阶间差异显著（$P<0.05$）；右列图同一径阶不含相同小写字母表示不同树高间差异显著（$P<0.05$）。图例为树高

2.5.2　异形叶内源激素含量比值随径阶和树高的变化规律

图 2-8 显示，胡杨异形叶吲哚乙酸含量/脱落酸含量随径阶增加呈减小的趋势；赤霉素含量/吲哚乙酸含量总体上随径阶增加呈增大的趋势；玉米素核苷含量/吲哚乙酸含量总体上随径阶增加无显著变化；玉米素核苷含量/赤霉素含量总体上随径阶增加呈先增大后减小的趋势；玉米素核苷含量/脱落酸含量总体上随径阶的增加呈减小的趋势。

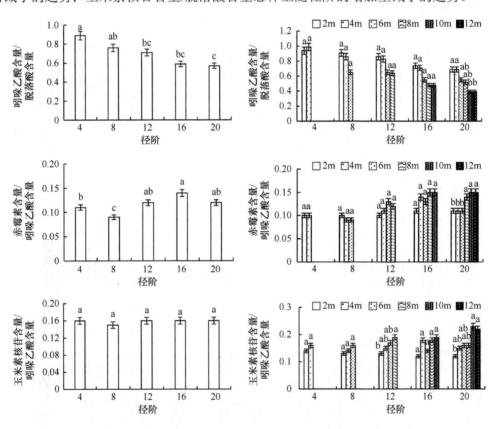

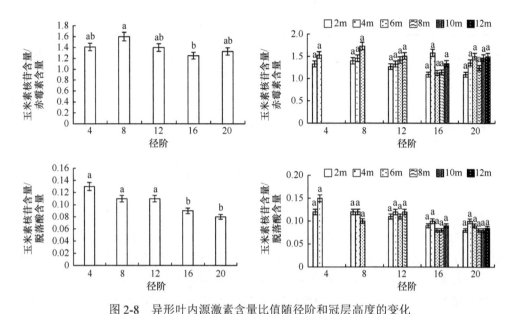

图 2-8　异形叶内源激素含量比值随径阶和冠层高度的变化

左列图不含相同小写字母表示不同径阶间差异显著（$P<0.05$）；右列图同一径阶不含相同小写字母表示不同树高间差异显著（$P<0.05$）。图例为树高

　　图 2-8 显示，在树冠垂直空间，胡杨异形叶吲哚乙酸含量/脱落酸含量在 8 径阶、12 径阶、16 径阶、20 径阶，随着树高的增加呈减小趋势，但无显著差异（20 径阶除外）；赤霉素含量/吲哚乙酸含量在 20 径阶总体上随树高的增加呈显著增大的趋势，其余径阶各树高间无显著差异；玉米素核苷含量/吲哚乙酸含量各径阶总体上随树高的增加呈增大的趋势，12 径阶、20 径阶树最高处显著大于树高 2m 处（$P<0.05$）；玉米素核苷含量/赤霉素含量在 8 径阶和 12 径阶随树高的增加呈增大的趋势。胡杨异形叶 4 种内源激素含量比值表现出随径阶和树高变化而变化的特点。

2.5.3　异形叶内源激素含量及其比值与径阶和树高的相关性

　　由表 2-7 可知，胡杨异形叶赤霉素含量、吲哚乙酸含量、玉米素核苷含量、吲哚乙酸含量/脱落酸含量、赤霉素含量/脱落酸含量、玉米素核苷含量/脱落酸含量均与径阶和异形叶所在树高呈极显著负相关（$P<0.01$），玉米素核苷含量/吲哚乙酸含量与径阶和异形叶所在树高呈极显著正相关（$P<0.01$），赤霉素含量/吲哚乙酸含量与径阶呈显著正相关（$P<0.05$）。结果表明，异形叶赤霉素含量、吲哚乙酸含量、玉米素核苷含量、吲哚乙酸含量/脱落酸含量、赤霉素含量/脱落酸含量、玉米素核苷含量/脱落酸含量、玉米素核苷含量/吲哚乙酸含量、赤霉素含量/吲哚乙酸含量与胡杨个体发育阶段密切相关。异形叶脱落酸含量与径阶和异形叶所在树高均无显著相关，但赤霉素含量、吲哚乙酸含量和玉米素核苷含量与脱落酸含量的比值均与径阶和异形叶所在树高存在极显著的相关关系，表明异形叶脱落酸含量与胡杨个体发育阶段也存在一定的关系。

表 2-7 异形叶内源激素含量及其比值与径阶和树高的 Pearson 相关性 （n=42）

影响因子	赤霉素含量	吲哚乙酸含量	玉米素核苷含量	脱落酸含量	吲哚乙酸含量/脱落酸含量	赤霉素含量/脱落酸含量	玉米素核苷含量/脱落酸含量	赤霉素含量/吲哚乙酸含量	玉米素核苷含量/吲哚乙酸含量	玉米素核苷含量/赤霉素含量
径阶	−0.54**	−0.75**	−0.55**	0.16	−0.70**	−0.45**	−0.49**	0.35*	0.38**	0.02
树高	−0.66**	−0.74**	−0.48**	0.17	−0.66**	−0.55**	−0.46**	0.20	0.40**	0.17

2.6　异形叶内源激素含量及其比值与叶形态性状的相关性

由表 2-8 可知，异形叶赤霉素含量、吲哚乙酸含量、玉米素核苷含量、吲哚乙酸含量/脱落酸含量、赤霉素含量/脱落酸含量、玉米素核苷含量/脱落酸含量与 6 个叶形态指标均存在显著/极显著相关关系；脱落酸含量与叶片宽度和叶片长度存在显著相关关系；玉米素核苷含量/吲哚乙酸含量与叶形指数和叶柄长度呈极显著相关关系，与叶片宽度呈显著正相关；赤霉素含量/吲哚乙酸含量与叶片宽度呈显著正相关；玉米素核苷含量/赤霉素含量与叶片宽度呈显著负相关。结果表明，叶形指数和叶柄长度与异形叶赤霉素含量、吲哚乙酸含量、玉米素核苷含量、吲哚乙酸含量/脱落酸含量、赤霉素含量/脱落酸含量、玉米素核苷含量/脱落酸含量、玉米素核苷含量/吲哚乙酸含量密切相关，而叶面积和叶周长与异形叶赤霉素含量、吲哚乙酸含量、玉米素核苷含量、吲哚乙酸含量/脱落酸含量、赤霉素含量/脱落酸含量、玉米素核苷含量/脱落酸含量密切相关。

表 2-8 异形叶内源激素含量及其比值与叶形态性状的 Pearson 相关性 （n=42）

形态性状	赤霉素含量	吲哚乙酸含量	玉米素核苷含量	脱落酸含量	吲哚乙酸含量/脱落酸含量	赤霉素含量/脱落酸含量	玉米素核苷含量/脱落酸含量	赤霉素含量/吲哚乙酸含量	玉米素核苷含量/吲哚乙酸含量	玉米素核苷含量/赤霉素含量
叶形指数	0.58**	0.64**	0.33*	−0.18	0.61**	0.52**	0.38*	−0.15	−0.42**	−0.24
叶片长度	0.24*	0.35**	0.39**	−0.25*	0.42**	0.31*	0.42**	−0.15	−0.13	0.05
叶片宽度	−0.39**	−0.62**	−0.63**	0.24*	−0.56**	−0.40**	−0.57**	0.27*	0.23*	−0.23*
叶面积	−0.56**	−0.54**	−0.35*	0.10	−0.51**	−0.49**	−0.35*	0.04	0.27	0.21
叶周长	−0.39**	−0.55**	−0.41**	0.07	−0.49**	−0.34*	−0.35*	0.22	0.26	0.03
叶柄长度	−0.49**	−0.69**	−0.36*	0.19	−0.64**	−0.47**	−0.40**	0.30	0.44**	0.11

2.7　不同径阶和不同树高处的异形叶性状网络特征

2.7.1　不同径阶叶性状网络特征

对 5 个不同径阶胡杨叶性状进行相关性分析，构建了 5 个径阶的胡杨个体及整体的异形叶性状网络（图 2-9），分析发现，不同径阶的叶性状网络整体参数（平均路径长度、边密度、直径、聚类系数、模块度）存在显著差异（图 2-10），大多数性状都是正相关

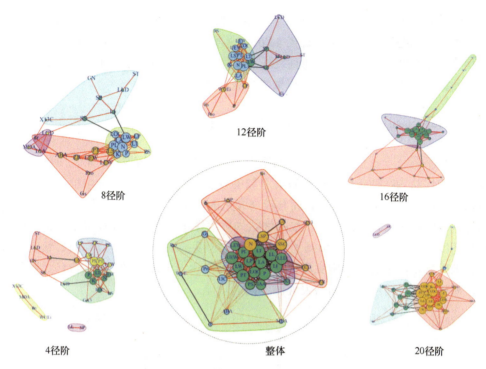

图 2-9 胡杨整体和各径阶叶性状网络

LL：叶片长度；LW：叶片宽度；LA：叶面积；LI：叶形指数；LP：叶周长；LT：叶片厚度；PL：叶柄长度；PT：栅栏组织厚度；ST：海绵组织厚度；LCD：叶紧密度；LLD：叶疏松度；PS：栅海比；UEW：上表皮细胞宽度；LEW：下表皮细胞宽度；SS：可溶性糖含量；LS：淀粉含量；SP：可溶性蛋白含量；N：全氮含量；P：全磷含量；K：全钾含量；LOC：有机碳含量；CN：碳氮比；GA₃：赤霉素含量；IAA：吲哚乙酸含量；ZR：玉米素核苷含量；ABA：脱落酸含量；Ci（Cᵢ）：胞间 CO_2 浓度；Gs（Gₛ）：气孔导度；WUE（WUEᵢ）：瞬时水分利用效率；Pn（Pₙ）：净光合速率；Tr（Tᵣ）：蒸腾速率；X13C（δ¹³C）：碳同位素比值；MDA：丙二醛含量；Pro：脯氨酸含量，本章下同

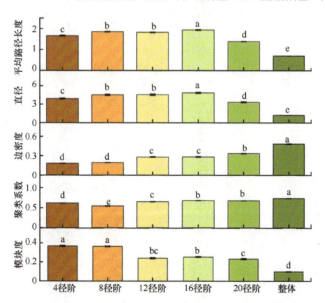

图 2-10 胡杨整体和各径阶叶性状网络整体参数变化

各网络参数不含相同小写字母表示不同径阶及整体间差异显著（$P<0.05$）

关系。随径阶升高，胡杨叶性状网络平均路径长度和直径呈先增加后减小趋势，在 16 径阶最大（平均路径长度 1.94，直径 4.86），聚类系数在 8 径级最小（0.55）；模块度呈降低趋势，边密度呈增加趋势。并且发现在整体的叶性状网络中，平均路径长度、直径和模块度都远低于各径阶，边密度和聚类系数均高于各径阶。

2.7.2 不同径阶叶性状网络的中心性状和连接性状

对胡杨不同径阶及整体的叶性状网络的节点参数进行比较发现：4 径阶的网络结构中度最高的性状为叶柄长度，拥有较高介数的性状为叶面积；8 径阶中度最高的性状为叶柄长度、叶片宽度和全氮含量，拥有较高介数的性状为可溶性糖含量；12 径阶中度最高的性状为叶柄长度，拥有最高介数的性状为可溶性蛋白含量；16 径阶中度最高的性状为叶片宽度和全钾含量，介数最高的性状为叶片长度；20 径阶中度最高的性状为全钾含量、有机碳含量、上表皮细胞宽度，介数最高的性状为全钾含量（图 2-11）。这些结果表明，胡杨 5 个径阶叶性状网络表现出不同的功能。

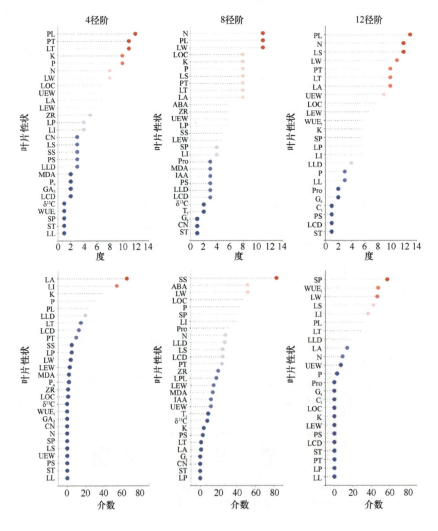

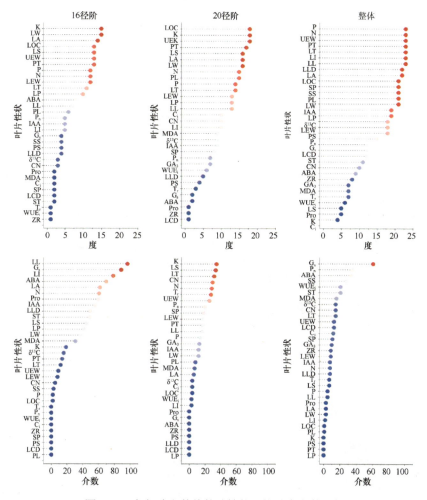

图 2-11　各径阶和整体的叶性状网络节点参数比较

对胡杨整体发育过程的叶整体性状网络的节点参数进行比较,一些叶性状(全磷含量、全氮含量、上表皮细胞宽度、栅栏组织厚度、叶片厚度、叶形指数、叶片长度)表现出较高的度,气孔导度表现出最高介数。

2.7.3　不同树高处叶性状网络特征

对 20 径阶胡杨树高 2m、4m、6m、8m、10m 处的叶性状进行相关性分析,构建了胡杨不同树高处的叶性状网络(图 2-12)。分析发现,不同树高处的叶性状网络整体参数平均路径长度、边密度、直径、聚类系数、模块度均存在显著差异(图 2-13),大多数性状都是正相关关系。随树高增加,叶性状网络平均路径长度和直径呈先减小后增加趋势,在树高 6m 处最小(平均路径长度 1.60,直径 3.65),聚类系数和边密度的变化趋势与之相反,在树高 6m 处最大(聚类系数 0.80,边密度 0.31);模块度在树高 4m 处最高(0.42),显著高于树高 2m、8m 和 10m 处。

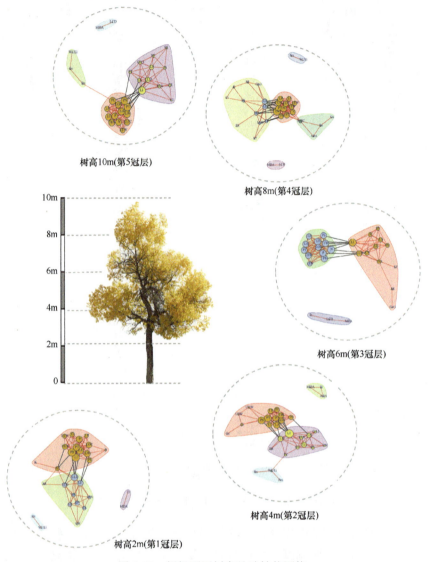

图 2-12　胡杨不同树高处叶性状网络

2.7.4　不同树高处叶性状网络的中心性状和连接性状

　　对胡杨不同树高处叶性状网络的节点参数进行比较（图 2-14）发现：树高 2m 处叶性状网络结构中度最高的性状为栅海比和叶片厚度，叶形指数有最高的介数；树高 4m 处叶形指数有最高的度和介数；树高 6m 处度最高的性状为全氮含量和叶形指数，拥有最高介数的性状为叶疏松度；树高 8m 处度最高的性状为叶片宽度，介数最高的性状为淀粉含量；树高 10m 处度最高的性状为叶形指数、栅海比、栅栏组织厚度，介数最高的性状为叶形指数。这些结果表明，胡杨不同树高处叶性状网络表现出不同的适应策略。

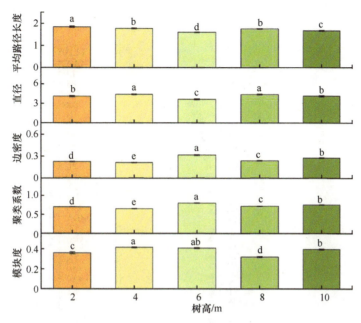

图 2-13　胡杨不同树高处叶性状网络整体参数变化

同一参数不含相同小写字母表示不同树高间差异显著（$P<0.05$）

2.7.5　不同径阶和树高的异形叶性状连通性

对比胡杨不同径阶和不同树高间的叶结构性状、化学性状、生理性状的相对重要性（图 2-15）发现，在所有径阶中，生理性状的相对重要值最小，与结构性状和化学性状

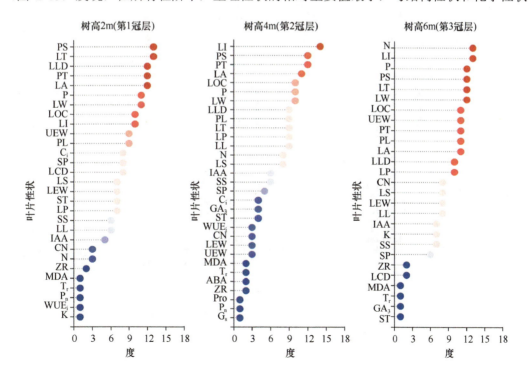

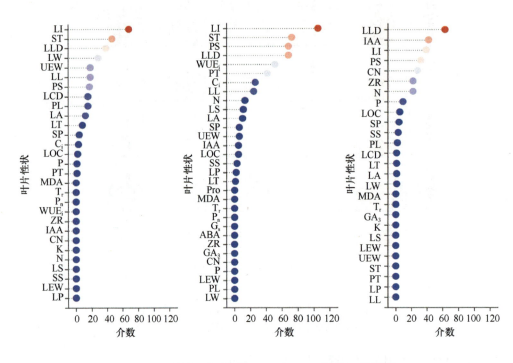

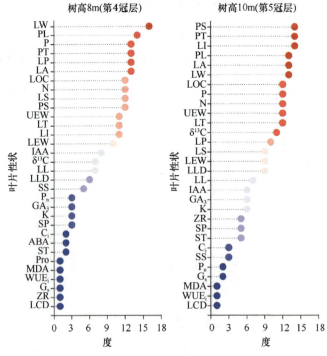

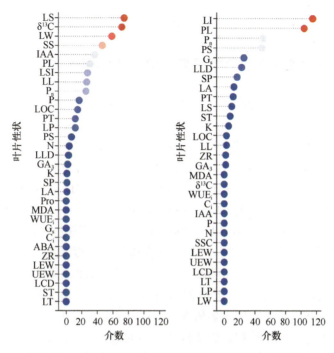

图 2-14　胡杨不同树高处的叶性状网络节点参数比较

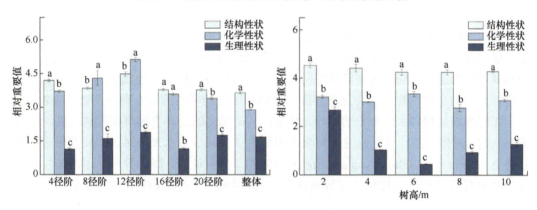

图 2-15　胡杨不同径阶和树高处叶结构性状、化学性状、生理性状相对重要性比较

同一径阶/整体或同一树高不同小写字母表示不同性状间差异显著（$P < 0.05$）

相对重要值呈显著差异；4 径阶和 20 径阶的结构性状相对重要值显著大于化学性状和生理性状，在 12 径阶中化学性状相对重要值显著大于结构性状和生理性状。整体叶性状网络中，叶结构性状的相对重要值显著大于化学性状和生理性状。对比胡杨不同树高叶结构性状、化学性状、生理性状之间的相对重要值（图 2-15）发现，在所有冠层叶性状网络中，结构性状＞化学性状＞生理性状，表明胡杨在成熟阶段径阶和不同树高对环境的适应中会优先调节结构性状。

2.8　讨　论

2.8.1　异形叶结构性状随发育阶段变化的生物学意义

叶的特殊适应结构包括叶的形态、厚度、表面特征和其他解剖特征（Fang et al.，2000）。叶越厚，储水能力越强，耐旱性越强（陈豫梅等，2001）。叶角质层厚度与植物保水能力直接相关，角质层可减少水分流失（李志军等，1996），高度发达的栅栏组织不仅可以避免干旱地区强烈光照对叶肉的灼伤，还可以有效利用衍射光进行光合作用（燕玲等，2000）。同一物种叶特殊适应结构的差异可能是由不同的生态条件引起的，也可能与冠状部位和生长阶段有关（Tanaka-Oda et al.，2010；He et al.，2008；England and Attiwill，2006）。England 和 Attiwill（2006）研究发现，王桉（*Eucalyptus regnans*）叶面积和气孔大小随树高增加而减小，表皮厚度和气孔密度随树高增加而增加。He 等（2008）研究发现，望天树（*Parashorea chinensis*）的叶面积随树高增加而减小，而气孔密度和比叶重随树高增加而增加；叶解剖结构如栅栏组织厚度、表皮厚度、角质层厚度、栅海比、气孔密度和维管束密度均随树高增加而增大，这些叶指数均与树高显著相关，研究认为望天树的叶形态结构和解剖结构随树高的增加表现出更强的旱生型结构，支持树高重力和水力阻力的影响可能逐渐增加树木高度的水分胁迫这一假设（Ryan and Yoder，1997）。

我们的研究结果与上述结果有相似之处。胡杨异形叶叶面积、叶片厚度、比叶重、栅栏组织厚度、角质层厚度和栅海比均与径阶和异形叶所在树高呈极显著正相关，说明胡杨异形叶形态结构随径阶、异形叶所在树高的增加表现出更强的抗旱结构特征，抗旱结构特征均与个体发育阶段和冠状部位（异形叶所在的树高部位）有关。有研究表明，由于随树高增加树体木质部水势减小，水压在树高梯度的差异会影响相应树高部位的叶形态结构，树体上部叶只有通过更加明显的旱生结构减少失水来应对树木高度带来的水分胁迫（He et al.，2008；Ryan and Yoder，1997）。分析认为，胡杨异形叶形态结构特征在个体发育阶段和冠状部位的差异可能与应对环境干旱胁迫及树木高度带来的水分胁迫有关。

2.8.2　异形叶生理性状随发育阶段变化的生物学意义

目前，关于高度限制的假设主要集中在高树水分运输限制的增加及由此导致的叶光合作用的减少（Ryan and Yoder，1997）。当树木长高，即使土壤水分充足，由于重力和路径阻力而增加的叶水分胁迫可能最终会限制叶的扩张和光合作用（Koch et al.，2004）。已有的研究表明，胡杨同一单株上分布在树冠上部的阔卵形叶比分布在树冠中下部的披针形叶更能耐大气干旱，具有较高的净光合速率和水分利用效率（王海珍等，2014；白雪等，2011；郑彩霞等，2006；邱箭等，2005），说明胡杨同一单株上不同的异形叶光合能力存在差异。我们研究发现，胡杨异形叶净光合速率、蒸腾速率与异形叶所在树高和径阶呈极显著/显著正相关，气孔导度仅与异形叶所在树高呈显著正相关，而胞间 CO_2

浓度与异形叶所在树高和径阶呈极显著负相关，说明胡杨的个体发育阶段、异形叶的冠状部位影响异形叶的光合能力。同时，我们还发现，异形叶的光合能力与叶形指数、叶面积、叶片厚度、比叶重、角质层厚度、栅栏组织厚度及栅海比存在显著相关关系，表明胡杨异形叶光合能力不仅随个体发育阶段和异形叶所在树高变化，同时随异形叶形态及解剖结构发生协同变化。例如，胡杨异形叶叶面积增大的同时，叶片厚度、栅栏组织厚度及栅海比也增大，叶面积、栅栏组织厚度、栅海比的增大均有利于异形叶净光合速率的提高；叶面积的增大提高了水分利用效率，也确保了蒸腾速率的增加，而蒸腾速率增加提高了树顶端大叶水分吸收的动力，利于水分的上升。另外，比叶重是衡量叶光合作用性能的一个参数，与光合作用、叶面积、氮含量、叶的发育有关。比叶重随异形叶所在树高增加而增加。较高的比叶重可以积累更多的光合作用物质，增加组织密度和叶质量，使异形叶生产更多的有机物供自身生长所需。分析认为，胡杨异形叶生理特征在个体发育阶段和异形叶所在树高处的差异与自身生长发育需求有关，可能与应对环境干旱胁迫及树木高度带来的水分胁迫也有关。胡杨个体发育过程中通过异形叶形态结构和生理特性的协同变化来应对环境的变化，这对于高大木本植物在干旱荒漠环境生存和适应具有重要的生物学意义。

叶瞬时水分利用效率和 $\delta^{13}C$ 是衡量水分利用效率的两个重要指标，特别是 $\delta^{13}C$，被用来衡量植物长期的水分利用效率。大量研究表明，干旱可以显著提高植物水分利用效率，高温可以显著降低植物水分利用效率（Xu et al.，2008；Monclus et al.，2006；Yin et al.，2005；Zhang et al.，2004；Vu et al.，2002；Kellomäki and Wang，2001；Gratani et al.，2000）。Yan 等（1998）研究了叶 $\delta^{13}C$ 在温带落叶林的空间变化和种间变异，得到树木上部叶子的 $\delta^{13}C$ 比下部叶子的 $\delta^{13}C$ 更高的结论。我们研究发现，胡杨异形叶瞬时水分利用效率及 $\delta^{13}C$ 均随异形叶所在树高的增加而提高（增大），与异形叶所在树高呈显著/极显著正相关，说明胡杨异形叶所在树高的增加会影响异形叶水分利用效率，这个结果与前人（He et al.，2008；Koch et al.，2004；Yan et al.，1998；Da Sternberg et al.，1989）的研究一致。我们还发现，胡杨异形叶 $\delta^{13}C$ 从 4 径阶才开始随径阶增加而增加，且与径阶呈显著正相关，同时 $\delta^{13}C$ 与叶面积、叶片厚度、比叶重呈显著/极显著正相关。显然，胡杨异形叶 $\delta^{13}C$ 与异形叶的形态结构、径阶、异形叶所在树高是协同变化的。较高的比叶重可以积累更多的光合作用物质、增加组织密度和生物质的量，增加对二氧化碳扩散的内在抵抗力，减少光合作用，加重水的限制，从而增加 $\delta^{13}C$（Koch et al.，2004）。胡杨异形叶叶面积、$\delta^{13}C$ 随径阶和异形叶所在树高增加而增大，使胡杨个体发育过程的水分利用效率增加，这对于生存于干旱荒漠环境的高大木本植物具有极其重要的生物学意义。

植物进化出了复杂的机制来感知和适应水分亏缺。例如，植物可以通过最大限度地吸收水分来减少水分损失或积累一些渗透调节物质以应对压力，从而避免干旱（Ma et al.，2014）。丙二醛含量通常用于评估植物氧化还原和渗透调节的状态，抗旱性强的植物丙二醛含量增幅小（Gómez-del-Campo et al.，2002），丙二醛含量较低的植物表现出更高的抗氧化能力，反映了植物更高的抗旱性（Apel and Hirt，2004）。我们发现，胡杨异形叶丙二醛含量随径阶、异形叶所在树高增加呈增加的趋势，说明随径阶的增加胡杨受到更多的逆境胁迫。脯氨酸是一种植物对胁迫有较敏感反应的渗透调节物质,其含量与植物的抗旱能力成正比(Verbruggen and Hermans,2008;Singh et al.,1972)。我们的研究结果表明,胡杨异形叶脯氨酸含量随径阶和异形叶所在树高的增加呈增加趋势,与径阶和树高呈显著/极显著正相关,同时异形叶脯氨酸含量与叶面积也呈显著正相关,说明胡杨通过异形叶脯氨酸含量增加调节的抗旱能力随个体发育阶段和树高增加而增强,增强了位于树冠顶部大叶的保水及抗逆能力。分析认为,胡杨通过异形叶脯氨酸含量随径阶、异形叶所在树高及异形叶叶面积变化而协同变化,来调节不同发育阶段、不同冠状部位异形叶的抗旱能力,是胡杨应对环境干旱胁迫和树木高度带来的水分胁迫的适应策略之一。

2.8.3 异形叶化学计量性状随发育阶段变化的生物学意义

因树种和生长阶段不同,植物对各种元素的需求量也不同(李艳等,2008)。例如,随着树龄的增加,油棕树叶中 N 含量出现双"S"的变化规律,K 含量则是先增加后减少,P 含量、Ca 含量、Mg 含量的变化不大(冯美利等,2012);文冠果叶 N 含量、P 含量、K 含量随着树龄的增加而减少(刘波等,2010);刺槐根和叶中 N 含量、P 含量随着树龄的增加呈增加的趋势,K 含量则呈减少的趋势(李靖等,2013);胡杨叶有机碳含量随着树龄的增加呈先增加后减少的趋势,N 含量、K 含量呈先减少后增加的趋势,P 含量从幼株到成年植株增加,之后又逐渐减少(史军辉等,2017)。树冠垂直空间的养分在不同冠层之间也存在较大差异(程徐冰等,2011;朱建林等,1992)。例如,蒙古栎树冠上部和下部叶中 N 含量无显著差异,对 N 的再吸收效率和利用效率无明显影响,而冠层上部叶 P 的含量明显高于冠层下部叶,且冠层上部叶再吸收效率和利用效率显著高于冠层下部叶(程徐冰等,2011);油松一年生叶和二年生叶中 K 含量均呈现自上而下逐渐增加的趋势(朱建林等,1992)。我们研究发现,胡杨异形叶的全氮含量、全磷含量和有机碳含量总体上呈随径阶及树高增加而增加,异形叶碳氮比则随径阶及树高增加而减小,而异形叶全钾含量仅随树高增加有较明显变化。相关性分析显示,胡杨异形叶的全氮含量、 全磷含量和有机碳含量及异形叶碳氮比与胡杨径阶和树高密切相关。说明,胡杨异形叶全氮含量、全磷含量、有机碳含量碳氮比与胡杨个体发育阶段密切相关。

2.8.4 不同发育阶段叶性状网络差异与环境适应策略

叶性状之间的协变模式和变异幅度可能会因植物本体发育而发生变化,如幼苗植物的叶整合度降低,繁殖阶段植物的相互关联性增强(Kurokawa et al.,2022)。叶性状网络参数的变化可以量化多个性状之间的相互依赖性,具有较高直径和平均路径长度的叶性状网络表现出较高的整体独立性,性状之间的协同作用较弱。模块度的增加意味着功能模块之间的界限更为清晰(Yang et al.,2019),模块内部连接紧密,而模块之间的外部连接则较为松散。每个模块的性状相互关联,执行特定功能(Li et al.,2021),同时与其他模块的性状相对独立。边密度和平均聚类系数的下降表明性状之间的协同作用减弱，叶的资源利用效率和生产效率降低（Rao et al.，2023）。平均聚类系数的减小意味着性状更倾向于独立发挥作用，而不是通过组成功能模块来实现特定功能。性状之间更高的相互依存性可能允许有效地获取和调动资源（Flores-Moreno et al.，2019）。

随径阶增加，胡杨叶性状网络具有更加复杂的拓扑结构，各性状之间平均路径长度、直径先增加后减小，边密度和聚类系数增加，模块度减小，叶性状网络在发育成熟的阶段是紧密而复杂的，而在幼龄时期是一些模块松散的组合。这些网络参数都表明，4 径阶和 20 径阶胡杨叶性状相互依存性高于其他发育阶段，原因很可能是在低径阶和高径阶的发育时期，资源可用性的限制更强。有研究表明，资源可用性低的植物可能面临更强的选择，因此往往具有更紧密的性状相关性和权衡（Liu et al.，2021），如叶经济性状在极端干旱地区的紧密性大于在干旱地区的紧密性（Wang et al.，2023）。在本研究中，4 径阶的胡杨较矮、冠幅小，叶多为条形叶，对于光资源的可用性较差，20 径阶的胡杨较高，受干旱气候和温度影响较大，叶多为阔卵形叶，蒸腾速率较大，对于水资源的可用性较差，但是随发育阶段增加，成熟胡杨叶性状网络中功能模块减少表明多性状协同变化为胡杨资源获取方式提供更大的灵活性，以适应不断变化的环境。因此，高径阶的胡杨具有更好的成本效益策略，使叶性状之间彼此密切相关，促进胡杨生长发育。

通过节点参数量化叶性状网络内性状的重要性，高度连接性状（即枢纽性状）意味着该性状与网络中的其他性状高度相关，表明该性状可能调节、影响整个表型的关键功能（Koschützki and Schreiber，2008）。我们的研究结果显示，叶柄长度是 4 径阶、8 径阶、12 径阶胡杨叶性状中共同与其他性状联系最紧密的性状，它在胡杨优化多个叶性状功能耦合关系中起至关重要的作用。有研究发现，随着植物变大，茎质量分数有增加的趋势，这通常是由于较大的植物需要按比例投资支撑叶的器官，支撑暴露在阳光下的位置的叶子（Medina-Vega et al.，2021；Poorter et al.，2012）。在胡杨不同发育阶段，叶柄长度对于叶空间分布位置、防止自遮阴、叶营养元素和水分运输能力至关重要，尤其是对叶捕获光资源的能力，它在光合效率和支持成本之间的功能权衡起着重要作用。此外，8 径阶时胡杨的中心性状还有全氮含量和叶片宽度，这些性状与叶的营养发育和形态变化紧密相关。叶的钾含量参与植物新陈代谢、生长和发育调节，以及酶和蛋白合成的激活（Anil Kumar et al.，2022）。在本研究中，全钾含量是 16 径阶和 20 径阶胡杨叶共同的中心性状，它是影响叶片生长、光合作用、水势反应的重要性状。在这两个阶段，胡杨通过调节叶全钾含量保障高效的光合效率的同时增强叶的抗旱能力。同时，叶有机碳含量、上表皮细胞宽度也是 20 径阶胡杨叶的中心性状。高叶有机碳含量也会使叶形态建成成本增加、寿命延长，使植株光合作用增强；叶上表皮细胞宽度增加可以防止高温下叶片水分流失，以适应极端干旱条件。

在胡杨叶发育的整个阶段中，与生长发育相关的性状（如全磷含量、全氮含量、叶形指数、叶片长度）以及保水功能性状（如上表皮细胞宽度、栅栏组织厚度、叶片厚度）构成了性状网络的核心。P 和 N 是关键元素，影响光合作用和生长，其含量的增加能强化叶结构特征，显示它们在调控胡杨叶生长中的主导作用。叶形指数和叶片长度的变化标志着形态结构的适应性改变，而保水组织的特征性状如上表皮细胞宽度和叶片厚度，对抵御高温至关重要，可以反映胡杨适应环境变化的结构基础。随发育阶段的变化，叶性状网络中高介数的性状由叶面积、可溶性糖含量、可溶性蛋白含量、叶片长度、全钾含量依次转变，此类性状可以通过连接属于不同模块的其他性状充当网络中的桥梁和中介，在耦合不同功能模块中起重要作用，均与其他功能模块中的叶形、生长激素、抗旱相关的性状紧密联系，可能起到生长与抗逆共同调节的作用。特别是，气孔导度在整个发育阶段中起到调节水资源的利用，以及在适应干旱条件中起着桥梁和中介作用，它通过连接不同性状，增强生理性状和结构性状的协同效应，体现了气孔导度在叶性状网络中的中心性。

本研究表明，随着发育阶段变化，胡杨通过调节叶性状之间的紧密关联，从资源获取型策略逐步转向保守型策略，以更好地应对资源有限的环境条件。低径阶（4 径阶、8 径阶、12 径阶）胡杨主要通过调节叶片分布位置、叶面积、养分利用，将更多的能量和养分分配给光能捕获及生长发育相关过程，而高径阶（成熟期）胡杨则在水分利用和抗旱能力功能性状（如叶片全钾含量、上表皮细胞宽度）上作出更多投资。这一转变与Barton 和 Koricheva（2010）的研究结果一致。Barton 和 Koricheva 早期发现植物在生命周期的后期更倾向于投资组成性防御。这一结果显示了胡杨在不同生长阶段为适应环境而进行的资源配置和性状权衡，进一步阐明了植物在生态适应中的动态变化。

2.8.5 不同冠层叶性状网络差异与高度适应策略

植物在极端环境胁迫情况下会减少特定的性状变异，从而使性状不相连接，使整个网络连通性降低（Li et al.，2022）。在本研究中，随树高增加，平均路径长度和直径先减小后增大，边密度、聚类系数及模块度具有相反的变化趋势。树高 6m 处叶性状网络拓扑结构更为简单，相较于其他冠层叶性状网络是模块更少的松散网络，表明树高 6m 处叶性状间更具有协调性，而其他冠层的叶性状网络协同性较弱，表明树高 2m 和 10m 处的树叶会经历不同的压力因素。Meiforth 等（2020）研究表明，低冠层树叶受到光照可用性动态波动及多种环境压力，这些压力可能会限制低冠层树叶对光照可用性的调整。树木较高的位置受环境压力的影响较大。在高温和干旱条件下，叶受热时间长，蒸腾速率大，受水分压力的影响（Brahmesh Reddy et al.，2022）。胡杨不同树高处的叶片也会受到光照不足及水分散失过快的影响。但是，在树高 2m 和 10m 处高度模块化的叶性状网络中，多性状的功能模块可以为胡杨叶生长和抗旱提供更大的灵活性，叶对于环境的适应会通过调整关键性状（如气孔导度、叶片厚度等）来适应高压环境。

中心性状在不同冠层的叶性状网络中变化略有区别。树高 2m 处与抗旱保水有关的性状（栅海比、叶片厚度）拥有较高的度。有研究表明，树木通过增加叶片厚度、角质层厚度及细胞中黏液细胞数目等方式提高水分由内部向叶片表面扩散的距离或阻力（Huang et al.，2010；Dong and Zhang，2001）。胡杨通过调节叶厚度和栅海比储藏水分的同时，还增加了水分从维管束向表皮外散失的距离，提高了输水效率。Shi 等（2021）研究表明，叶的长宽比与叶柄长度和叶片功能密切相关，包括光拦截、水分利用和 CO_2 摄取。在本研究中，树高 4m、6m 处与叶形变化有关的性状（叶形指数）拥有较高的度。

叶通过调整自身长宽比改变叶形态、干物质含量、全氮含量及叶绿素水平以提升光合效率和碳增益。有研究表明，植物减少了对光合成分的氮分配，会增加对其他位置的氮分配，叶内氮的分配对于最大限度地提高生物量生产至关重要，使叶内氮分配优化成为关键的适应性机制（Wei et al., 2022；Arora et al., 1999）。树高 6m 处全氮含量也具有较高的中心性，表明胡杨叶可以通过调整全氮含量以优化养分利用率，从而最大限度地提高光合作用效率。Wang 和 Chen（2013）研究表明，植物更宽的叶子由于叶绿素含量的增加而提高了光利用效率。胡杨树高 8m 处也是与叶形变化有关的性状（叶片宽度）拥有较高的度。叶通过调节宽度来改变叶面积，较宽的叶可以增加叶绿素含量，提高光合作用效率，并优化光系统之间的能量分配，最终提高光利用效率。此外，在不影响生物质积累的情况下，较宽的叶与蒸腾速度的上升相关（Zhi et al., 2022），在树高 8m 处胡杨较宽的叶可能有着更多气孔，有助于提高植物的蒸腾效率。树高 10m 与抗旱及叶形变化相关的性状（栅海比、栅栏组织厚度、叶形指数）拥有较高的度，表明在树冠顶端面积大的叶通过调节栅海比及栅栏组织厚度来抵御高温带来的水分过度蒸腾，从而增强耐旱能力，同时达到最大光合效率。

叶形指数在树高 2m、4m、10m 处有着较高的介数，起到了中介和桥梁的作用，连接了生长发育相关功能的性状与抗旱相关功能的性状。叶疏松度改变可以调节气孔开闭，影响植物的气体交换（Lambers and Oliveira, 2019）。叶疏松度在树高 6m 处有着较高介数，叶片通过增加叶内部空隙的结构，减少水分流失，保证叶片生长过程中的水分供应。树高 8m 处叶淀粉含量有着较高介数，表明淀粉含量在生长发育、能量交换、物质储存中起着桥梁的作用，在不同功能模块的各个性状之间进行耦合。胡杨在不同树高间通过性状协同变化的"转移策略"实现树冠基部向顶部不断优化异形叶的叶面积、养分利用，并不断提升光合作用及耐旱性，形成了胡杨树冠垂直空间独特的生长抗逆适应策略。

2.8.6　不同径阶和树高对叶性状关系组成的影响

在胡杨不同发育阶段及整体的植物性状网络中，4 径阶、16 径阶、20 径阶及整体发育网络的结构性状更为重要，结构性状的显著重要性反映了这些性状在植物适应极端环境条件下的关键作用，这些结构形状可以使胡杨能够在水资源有限的环境中维持生命活动。有研究表明，结构性状的调整可以显著提高植物的光合作用效率和抗旱能力，从而提高植物的生存率（Koschützki and Schreiber, 2008）。在幼树阶段，胡杨可能更侧重于通过结构性状的调整来最大化对光的捕获；在成树阶段，可能更侧重于水分的有效利用和保存，因为这一阶段植株已经拥有了较大的生物量，在干旱条件下维持这一生物量所需的水分更为关键。因此，胡杨优先考虑加强叶形态结构性状之间的联系并提高叶结构的稳健性，同时还可以减少干旱造成的物理损害，从而适应干旱胁迫，维持自身正常生存和生长。

在 8 径阶、12 径阶的发育阶段中化学性状重要性高于结构性状和生理性状。这一发现表明，在植物生长的快速发育阶段，化学性状在支持叶生长和提高碳同化效率方面起着关键作用。有研究表明，叶片化学性状特征与光合资源利用效率、水分利用效率有着不同联系（Acuña-Acosta et al.，2024）。因此，胡杨在这一阶段可能会积极扩展其叶面积以捕捉更多的光合有效辐射，并且需要大量的营养来支持这种生长。在 8 径阶、12径阶的发育阶段，胡杨仍然需要面对干旱等挑战，通过调整化学性状来优化叶形态建成成本和碳同化的策略，这不仅反映了植物对当前环境条件的直接响应，也显示了植物预期未来资源短缺的适应性策略。这种前瞻性的适应机制可能对植物在变化环境中的长期生存和繁衍至关重要。

同时，胡杨不同树高间的叶性状网络中，叶解剖结构和形态特征的度显著高于化学性状，说明叶结构和形态性状比化学性状更重要。塔里木河荒漠河岸胡杨林位于干旱区，气候炎热，水分供应相对缺乏，因此，植物优先考虑加强叶形态结构性状之间的联系并提高叶结构的稳健性，增强抗旱性状的功能，从而减少干旱带来的物理损害，以适应干旱胁迫，维持自身正常生存和生长。

第3章 土壤干旱胁迫下胡杨叶功能性状的协同变化与权衡策略

叶结构性状主要包括叶柄维管结构、叶脉组织结构、气孔性状、叶片横切面组织结构等叶片的解剖结构属性。叶结构性状在种间和种内有较大的差异，很大程度上影响着植物的光合生理，进而影响植物的生长状况。本章以土壤适宜水分条件为对照，研究土壤干旱胁迫条件下胡杨不同发育阶段异形叶的结构功能性状特征，通过性状网络分析，解析不同土壤水分条件、不同发育阶段胡杨叶性状间的相互关系及性状功能的转变，揭示胡杨在不同土壤水分条件下通过叶性状间的不同组合完成对环境适应的调控机制。

3.1 材料与方法

3.1.1 研究区概况

研究区位于新疆塔里木盆地西北缘（40°32′36.90″N，81°17′56.52″E）。研究区气候炎热干燥，多年平均降水量仅 50mm 左右，潜在蒸发量可达 1900mm，年平均气温 10.8℃，年平均日照时数为 2900h，是典型的温带荒漠气候。

研究样地设置在沙雅县天然胡杨林和阿拉尔市天然胡杨林中。阿拉尔市胡杨林样地（样地 1）地下水位为 1.5m，土壤平均含水量为 21.43%，平均气温为 31.31℃，平均空气湿度为 48.8%，为胡杨生长的土壤适宜水分条件；沙雅县胡杨林样地（样地 2）地下水位 5m，土壤平均含水量为 4.37%，平均气温为 36.65℃，平均空气湿度为 15%，为胡杨生长的土壤干旱胁迫条件。

3.1.2 样株的确定及采样方法

在两个样地中分别选取 8 径阶、16 径阶胡杨各 3 株，共 12 株样株（表 3-1）。8 径阶胡杨胸径为 7.32～8.36cm，平均树龄 8 年；16 径阶胡杨胸径为 15.78～16.81cm，平均树龄 12 年。使用全站仪从各样株主干基部（近地面的位置）开始测量样株树高。以 2m 为间距在树高 2m、4m、6m、8m、10m、12m 处取样。

3.1.3 异形叶结构性状指标的测定

3.1.3.1 异形叶形态指标的测定

使用 MRS-9600TFU2 扫描仪、万深 LA-S 植物图像分析仪系统测量胡杨的叶片长度、叶片宽度和叶面积，并计算叶形指数（叶片长度/叶片宽度）。

表 3-1 样株的基本信息

样地	径阶	编号	树高/m	胸径/cm
样地 1	8	a-1	7.31	7.64
		a-2	6.83	8.28
		a-3	7.44	7.83
	16	c-1	10.21	16.56
		c-2	11.04	16.24
		c-3	10.32	15.92
样地 2	8	y-1	7.65	8.36
		y-2	7.41	7.32
		y-3	7.80	7.78
	16	y-4	10.05	15.78
		y-5	10.56	16.37
		y-6	11.12	16.81

注：样地 1 为土壤适宜水分条件；样地 2 为土壤干旱胁迫条件。

将采集的叶片放入烘箱 105℃杀青 10min，然后在 65℃下烘至恒重。烘至恒重后的叶片放入干燥器中冷却至室温，然后用精度为 0.001g 的电子天平称重，并计算比叶面积（叶面积/叶片干重）。

3.1.3.2 异形叶解剖结构指标的测定

从胡杨叶片最宽处横切材料，以 FAA 固定液固定保存。采用石蜡制片法制作叶组织切片，切片厚度 8μm，番红-固绿双重染色，中性树脂封片。在徕卡显微镜下观察，测定叶片主脉维管束面积、主脉木质部面积、导管数、导管面积，并计算导管密度（木质部横切面单位面积导管数目）及主脉木质部面积与维管束面积之比。

3.1.4 异形叶生理性状指标的测定

3.1.4.1 异形叶光合生理指标的测定

在晴天 11：00～13：00，采集胡杨当年生枝条，立刻用保鲜膜包住切口，取枝条基部开始的第 4 节位叶片，用 LI-6800F-1 光合仪测其中 1 枚叶片的净光合速率、蒸腾速率、气孔导度和胞间 CO_2 浓度。

3.1.4.2 异形叶水分生理指标的测定

（1）叶相对含水量、水分饱和亏的测定

剪取样枝后取第 3 或第 4 节位叶片，称取鲜重（W_f, g）后浸入蒸馏水中 12h（浸泡过程中用塑料薄膜覆盖），使之吸水达到饱和状态，取出叶片，吸干表面水分，称取饱和鲜重（W_t，g），于 75℃下烘至恒重，称取干重（W_d，g）。

相对含水量（RWC，%）：
$$RWC = (W_f - W_d) / (W_t - W_d) \times 100\%$$

水分饱和亏（WSD，%）：
$$WSD = (W_t - W_f) / (W_t - W_d) \times 100\%$$

（2）$\delta^{13}C$、瞬时水分利用效率的测定

光合生理指标测定后，通过公式 $WUE_i = P_n/T_r$［式中，P_n 为净光合作用速率，μmol CO_2/（$m^2 \cdot s$）；T_r 为蒸腾速率，mmol H_2O/（$m^2 \cdot s$）］计算异形叶的瞬时水分利用效率。$\delta^{13}C$ 的测定委托中国科学院新疆生态与地理研究所完成。

（3）异形叶水势的测定

选择晴朗的天气，在 10：00，采用便携式植物水势气穴压力室（600 EXP 型）测量胡杨叶水势并记录。

3.1.4.3　异形叶生理生化指标的测定

将采集的叶片迅速放入液氮罐，带至实验室后超低温冰箱保存。采用酸性茚三酮法测定叶片脯氨酸含量；采用硫代巴比妥酸显色法测定叶片丙二醛含量；采用蒽酮-硫酸法测定叶片可溶性糖含量；采用考马斯亮蓝 G-250 法测定叶片可溶性蛋白含量。

3.1.5　数据处理方法

用 DPS 7.05 软件进行单因素方差分析，其中差异性显著水平设定为 α=0.05。然后进行各性状指标参数的 Pearson 相关性分析，检验各指标间的相关性，所有数据均为正态分布且为单峰。

3.2　不同土壤水分条件下异形叶结构性状与树高的关系

3.2.1　不同土壤水分条件下异形叶形态性状随树高的变化规律

以土壤适宜水分条件下的同径阶胡杨为对照，研究胡杨异形叶结构性状对土壤干旱胁迫的响应。图 3-1 显示，在土壤适宜水分条件、土壤干旱胁迫条件下，在 8 径阶从树高 2m 到 6m，叶形指数分别减小了 80%、70%，在 16 径阶从树高 2m 到 10m，叶形指数分别减小了 85%、82.18%，叶形指数差异显著；在 8 径阶从树高 2m 到 6m，叶面积分别增加了 90%、109.65%，在 16 径阶从树高 2m 到 10m，叶面积分别增加了 174.4%、73.79%，差异显著；在 8 径阶树高 2m 到 6m，叶片厚度分别增加了 46%、18.51%，在 16 径阶树高 2m 到 10m 处，叶片厚度分别增加了 40%、10%；在 8 径阶从树高 2m 到 6m，叶片干重分别增加了 185.71%、200%，在 16 径阶从树高 2m 到 10m，叶片干重分别增加了 258.71%、107.69%，叶片干重差异显著。

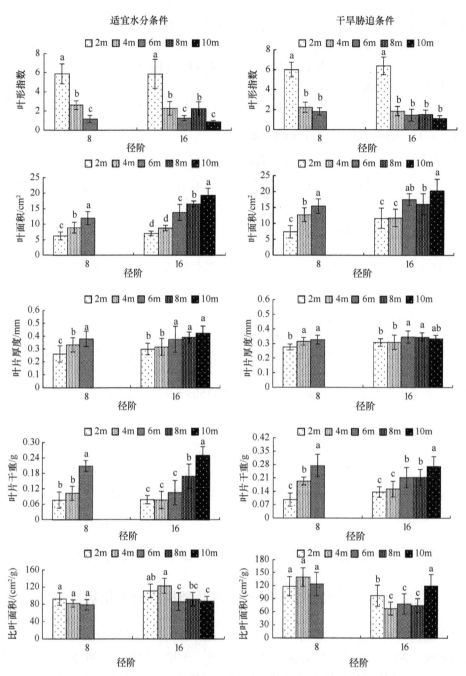

图 3-1　不同土壤水分条件下各径阶异形叶形态性状随树高的变化

各图同一径阶不含相同小写字母表示树高间差异显著（$P < 0.05$）

　　土壤适宜水分条件下，在 8 径阶从树高 2m 到 6m，比叶面积减小了 14.25%；在 16 径阶从树高 2m 到 10m，比叶面积减小了 21.39%；土壤干旱胁迫条件下，16 径阶的比叶面积呈现出先减小后增加的趋势，树高 4m 处比叶面积最小，为 67.29cm²/g，与树高 2m 处相比，减少了 30.50%，树高 10m 处比叶面积最大，为 119.09cm²/g，与树高 4m 处相比增加了 76.98%。结果表明，两种土壤水分条件下，8 径阶和 16 径阶胡杨叶形指数总体上均随着树高增加呈减小趋势，叶面积、叶片厚度、叶片干重总体上呈增加趋势，适宜水分条件下胡杨比叶面积在各径阶总体上均随树高的增加呈减小的趋势。

表 3-2 显示，在适宜水分条件下，胡杨叶片干重在 8 径阶与 16 径阶间无显著差异，叶形指数 8 径阶显著大于 16 径阶，叶面积、叶片厚度、比叶面积则显著小于 16 径阶；在干旱胁迫条件下，叶形指数、比叶面积 8 径阶显著大于 16 径阶，叶面积、叶片厚度、叶片干重则显著小于 16 径阶。

表 3-2　相同土壤水分条件下胡杨不同径阶间异形叶形态性状的比较

土壤水分条件	径阶	叶形指数	叶面积/cm^2	叶片厚度/mm	叶片干重/g	比叶面积/（cm^2/g）
适宜水分条件	8	3.22±0.75a	9.03±2.40b	0.32±0.03b	0.12±0.02a	84.14±12.69b
	16	2.57±0.53b	12.73±2.34a	0.36±0.03a	0.13±0.03a	100.16±10.34a
干旱胁迫条件	8	3.35±1.10a	11.82±2.84b	0.30±0.01b	0.17±0.04b	97.02±22.01a
	16	2.48±0.73b	15.65±1.82a	0.32±0.01a	0.19±0.02a	87.05±14.44b

注：同列不同小写字母表示相同水分条件下不同径阶间差异显著（$P<0.05$）。

3.2.2　不同土壤水分条件下异形叶结构性状随树高的变化规律

表 3-3 显示，在干旱胁迫条件下，8 径阶、16 径阶异形叶主脉维管束面积、主脉木质部面积、主脉木质部面积与维管束面积之比、导管面积、导管数总体上均随着树高的增加而增加，导管密度总体上随着树高的增加呈减小趋势，最低采样树高与最高采样树高解剖结构性状指标间均差异显著。适宜水分条件下，8 径阶胡杨主脉维管束面积、导管面积、导管数在不同树高间无显著差异，16 径阶各解剖结构性状指标与干旱胁迫条件下变化一致。结果表明，不同土壤水分条件下，胡杨异形叶主脉解剖结构随树高的变化而变化。

表 3-3　不同土壤水分条件下异形叶解剖结构性状在树高间的差异

土壤水分条件	径阶	主脉维管束面积/μm^2				
		树高 2m	树高 4m	树高 6m	树高 8m	树高 10m
适宜水分条件	8	46 544.10±4 284a	42 985.91±6 282a	50 928.71±6 494.64a	—	—
	16	42 113.66±7 763ab	39 269.91±8 277b	36 605.84±5 670.33b	45 474.04±9 991ab	52 538.77±8 656.45a
干旱胁迫条件	8	56 513.91±14 945b	63 206.80±9 836b	81 083.95±10 379a	—	—
	16	52 733.87±7 639c	63 475.63±9 654bc	83 282.04±11 120a	85 354.90±1 5146a	75 208.84±1 1081ab

土壤水分条件	径阶	主脉木质部面积/μm^2				
		树高 2m	树高 4m	树高 6m	树高 8m	树高 10m
适宜水分条件	8	16 106.39±2 379b	18 097.94±2 947ab	22 772.37±2 309a	—	—
	16	15 051.76±4 956b	15 468.29±3 365ab	18 103.41±4 764ab	16 300.34±2285ab	19 018.17±3 281.91a
干旱胁迫条件	8	24 347.03±4 401b	25 125.63±6 145b	30 075.43±4 222.33a	—	—
	16	26 680.16±4 938c	35 882.37±3 677b	37 097.44±2 457.11b	49 825.14±3617.41a	45 634.07±4 075.40a

续表

土壤水分条件	径阶	主脉木质部面积与维管束面积之比				
		树高 2m	树高 4m	树高 6m	树高 8m	树高 10m
适宜水分条件	8	0.31±0.072b	0.33±0.051ab	0.38±0.041a	—	—
	16	0.34±0.043c	0.39±0.022bc	0.34±0.035c	0.47±0.061a	0.42±0.08ab
干旱胁迫条件	8	0.37±0.035b	0.41±0.040ab	0.43±0.065a	—	—
	16	0.41±0.042b	0.41±0.033b	0.42±0.025b	0.45±0.041a	0.46±0.027a

土壤水分条件	径阶	导管密度/（个/μm²）				
		树高 2m	树高 4m	树高 6m	树高 8m	树高 10m
适宜水分条件	8	0.010 2±0.001 8a	0.006 9±0.002 0b	0.007 3±0.001 5b	—	—
	16	0.006 1±0.001 3bc	0.007 8±0.001 1a	0.006 5±0.001 6b	0.006 2±0.001 9bc	0.005 2±0.000 7c
干旱胁迫条件	8	0.004 8±0.001 1a	0.002 9±0.000 8b	0.003 2±0.000 6b	—	—
	16	0.005 4±0.001 3a	0.004 9±0.001 3a	0.005 2±0.001 6a	0.004 8±0.001 5a	0.003 3±0.000 9b

土壤水分条件	径阶	导管面积/μm²				
		树高 2m	树高 4m	树高 6m	树高 8m	树高 10m
适宜水分条件	8	253.55±64.17a	304.69±67.91a	311.40±55.15a	—	—
	16	214.18±33.53b	241.75±40.19ab	243.28±26.57ab	327.87±43.67a	334.00±38.05a
干旱胁迫条件	8	320.83±53.04b	397.19±47.40a	373.93±55.81a	—	—
	16	248.74±42.11c	293.50±59.70c	311.94±64.16bc	370.28±47.12ab	385.34±66.07a

土壤水分条件	径阶	导管数/个				
		树高 2m	树高 4m	树高 6m	树高 8m	树高 10m
适宜水分条件	8	103.33±18.77a	114.91±19.84a	117.83±16.53a	—	—
	16	86.75±14.76c	118.91±22.21ab	113.33±17.1b	128.33±21.45a	119.83±12.32ab
干旱胁迫条件	8	116.36±13.41b	128.66±18.01a	131.83±18.41a	—	—
	16	105.16±12.72b	110.5±18.36b	138.00±16.55a	123.25±17.05ab	142.25±20.82a

注："—"表示该径阶没有相应树高的样株。同行不同小写字母表示同径阶不同树高间差异显著（P<0.05）。

在两种土壤水分条件下，胡杨 16 径阶异形叶主脉维管束面积、主脉木质部面积、导管面积均显著大于 8 径阶，导管密度显著小于 8 径阶，两个径阶间导管数无显著差异；在适宜水分条件下，16 径阶的主脉木质部面积与维管束面积之比显著大于 8 径阶，但在干旱胁迫条件下无显著差异（表 3-4）。结果表明，不同土壤水分条件下胡杨不同径阶间叶主脉解剖结构性状指标存在差异。

表 3-4　相同土壤水分条件下不同径阶间异形叶解剖结构性状的比较

土壤水分条件	径阶	主脉维管束面积/μm²	主脉木质部面积/μm²	主脉木质部面积与维管束面积之比
适宜水分条件	8	43 277.40±2 078.69b	16 772.47±3 081.30b	0.34±0.01b
	16	56 819.57±4 984.40a	18 992.23±2 342.07a	0.39±0.02a
干旱胁迫条件	8	68 512.92±20 798.89b	26 854.23±3 877.19b	0.41±0.03a
	16	81 509.54±15 735.24a	38 927.87±5 087.40a	0.43±0.01a
土壤水分条件	径阶	导管密度/（个/μm²）	导管面积/μm²	导管数/个
适宜水分条件	8	0.008 2±0.002 1a	271.37±44.19b	112.02±11.79a
	16	0.006 4±0.000 6b	289.88±36.50a	113.43±9.24a
干旱胁迫条件	8	0.005 0±0.001 0a	322.34±31.96b	126.05±13.62a
	16	0.003 7±0.000 8b	365.67±27.15a	123.83±9.07a

注：同列不同小写字母表示相同水分条件下不同径阶间差异显著（P<0.05）。

3.2.3　不同土壤水分条件下异形叶结构性状与树高的相关性分析

适宜水分条件下，胡杨异形叶叶形指数与树高呈极显著负相关，叶面积、叶片干重、叶片厚度与树高呈极显著正相关；主脉木质部面积与维管束面积之比、导管面积、导管数与树高呈显著正相关（表 3-5）。

表 3-5　适宜水分条件下异形叶结构性状与树高的 Pearson 相关性（$n=120$）

影响因子	叶形指数	叶面积	叶片干重	叶片厚度	比叶面积	比叶重	主脉维管束面积	主脉木质部面积	主脉木质部面积与维管束面积之比	导管密度	导管面积	导管数
树高	-0.81^{**}	0.99^{**}	0.87^{**}	0.96^{**}	-0.42	0.30	0.46	0.46	0.75^{*}	-0.65	0.78^{*}	0.74^{*}

*表示差异显著（$P<0.05$）；**表示差异极显著（$P<0.01$）。

干旱胁迫条件下，胡杨异形叶叶形指数与树高呈显著负相关，叶面积、叶片干重、叶片厚度与树高呈显著/极显著正相关；主脉维管束面积、主脉木质部面积、主脉木质部面积与维管束面积之比、导管数与树高呈显著/极显著正相关（表 3-6）。

表 3-6　干旱胁迫条件下异形叶结构性状与树高的 Pearson 相关性（$n=120$）

影响因子	叶形指数	叶面积	叶片干重	叶片厚度	比叶面积	比叶重	主脉维管束面积	主脉木质部面积	主脉木质部面积与维管束面积之比	导管密度	导管面积	导管数
树高	-0.80^{*}	0.89^{**}	0.85^{**}	0.78^{**}	-0.07	-0.37	0.81^{**}	0.86^{**}	0.92^{**}	0.39	0.63	0.77^{*}

*表示差异显著（$P<0.05$）；**表示差异极显著（$P<0.01$）。

3.3　不同土壤水分条件下同一径阶异形叶结构性状的比较

3.3.1　不同土壤水分条件下同一径阶异形叶形态性状的比较

不同土壤水分条件下同一径阶相同树高胡杨异形叶形态性状的比较见表 3-7。由表 3-7 可以看出，干旱胁迫条件下 8 径阶、16 径阶树高 4m 处的叶形指数显著小于适宜水分条件下的，分别小了 14.89%、18.50%；树高 2m、4m、6m 处的叶面积均显著大于适宜水分条件下的，树高 8m、10m 处叶面积无显著差异；16 径阶树高 8m、10m 处的叶片厚度显著小于适宜水分条件下的；树高 2m、4m、6m、8m 处的叶片干重显著大于适宜水分条件下的，树高 10m 处的叶片干重无显著差异；8 径阶树高 2m、4m 处的比叶面积显著大于适宜水分条件下的，而 16 径阶树高 2m、4m、8m 处的比叶面积显著小于适宜水分条件下的。

不同土壤水分条件下同一径阶胡杨异形叶形态性状的比较见表 3-8。由表 3-8 可以看出，8 径阶、16 径阶均表现为适宜水分条件下叶面积、叶片干重显著小于干旱胁迫条件下，叶形指数无显著差异；8 径阶适宜水分条件下的比叶面积显著小于干旱胁迫条件下的，而 16 径阶正好相反。

表 3-7 不同土壤水分条件下同一径阶相同树高异形叶形态性状的比较

径阶	土壤水分条件	叶形指数				
		树高 2m	树高 4m	树高 6m	树高 8m	树高 10m
8	适宜水分条件	5.88±0.74a	2.62±0.45a	1.17±0.37b	—	—
	干旱胁迫条件	6.01±0.73a	2.23±0.51b	1.80±0.36a	—	—
16	适宜水分条件	5.87±0.52b	2.27±0.71a	1.25±0.27a	1.25±0.41a	0.87±0.13a
	干旱胁迫条件	6.40±0.87a	1.85±0.46b	1.46±0.59a	1.53±0.43a	0.94±0.27a

径阶	土壤水分条件	叶面积/cm²				
		树高 2m	树高 4m	树高 6m	树高 8m	树高 10m
8	适宜水分条件	6.25±1.24b	8.89±1.75b	11.94±2.05b	—	—
	干旱胁迫条件	7.35±1.97a	12.71±2.14a	15.41±2.30a	—	—
16	适宜水分条件	7.04±0.72b	8.73±0.85b	13.82±2.59b	16.55±0.92a	19.32±2.28a
	干旱胁迫条件	11.64±3.16a	11.76±2.72a	17.51±1.88a	16.08±3.30a	20.23±3.68a

径阶	土壤水分条件	叶片厚度/mm				
		树高 2m	树高 4m	树高 6m	树高 8m	树高 10m
8	适宜水分条件	0.26±0.06a	0.33±0.05a	0.38±0.06a	—	—
	干旱胁迫条件	0.27±0.02a	0.31±0.02a	0.32±0.02a	—	—
16	适宜水分条件	0.30±0.04a	0.31±0.06a	0.37±0.07a	0.39±0.04a	0.42±0.05a
	干旱胁迫条件	0.30±0.03a	0.31±0.04a	0.34±0.04a	0.34±0.03b	0.33±0.02b

径阶	土壤水分条件	叶片干重/g				
		树高 2m	树高 4m	树高 6m	树高 8m	树高 10m
8	适宜水分条件	0.076±0.031b	0.102±0.027b	0.209±0.021b	—	—
	干旱胁迫条件	0.095±0.034a	0.193±0.020a	0.274±0.059a	—	—
16	适宜水分条件	0.077±0.015b	0.076±0.033b	0.105±0.047b	0.169±0.047b	0.250±0.033a
	干旱胁迫条件	0.137±0.027a	0.152±0.040a	0.211±0.052a	0.213±0.041a	0.270±0.052a

径阶	土壤水分条件	比叶面积/(cm²/g)				
		树高 2m	树高 4m	树高 6m	树高 8m	树高 10m
8	适宜水分条件	92.08±14.53b	81.89±8.17b	78.95±12.18b	—	—
	干旱胁迫条件	118.22±22.25a	139.41±21.69a	123.44±27.34a	—	—
16	适宜水分条件	111.16±15.83a	122.91±17.43a	85.95±20.60a	91.29±15.95a	87.38±11.16b
	干旱胁迫条件	96.83±24.19b	67.29±15.01b	78.00±23.48a	74.06±16.14b	119.09±26.88a

注:"—"表示该径阶没有相应树高的树木。同列不同小写字母表示同一径阶不同土壤水分条件间差异显著(P<0.05)。

表 3-8 不同土壤水分条件下同一径阶异形叶形态性状的比较

径阶	土壤水分条件	叶形指数	叶面积/cm²	叶片厚度/mm	叶片干重/g	比叶面积/(cm²/g)
8	适宜水分条件	3.22±0.75a	9.03±2.40b	0.32±0.03a	0.12±0.02b	84.14±12.69b
	干旱胁迫条件	3.35±1.10a	11.82±2.84a	0.30±0.01a	0.17±0.04a	97.02±22.01a
16	适宜水分条件	2.57±0.53a	12.73±2.34b	0.36±0.03a	0.13±0.03b	100.16±10.34a
	干旱胁迫条件	2.48±0.73a	15.65±1.82a	0.32±0.01b	0.19±0.02a	87.05±14.44b

注:同列不同小写字母表示同一径阶不同土壤水分条件间差异显著(P<0.05)。

3.3.2 不同土壤水分条件下同一径阶异形叶解剖结构性状的比较

不同土壤水分条件下同一径阶相同树高胡杨异形叶解剖结构性状的比较见表 3-9。

表 3-9　不同土壤水分条件下同一径阶相同树高异形叶解剖结构性状的比较

径阶	土壤水分条件	主脉维管束面积/μm²				
		树高 2m	树高 4m	树高 6m	树高 8m	树高 10m
8	适宜水分条件	46 544.10±4 284b	42 985.91±6 282.56b	50 928.71±6 494.64b	—	—
	干旱胁迫条件	56 513.91±1 4945a	63 206.80±9 836.60a	81 083.95±10 379.00a	—	—
16	适宜水分条件	42 113.66±7 763.00b	39 269.91±8 277.17b	36 605.84±5 670.33b	45 474.04±9 991.09b	52 538.77±8 656.45b
	干旱胁迫条件	52 733.87±7 639.00a	63 475.63±9 654.64a	83 282.04±11 120.24a	85 354.90±15 146.28a	75 208.84±11 081.56a

径阶	土壤水分条件	主脉木质部面积/μm²				
		树高 2m	树高 4m	树高 6m	树高 8m	树高 10m
8	适宜水分条件	16 106.39±2 379.00b	18 097.94±2 947.11b	22 772.37±2 309.83b	—	—
	干旱胁迫条件	24 347.03±4 401.00a	25 125.63±6 145.70a	30 075.43±4 222.33a	—	—
16	适宜水分条件	15 051.76±4 956.00b	15 468.29±3 365.96b	18 103.41±4 764.33b	16 300.34±2 285.75b	19 018.17±3 281.91b
	干旱胁迫条件	26 680.16±4 938.00a	35 882.37±3 677.35a	37 097.44±2 457.11a	49 825.14±3 617.41a	45 634.07±4 075.40a

径阶	土壤水分条件	主脉木质部面积与维管束面积之比				
		树高 2m	树高 4m	树高 6m	树高 8m	树高 10m
8	适宜水分条件	0.31±0.072b	0.33±0.051b	0.38±0.041b	—	—
	干旱胁迫条件	0.37±0.035a	0.41±0.040a	0.43±0.065a	—	—
16	适宜水分条件	0.34±0.043b	0.39±0.022a	0.34±0.035b	0.47±0.061a	0.42±0.08b
	干旱胁迫条件	0.41±0.042a	0.41±0.033a	0.42±0.025a	0.45±0.041a	0.46±0.027a

径阶	土壤水分条件	导管密度/（个/μm²）				
		树高 2m	树高 4m	树高 6m	树高 8m	树高 10m
8	适宜水分条件	0.010 2±0.001 8a	0.006 9±0.002 0a	0.007 3±0.001 5a	—	—
	干旱胁迫条件	0.004 8±0.001 1b	0.002 9±0.000 8b	0.003 2±0.000 6b	—	—
16	适宜水分条件	0.006 1±0.001 3a	0.007 8±0.001 1a	0.006 5±0.001 6a	0.006 2±0.001 9a	0.005 2±0.000 7a
	干旱胁迫条件	0.005 4±0.001 3b	0.004 9±0.001 3b	0.005 2±0.001 6b	0.004 8±0.001 5b	0.003 3±0.000 9b

径阶	土壤水分条件	导管面积/μm²				
		树高 2m	树高 4m	树高 6m	树高 8m	树高 10m
8	适宜水分条件	253.55±64.17b	304.69±67.91b	311.40±55.15b	—	—
	干旱胁迫条件	320.83±53.04a	397.19±47.40a	373.93±55.81a	—	—
16	适宜水分条件	214.18±33.53b	241.75±40.19b	243.28±26.57b	327.87±43.67b	334.00±38.05b
	干旱胁迫条件	248.74±42.11a	293.50±59.70a	311.94±64.16a	370.28±47.12a	385.34±66.07a

续表

径阶	土壤水分条件	导管数/个				
		树高 2m	树高 4m	树高 6m	树高 8m	树高 10m
8	适宜水分条件	103.33±18.77b	114.91±19.84b	117.83±16.53b	—	—
	干旱胁迫条件	116.36±13.41a	128.66±18.01a	131.83±18.41a	—	—
16	适宜水分条件	86.75±14.76b	118.91±22.21a	113.33±17.1b	128.33±21.45a	119.83±12.32b
	干旱胁迫条件	105.16±12.72a	110.50±18.36a	138.00±16.55a	123.25±17.05a	142.25±20.82a

注:"—"表示该径阶没有相应树高的树木。同列不同小写字母表示同一径阶不同土壤水分条件间差异显著($P<0.05$)。

由表 3-9 可以看出,干旱胁迫条件下 8 径阶、16 径阶各树高的主脉维管束面积、主脉木质部面积、导管面积均显著大于适宜水分条件下的,而导管密度显著小于适宜水分条件下的;8 径阶各树高及 16 径阶树高 2m、6m、10m 处的主脉木质部面积与维管束面积之比和导管数均显著大于适宜水分条件下的。

不同土壤水分条件下胡杨异形叶解剖结构性状径阶间的比较见表 3-10。由表 3-10 可以看出,胡杨两径阶在干旱胁迫条件下的主脉维管束面积、主脉木质部面积、主脉木质部面积与维管束面积之比、导管面积、导管数显著大于适宜水分条件下的,导管密度显著小于适宜条件下的。结果表明,在干旱胁迫条件下,胡杨叶主脉解剖结构表现出更强的抗旱性。

表 3-10　不同土壤水分条件下同一径阶异形叶解剖结构性状的比较

径阶	土壤水分条件	主脉维管束面积/μm^2	主脉木质部面积/μm^2	主脉木质部面积与维管束面积之比
8	适宜水分条件	43 277.40±2 078.69b	16 772.47±3 081.30b	0.34±0.01b
	干旱胁迫条件	68 512.92±20 798.89a	26 854.23±3 877.19a	0.41±0.03a
16	适宜水分条件	56 819.57±4 984.40b	18 992.23±2 342.07b	0.39±0.02b
	干旱胁迫条件	81 509.54±15 735.24a	38 927.87±5 087.40a	0.43±0.01a

径阶	土壤水分条件	导管密度/(个/μm^2)	导管面积/μm^2	导管数/个
8	适宜水分条件	0.008 2±0.002 1a	271.37±44.19b	112.02±11.79b
	干旱胁迫条件	0.005 0±0.001 0b	322.34±31.96a	126.05±13.62a
16	适宜水分条件	0.006 4±0.000 6a	289.88±36.50b	113.43±9.24b
	干旱胁迫条件	0.003 7±0.000 8b	365.67±27.15a	123.83±9.07a

注:同列不同小写字母表示同一径阶不同土壤水分条件间差异显著($P<0.05$)。

3.4　不同土壤水分条件下异形叶生理性状与树高的关系

3.4.1　不同土壤水分条件下异形叶光合性状随树高的变化规律

在适宜水分条件、干旱胁迫条件下,净光合速率在 8 径阶树高 2m 到 6m 处分别增加了 23.25%、14.12%,在 16 径阶树高 2m 到 10m 处分别增加了 45.83%、49.36%,两径阶最高采样树高与最低采样树高均差异显著；蒸腾速率在 8 径阶树高 2m 到 6m 处分别增加了 31.06%、47.27%，16 径阶树高 2m 到 10m 处分别增加了 70.05%、86.67%，两径阶最高采样树高与最低采样树高均差异显著（图 3-2）。在适宜水分条件下，8 径阶、16 径阶异形叶胞间 CO_2 浓度在树高间无显著差异；在干旱胁迫条件下，8 径阶胞间 CO_2 浓度各树高间无显著差异，16 径阶随树高增加总体上呈降低趋势（图 3-2f）。在适宜水分条件、干旱胁迫条件下，气孔导度在 8 径阶树高 2m 到 6m 处分别增加了 28.57%、17.64%，16 径阶树高 2m 到 10m 处分别增加了 60.00%、38.88%，两径阶最高采样树高与最低采样树高均差异显著。结果表明，两种土壤水分条件下的 8 径阶、16 径阶异形叶净光合速率、蒸腾速率、气孔导度总体上均随树高的增加而增加。

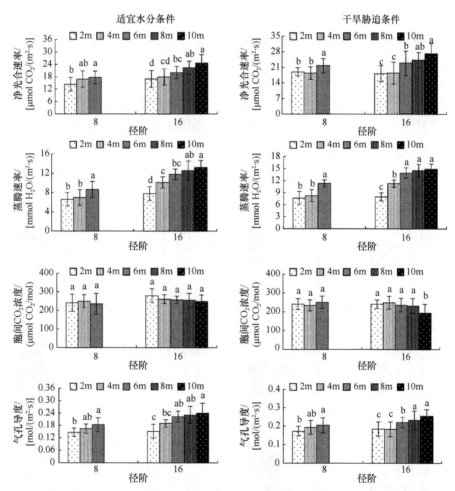

图 3-2　不同土壤水分条件下异形叶光合生理参数随树高的变化

各图同一径阶不含相同小写字母表示树高间差异显著（$P<0.05$）

在两种土壤水分条件下，异形叶净光合速率、蒸腾速率在 8 径阶与 16 径阶之间有显著差异，16 径阶显著大于 8 径阶；适宜水分条件下，16 径阶的气孔导度显著大于 8 径阶（表 3-11）。结果表明，在两种土壤水分条件下，异形叶光合能力随树高的增加而增强，16 径阶的光合能力强于 8 径阶。

表 3-11 相同土壤水分条件下不同径阶间异形叶光合生理指标的比较

土壤水分条件	径阶	净光合速率/ [μmol CO₂/ (m²·s)]	蒸腾速率/ [mmol H₂O/ (m²·s)]	胞间 CO₂ 浓度/ (μmol CO₂/mol)	气孔导度/ [mol/ (m²·s)]
适宜水分条件	8	16.04±3.43b	7.31±1.62b	240.72±20.44a	0.16±0.05b
	16	20.60±2.01a	11.08±2.43a	259.64±35.35a	0.20±0.01a
干旱胁迫条件	8	19.35±3.15b	9.06±1.38b	241.66±21.59a	0.19±0.02a
	16	22.34±2.11a	12.64±1.12a	230.13±20.01a	0.21±0.02a

注：同列不同小写字母表示同一土壤水分条件下不同径阶间差异显著（$P<0.05$）。

3.4.2 不同土壤水分条件下异形叶水分含量随树高的变化规律

在适宜水分条件下，8 径阶异形叶相对含水量随树高增加呈增加趋势，16 径阶各树高间无显著差异，8 径阶树高 2m 到 6m 处异形叶相对含水量增加了 5.75%，树高 2m 与 6m 间差异显著（图 3-3）。在干旱胁迫条件下，胡杨 8 径阶树高 4m 处异形叶相对含水

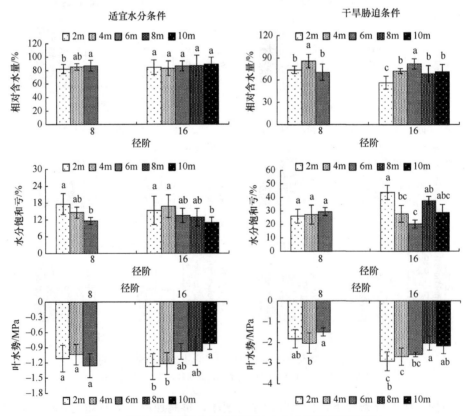

图 3-3 不同土壤水分条件下异形叶水分含量随树高的变化

各图同一径阶不含相同小写字母表示树高间差异显著（$P<0.05$）

量比树高 2m、6m 处分别高了 15.95%、21.32%，16 径阶树高 6m 处比树高 2m、10m 处分别高了 45.46%、15.08%。在适宜水分条件下，胡杨两径阶异形叶的水分饱和亏总体上均随树高的增加呈减小趋势。8 径阶树高 2m 到 6m 异形叶水分饱和亏减小了 34.52%，16 径阶树高 2m 到 10m 处减小了 28.88%，两径阶最高采样树高与最低采样树高均显著差异。在干旱胁迫条件下，8 径阶异形叶水分饱和亏在各树高间无显著差异，16 径阶异形叶水分饱和亏呈先减小后增加再减小的趋势，16 径阶树高 6m 处水分饱和亏比树高 2m、10m 处减少了 53.93%、30.20%。结果表明，在不同土壤水分条件下，异形叶相对含水量、水分饱和亏随树高的变化而变化。

从图 3-4 可以看出，在适宜水分条件下，随着树高的增加 8 径阶、16 径阶异形叶瞬时水分利用效率均无显著差异。在干旱胁迫条件下，8 径阶各树高间瞬时水分利用效率无显著差异，16 径阶随树高的增加总体上呈增加趋势，16 径阶树高 2m 到 10m 处瞬时水分利用效率增加了 18.23%。在适宜水分条件、干旱胁迫条件下，8 径阶树高 2m 到 6m 处 $\delta^{13}C$ 分别增加了 2.68%、0.97%，16 径阶树高 2m 到 10m 处 $\delta^{13}C$ 分别增加了 0.79%、0.91%。结果表明，在不同土壤水分条件下，叶瞬时水分利用效率、$\delta^{13}C$ 随着树高的变化而变化。

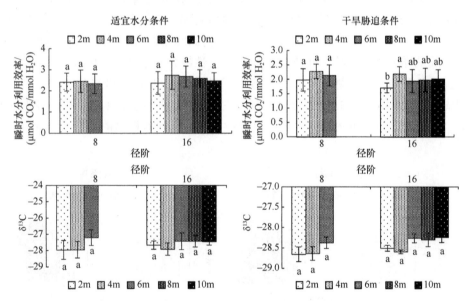

图 3-4　不同土壤水分条件下异形叶水分利用效率指标随树高的变化

各图同一径阶不含相同小写字母表示树高间差异显著（$P<0.05$）

从表 3-12 可以看出，在适宜水分条件下，胡杨 16 径阶异形叶的相对含水量、叶水势显著高于 8 径阶，水分饱和亏显著低于 8 径阶；在干旱胁迫条件下，16 径阶的相对含水量、叶水势显著低于 8 径阶，水分饱和亏显著高于 8 径阶。不同土壤含水量条件下，胡杨异形叶瞬时水分利用效率、$\delta^{13}C$ 在径阶间均无显著差异。

表 3-12　两种土壤水分条件下不同径阶间异形叶水分生理指标的比较

土壤水分条件	径阶	相对含水量/%	水分饱和亏/%	叶水势/MPa	瞬时水分利用效率/（μmol CO₂/mmol H₂O）	δ¹³C
适宜水分条件	8	84.53±3.20b	15.21±3.24a	−1.22±0.09b	2.40±0.54a	−27.70±0.98a
	16	86.02±6.41a	13.98±6.41b	−1.05±0.21a	2.55±0.91a	−27.56±1.93a
干旱胁迫条件	8	77.38±12.00a	27.19±6.04b	−1.78±0.26a	2.12±0.36a	−28.55±2.32a
	16	70.40±5.54b	31.08±6.61a	−2.47±0.29b	1.97±0.43a	−28.35±1.08a

注：同列不同小写字母表示同一土壤水分条件下不同径阶间差异显著（$P<0.05$）。

3.4.3　不同土壤水分条件下异形叶生化特性随树高的变化规律

适宜水分条件下，8 径阶、16 径阶最低采样树高到最高采样树高处异形叶脯氨酸含量分别增加了 60.83%、56.59%；在干旱胁迫条件下，8 径阶异形叶脯氨酸含量在不同采样树高间无显著差异，16 径阶树高 2m 到 10m 处异形叶脯氨酸含量增加了 34.82%，且差异显著（图 3-5）。在适宜水分条件、干旱胁迫条件下，8 径阶树高 2m 到 6m 处异形叶丙二醛含量均增加了 25%，16 径阶树高 2m 到 10m 处异形叶丙二醛含量分别增加了 131.18%、28.57%，最低采样树高与最高采样树高异形叶丙二醛含量均差异显著。在适宜水分条件下，8 径阶异形叶可溶性糖在采样树高间无显著差异，在干旱胁迫条件下，8 径阶最低采样树高到最高采样树高异形叶可溶性糖含量增加了 10.99%，且差异显著。在适宜水分条件、干旱胁迫条件下，16 径阶树高 2m 到 10m 处异形叶可溶性蛋白含量分别增加了 24.48%、13.91%。结果表明，在两种土壤水分条件下，胡杨异形叶脯氨酸含量、丙二醛含量、可溶性糖含量、可溶性蛋白含量随着树高的变化而变化。

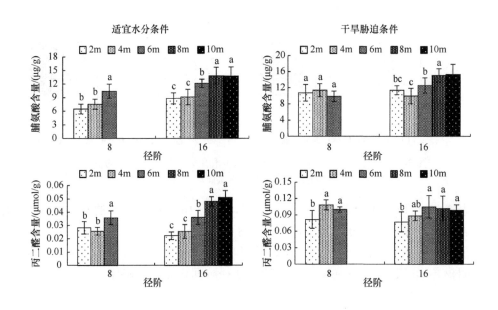

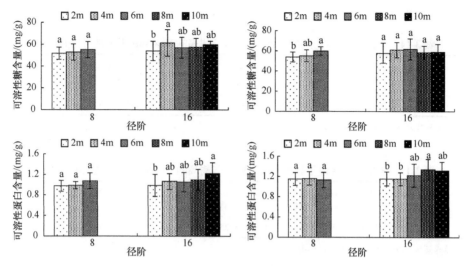

图 3-5　不同土壤水分条件下异形叶生化指标在树高间的差异

各图同一径阶不含相同小写字母表示树高间差异显著（$P<0.05$）

　　在适宜水分条件下，异形叶脯氨酸含量、丙二醛含量、可溶性糖含量在 8 径阶和 16 径阶之间有显著差异，16 径阶显著高于 8 径阶；可溶性蛋白含量随着径阶的增大无显著变化（表 3-13）。在干旱胁迫条件下，16 径阶异形叶脯氨酸含量显著大于 8 径阶，丙二醛含量、可溶性糖含量、可溶性蛋白含量在 8 径阶与 16 径阶间无显著差异。结果表明，在适宜水分条件下，16 径阶胡杨比 8 径阶胡杨表现出更强的渗透调节能力和抗性；在干旱胁迫条件下，16 径阶胡杨以高的渗透调节能力在应对干旱胁迫方面占据优势。由此也说明，发育阶段影响胡杨对干旱胁迫的适应能力。

表 3-13　相同土壤水分条件下不同径阶间异形叶生理生化特性指标的比较

土壤水分条件	径阶	脯氨酸含量/（μg/g）	丙二醛含量/（μmol/g）	可溶性糖含量/（mg/g）	可溶性蛋白含量/（mg/g）
适宜水分条件	8	8.23±1.25b	0.029±0.006b	53.32±5.86b	1.01±0.03a
	16	11.59±1.68a	0.036±0.003a	57.96±9.90a	1.08±0.10a
干旱胁迫条件	8	10.69±1.61b	0.096±0.008a	56.31±3.37a	1.14±0.08a
	16	12.88±0.75a	0.094±0.012a	59.70±8.31a	1.23±0.11a

注：同列不同小写字母表示同一土壤水分条件下径阶间差异显著（$P<0.05$）。

3.4.4　不同土壤水分条件下异形叶生理性状与树高的相关性分析

　　由表 3-14 可知，在适宜水分条件下，异形叶净光合速率、蒸腾速率、气孔导度、叶水势、相对含水量、$\delta^{13}C$、脯氨酸含量、丙二醛含量、可溶性蛋白含量与树高呈显著/极显著正相关，水分饱和亏与树高呈极显著负相关。

　　由表 3-15 可知，在干旱胁迫条件下，异形叶净光合速率、蒸腾速率、气孔导度、$\delta^{13}C$、脯氨酸含量、丙二醛含量、可溶性蛋白含量与树高呈显著/极显著正相关，胞间 CO_2 浓度与树高呈显著负相关。

表 3-14　适宜水分条件下异形叶生理性状与树高的 Pearson 相关性（$n=104$）

影响因子	净光合速率	蒸腾速率	胞间CO_2浓度	气孔导度	相对含水量	水分饱和亏	叶水势	瞬时水分利用效率	$\delta^{13}C$	脯氨酸含量	丙二醛含量	可溶性糖含量	可溶性蛋白含量
树高	0.91**	0.86**	−0.24	0.92**	0.90**	−0.86**	0.77*	0.22	0.68*	0.89**	0.94**	0.61	0.92**

*表示差异显著（$P<0.05$）；**表示差异极显著（$P<0.01$）。

表 3-15　干旱胁迫条件下异形叶生理性状与树高的 Pearson 相关性（$n=104$）

影响因子	净光合速率	蒸腾速率	胞间CO_2浓度	气孔导度	相对含水量	水分饱和亏	叶水势	瞬时水分利用效率	$\delta^{13}C$	脯氨酸含量	丙二醛含量	可溶性糖含量	可溶性蛋白含量
树高	0.94**	0.91**	−0.71*	0.97**	0.52	−0.53	0.25	0.16	0.85**	0.77*	0.63*	0.45	0.82**

*表示差异显著（$P<0.05$）；**表示差异极显著（$P<0.01$）。

上述结果表明，在适宜水分条件、干旱胁迫条件下，胡杨光合生理方面的净光合速率、蒸腾速率、气孔导度，水分生理方面的$\delta^{13}C$，生理特性方面的脯氨酸含量、丙二醛含量、可溶性蛋白含量与异形叶在树冠的位置密切相关。在适宜水分条件下，胡杨水分生理方面的叶水势、相对含水量、水分饱和亏也与异形叶在树冠的位置密切相关。

3.5　不同土壤水分条件下同一径阶异形叶生理性状的比较

3.5.1　不同土壤水分条件下同一径阶异形叶光合生理特性的比较

不同土壤水分条件下同一径阶相同树高异形叶光合生理指标的比较见表 3-16。由表 3-16 可以看出，干旱胁迫条件下 8 径阶树高 2m、6m 处的异形叶净光合速率显著大

表 3-16　不同土壤水分条件下同一径阶相同树高异形叶光合生理指标的比较

径阶	土壤水分条件	净光合速率/[μmol CO_2/（$m^2 \cdot s$）]				
		树高 2m	树高 4m	树高 6m	树高 8m	树高 10m
8	适宜水分条件	14.32±3.26b	16.86±4.00a	17.65±3.12b	—	—
	干旱胁迫条件	18.98±1.87a	18.41±2.83a	21.66±3.24a	—	—
16	适宜水分条件	16.91±4.12a	17.96±3.93a	20.08±2.99a	22.50±3.09b	24.66±4.09b
	干旱胁迫条件	18.21±3.61a	18.50±4.93a	22.84±5.47a	24.36±3.31a	27.20±4.57a

径阶	土壤水分条件	蒸腾速率/[mmol H_2O/（$m^2 \cdot s$）]				
		树高 2m	树高 4m	树高 6m	树高 8m	树高 10m
8	适宜水分条件	6.60±1.38a	7.00±1.62a	8.65±1.68b	—	—
	干旱胁迫条件	7.70±1.61a	8.26±1.47a	11.34±0.89a	—	—
16	适宜水分条件	7.78±1.43a	10.11±1.15a	11.78±1.10b	12.56±1.98b	13.23±1.44b
	干旱胁迫条件	8.01±0.99a	11.31±0.92a	13.96±1.27a	14.57±1.53a	14.96±1.19a

续表

径阶	土壤水分条件	胞间 CO_2 浓度/（$\mu mol\ CO_2/mol$）				
		树高 2m	树高 4m	树高 6m	树高 8m	树高 10m
8	适宜水分条件	240.00±45.66a	250.00±34.71a	235.63±55.00b	—	—
	干旱胁迫条件	241.00±28.49a	233.66±29.00b	250.33±32.00a	—	—
16	适宜水分条件	279.44±36.28a	260.11±23.00a	257.22±19.00a	255.22±37.00a	248.37±34.00a
	干旱胁迫条件	240.79±22.48b	248.55±33.00b	235.94±35.00b	231.32±39.00b	194.14±45.00b

径阶	土壤水分条件	气孔导度/ [$mol/（m^2 \cdot s$）]				
		树高 2m	树高 4m	树高 6m	树高 8m	树高 10m
8	适宜水分条件	0.14±0.02b	0.16±0.02b	0.18±0.03b	—	—
	干旱胁迫条件	0.17±0.02a	0.19±0.03a	0.20±0.04a	—	—
16	适宜水分条件	0.15±0.03b	0.19±0.02b	0.22±0.02b	0.23±0.04a	0.24±0.04a
	干旱胁迫条件	0.18±0.03a	0.18±0.03a	0.22±0.02a	0.23±0.05a	0.25±0.03a

注："—"表示该径阶没有相应树高的树木。同列不同小写字母表示同一径阶同一树高不同土壤水分条件间差异显著（$P<0.05$）。

于适宜水分条件下的，16 径阶树高 10m 处显著大于适宜水分条件下的；两径阶树高 6m、8m、10m 处的异形叶蒸腾速率显著大于适宜水分条件下的；干旱胁迫条件下 16 径阶各树高的异形叶胞间 CO_2 浓度均显著小于适宜水分条件下；干旱胁迫条件下 8 径阶各树高的异形叶气孔导度显著大于适宜水分条件下的，16 径阶树高 2m 处显著大于适宜水分条件下的，而其余树高两径阶间无显著差异。

不同土壤水分条件下同一径阶异形叶光合生理指标的比较见表 3-17。由表 3-17 可以看出，两径阶干旱胁迫条件下的异形叶净光合速率、蒸腾速率显著大于适宜水分条件下的，16 径阶异形叶胞间 CO_2 浓度显著小于适宜水分条件下的，8 径阶异形叶气孔导度显著大于适宜水分条件下的。

表 3-17　不同土壤水分条件下同一径阶异形叶光合生理指标的比较

径阶	土壤水分条件	净光合速率/ [$\mu mol\ CO_2/（m^2 \cdot s$）]	蒸腾速率/ [$mmol\ H_2O/（m^2 \cdot s$）]	胞间 CO_2 浓度/ （$\mu mol\ CO_2/mol$）	气孔导度/ [$mol/（m^2 \cdot s$）]
8	适宜水分条件	16.04±3.43b	7.31±1.62b	240.72±20.44a	0.16±0.05b
	干旱胁迫条件	19.35±3.15a	9.06±1.38a	241.66±21.59a	0.19±0.02a
16	适宜水分条件	20.60±2.01b	11.08±2.43b	259.64±35.35a	0.20±0.01a
	干旱胁迫条件	22.34±2.11a	12.64±1.12a	230.13±20.01b	0.21±0.02a

注：同列不同小写字母表示同一径阶不同土壤水分条件间差异显著（$P<0.05$）。

综合分析可知，胡杨在土壤干旱胁迫条件下的光合能力明显强于在适宜水分条件下的。

3.5.2　不同土壤水分条件下同一径阶异形叶水分生理特性的比较

不同土壤水分条件下同一径阶相同树高异形叶水分生理指标的比较见表 3-18。由表 3-18 可以看出，干旱胁迫条件下的 8 径阶树高 2m、6m 处，以及 16 径阶树高 2m、4m、8m、10m 处异形叶相对含水量显著小于适宜水分条件下的；干旱胁迫条件下的两径阶各树高的异形叶水分饱和亏均显著大于适宜水分条件下的；干旱胁迫条件下的 8 径阶树高 2m、4m 处及 16 径阶各树高的叶水势显著小于适宜水分条件下的；8 径阶和 16 径阶各树高异形叶 $\delta^{13}C$ 在不同水分条件下均无显著差异。

表 3-18 不同土壤水分条件下同一径阶相同树高异形叶水分生理指标的比较

| 径阶 | 土壤水分条件 | 相对含水量/% | | | | |
		树高 2m	树高 4m	树高 6m	树高 8m	树高 10m
8	适宜水分条件	82.35±6.74a	85.42±5.01a	87.09±8.24a	—	—
	干旱胁迫条件	73.90±5.24b	85.69±9.11a	70.63±11.00b	—	—
16	适宜水分条件	84.69±11.00a	83.21±11.00a	86.57±7.57a	87.18±15.00a	89.11±10.30a
	干旱胁迫条件	56.29±8.70b	72.27±3.30b	81.88±6.95a	68.65±10.00b	71.15±9.89b

| 径阶 | 土壤水分条件 | 水分饱和亏/% | | | | |
		树高 2m	树高 4m	树高 6m	树高 8m	树高 10m
8	适宜水分条件	17.64±3.74b	14.57±2.01b	11.55±1.25b	—	—
	干旱胁迫条件	26.09±5.24a	27.13±7.06a	29.36±3.01a	—	—
16	适宜水分条件	15.30±5.03b	16.78±4.04b	13.42±2.57b	12.81±3.13b	10.88±1.93b
	干旱胁迫条件	43.70±5.27a	27.72±6.30a	20.13±2.92a	37.53±3.06a	28.84±5.89a

| 径阶 | 土壤水分条件 | 叶水势/MPa | | | | |
		树高 2m	树高 4m	树高 6m	树高 8m	树高 10m
8	适宜水分条件	−1.11±0.26a	−1.03±0.20a	−1.25±0.23a	—	—
	干旱胁迫条件	−1.82±0.43b	−2.03±0.48b	−1.49±0.19a	—	—
16	适宜水分条件	−1.27±0.25a	−1.22±0.21a	−0.98±0.15a	−0.97±0.28a	−0.81±0.12a
	干旱胁迫条件	−2.90±0.45b	−2.68±0.42b	−2.58±0.11b	−2.03±0.33b	−2.16±0.38b

| 径阶 | 土壤水分条件 | 瞬时水分利用效率/（$\mu mol\ CO_2/mmol\ H_2O$） | | | | |
		树高 2m	树高 4m	树高 6m	树高 8m	树高 10m
8	适宜水分条件	2.41±0.42a	2.45±0.53a	2.33±0.46a	—	—
	干旱胁迫条件	1.97±0.39b	2.27±0.25a	2.13±0.36a	—	—
16	适宜水分条件	2.37±0.53a	2.73±0.67a	2.68±0.49a	2.59±0.39a	2.47±0.38a
	干旱胁迫条件	1.70±0.17b	2.18±0.25b	1.94±0.39b	1.98±0.40b	2.01±0.32b

| 径阶 | 土壤水分条件 | $\delta^{13}C$ | | | | |
		树高 2m	树高 4m	树高 6m	树高 8m	树高 10m
8	适宜水分条件	−27.95±0.58a	−27.94±0.49a	−27.20±0.48a	—	—
	干旱胁迫条件	−28.65±0.17a	−28.63±0.16a	−28.37±0.13a	—	—
16	适宜水分条件	−27.66±0.25a	−27.90±0.38a	−27.41±0.50a	−27.41±0.36a	−27.44±0.20a
	干旱胁迫条件	−28.50±0.07a	−28.59±0.04a	−28.26±0.10a	−28.30±0.16a	−28.24±0.12a

注："—"表示该径阶没有相应树高的树木。同列不同小写字母表示同一径阶同一树高不同土壤水分条件间差异显著（$P<0.05$）。

同一径阶不同土壤水分条件下异形叶水分生理指标的比较见表 3-19。由表 3-19 可以看出，干旱胁迫条件下 8 径阶、16 径阶异形叶的相对含水量、叶水势、瞬时水分利用效率、$\delta^{13}C$ 显著小于适宜水分条件下的，水分饱和亏显著大于适宜水分条件下的。结果表明，胡杨在适宜水分条件下的水分状况明显优于在干旱胁迫条件下的。

表 3-19　不同土壤水分条件同一径阶下异形叶水分生理指标的比较

径阶	土壤水分条件	相对含水量/%	水分饱和亏/%	叶水势/MPa	瞬时水分利用效率/ （μmol CO$_2$/mmol H$_2$O）	δ^{13}C
8	适宜水分条件	84.53±3.20a	15.21±3.24b	−1.22±0.09a	2.40±0.54a	−27.70±0.98a
	干旱胁迫条件	77.38±12.00b	27.19±6.04a	−1.78±0.26b	2.12±0.36b	−28.55±2.32b
16	适宜水分条件	86.02±6.41a	13.98±6.41b	−1.05±0.21a	2.55±0.91a	−27.56±1.93a
	干旱胁迫条件	70.40±5.54b	31.08±6.61a	−2.47±0.29b	1.97±0.43b	−28.35±1.08b

注：同列不同小写字母表示同一径阶不同土壤水分条件间差异显著（$P<0.05$）。

3.5.3　不同土壤水分条件下同一径阶异形叶生理特性的比较

不同土壤水分条件下同一径阶相同树高异形叶生理特性指标的比较见表 3-20。由表 3-20 可以看出，干旱胁迫条件下 8 径阶树高 2m、4m 处，以及 16 径阶树高 2m、8m、

表 3-20　不同土壤水分条件下同一径阶相同树高异形叶生理特性指标的比较

径阶	土壤适宜条件	脯氨酸含量/（μg/g）				
		树高 2m	树高 4m	树高 6m	树高 8m	树高 10m
8	适宜水分条件	6.46±1.08b	7.52±1.11b	10.39±1.54a	—	—
	干旱胁迫条件	10.77±10.77a	11.41±1.64a	9.90±1.27a	—	—
16	适宜水分条件	8.80±1.22b	9.09±1.69a	12.10±0.94a	13.84±1.85b	13.78±1.99b
	干旱胁迫条件	11.40±1.08a	9.95±1.89a	12.60±1.89a	15.08±1.66a	15.37±2.47a

径阶	土壤适宜条件	丙二醛含量/（μmol/g）				
		树高 2m	树高 4m	树高 6m	树高 8m	树高 10m
8	适宜水分条件	0.028±0.004b	0.025±0.002b	0.035±0.005b	—	—
	干旱胁迫条件	0.081±0.016a	0.108±0.009a	0.100±0.004a	—	—
16	适宜水分条件	0.022±0.002b	0.025±0.005b	0.036±0.005b	0.045±0.003b	0.051±0.005b
	干旱胁迫条件	0.077±0.018a	0.088±0.008a	0.104±0.020a	0.102±0.022a	0.098±0.009a

径阶	土壤适宜条件	可溶性糖含量/（mg/g）				
		树高 2m	树高 4m	树高 6m	树高 8m	树高 10m
8	适宜水分条件	51.75±5.54b	52.98±7.38b	55.23±7.37b	—	—
	干旱胁迫条件	53.94±4.90a	55.11±5.94a	59.87±4.12a	—	—
16	适宜水分条件	54.03±8.76b	61.33±12.04a	57.00±9.53a	57.64±7.89a	59.81±3.08a
	干旱胁迫条件	57.88±9.87a	61.04±7.50a	61.90±10.41a	58.62±6.45a	59.06±7.71a

径阶	土壤适宜条件	可溶性蛋白含量/（mg/g）				
		树高 2m	树高 4m	树高 6m	树高 8m	树高 10m
8	适宜水分条件	0.97±0.10b	0.98±0.07b	1.07±0.15a	—	—
	干旱胁迫条件	1.14±0.12a	1.16±0.13a	1.13±0.15a	—	—
16	适宜水分条件	0.98±0.21b	1.06±0.15a	1.05±0.18b	1.09±0.20b	1.22±0.21b
	干旱胁迫条件	1.53±0.13a	1.15±0.12a	1.22±0.22a	1.33±0.20a	1.31±0.17a

注："—"表示该径阶没有相应树高的树木。同列不同小写字母表示同一径阶同一树高不同土壤水分条件间差异显著（$P<0.05$）。

10m 处异形叶的脯氨酸含量显著大于适宜水分条件下的；干旱胁迫条件下 8 径阶、16 径阶各树高异形叶的丙二醛含量均显著大于适宜水分条件下的；干旱胁迫条件下 8 径阶、16 径阶树高 6m 处异形叶的可溶性糖含量显著大于适宜水分条件下的；干旱胁迫条件下 8 径阶树高 6m 处及 16 径阶 4m 处异形叶可溶性蛋白含量与适宜水分条件下相比无显著差异，其余各树高均显著大于适宜水分条件下的。

同一径阶不同土壤水分条件下异形叶生理特性指标的比较见表 3-21。由表 3-21 可以看出，干旱胁迫条件下 8 径阶、16 径阶异形叶的丙二醛含量、可溶性蛋白含量显著大于适宜水分条件下的，脯氨酸含量、可溶性糖含量与适宜水分条件下相比无显著差异。表明，与在适宜水分条件下相比，在干旱胁迫条件下的胡杨表现出更强的抗逆性。

表 3-21 同一径阶不同土壤水分条件下异形叶生理特性指标的比较

径阶	土壤水分条件	脯氨酸含量/(μg/g)	丙二醛含量/(μmol/g)	可溶性糖含量/(mg/g)	可溶性蛋白含量/(mg/g)
8	适宜水分条件	8.23±1.25a	0.029±0.006b	53.32±5.86a	1.01±0.03b
	干旱胁迫条件	10.69±1.61a	0.096±0.008a	56.31±3.37a	1.14±0.08a
16	适宜水分条件	11.59±1.68a	0.036±0.003b	57.96±9.90a	1.08±0.10b
	干旱胁迫条件	12.88±0.75a	0.094±0.012a	59.70±8.31a	1.23±0.11a

注：同列不同小写字母表示同一径阶不同土壤水分条件间差异显著（$P<0.05$）。

3.6 不同土壤水分条件下胡杨异形叶性状网络特征

3.6.1 不同土壤水分条件下叶性状网络整体特征

根据对不同土壤水分条件下胡杨叶性状的相关性分析，我们构建了两种水分环境条件下的胡杨叶性状网络（图 3-6）。对比两个叶性状网络可以发现，两个土壤水分条件下胡杨叶性状网络的整体参数，包括平均路径长度、边密度、直径、聚类系数和模块度均存在显著差异，大多数性状呈正相关关系。在土壤干旱胁迫条件下，胡杨叶性状网络的平均路径长度（1.07）、直径（2.29）、模块度（0.13）显著高于适宜水分条件（平均路径长度 0.95、直径 2.05、模块度 0.11），边密度（0.35）、聚类系数（0.72）显著低于适宜水分条件（边密度 0.47、聚类系数 0.76）（图 3-7）。这表明，在适宜水分条件下，胡杨对环境资源的利用能力更强，而在土壤干旱胁迫条件下，胡杨更倾向于通过分化不同功能模块来适应环境。

不同性状在叶性状网络中的作用是通过网络参数来确定的，不同的叶性状在性状网络中的重要性是不同的。在干旱胁迫条件下，一些叶片性状，如导管面积和吲哚乙酸含量，在叶片性状网络中显示出较高的度（节点连接数），叶形指数表现出较高的介数（连接功能模块的中介）（图 3-7）。在适宜水分条件下，丙二醛含量、赤霉素含量和叶面积等叶片性状在叶片性状网络中显示出较高的度，叶面积和叶形指数表现出较高的介数。

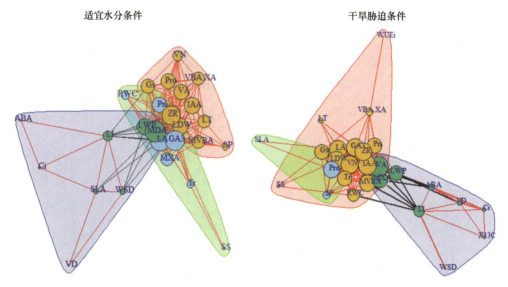

图 3-6　不同土壤水分条件下胡杨叶性状网络的整体特征

LL：叶形指数；LA：叶面积；LT：叶片厚度；LDW：叶片干重；SLA：比叶面积；MVBA：主脉维管束面积；MXA：主脉木质部面积；VBA.XA（VBA/XA）：主脉木质部面积与维管束面积之比；VD：导管密度；VA：导管面积；VN：导管数；Pn（P_n）：净光合速率；Tr（T_r）：蒸腾速率；Ci（C_i）：胞间 CO_2 浓度；Gs（G_s）：气孔导度；RWC：相对含水量；WSD：水分饱和亏；LWP：叶水势；WUE_i：瞬时水分利用效率；X13C（$\delta^{13}C$）：碳同位素比值；Pro：脯氨酸含量；MDA：丙二醛含量；SS：可溶性糖含量；SP：可溶性蛋白含量；ABA：脱落酸含量；GA3（GA_3）：赤霉素含量；IAA：吲哚乙酸含量；ZR：玉米素核苷含量，本章下同

3.6.2　不同土壤水分条件下叶性状网络特征随树高的变化规律

两种土壤水分条件下同一树高胡杨叶性状网络参数的比较如图 3-8 所示。由图 3-8 可知，干旱胁迫条件下树高 2m 处的叶片性状网络的平均路径长度、直径、边密度和聚类系数高于适宜水分条件下的，而树高 2m 处的模块度显著低于适宜水分条件下的模块度；干旱胁迫条件下树高 4m 和 6m 处的叶性状网络的边密度和聚类系数显著高于适宜水分条件下的边密度和聚类系数，而平均路径长度和模块度则相对较低；相对于适宜水分条件下，树高 8m 处的叶性状网络在干旱胁迫条件下表现出更高的平均路径长度、直径和边密度；干旱胁迫条件下树高 10m 处的叶性状网络的聚类系数和模块度较高，而平

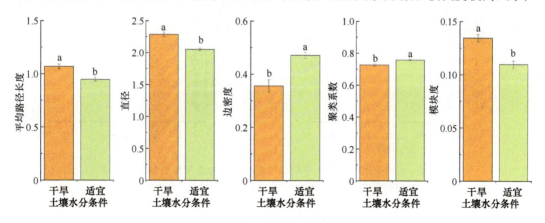

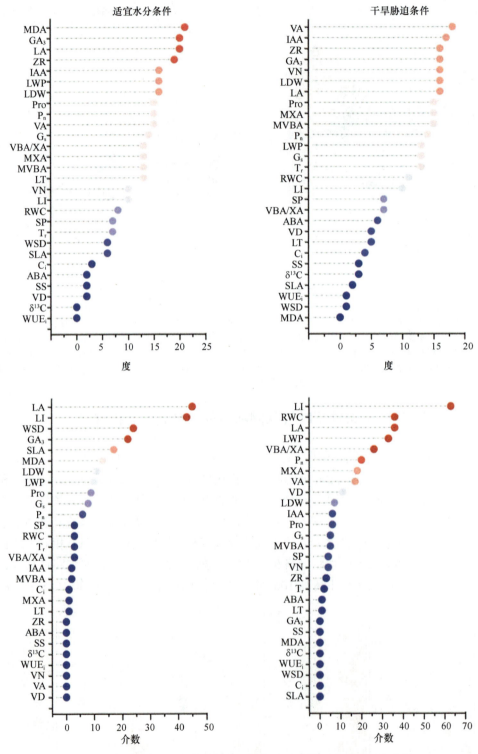

图 3-7　不同土壤水分条件下胡杨叶性状网络参数及节点参数的比较

各图不同小写字母表示不同土壤水分条件间差异显著（$P < 0.05$）

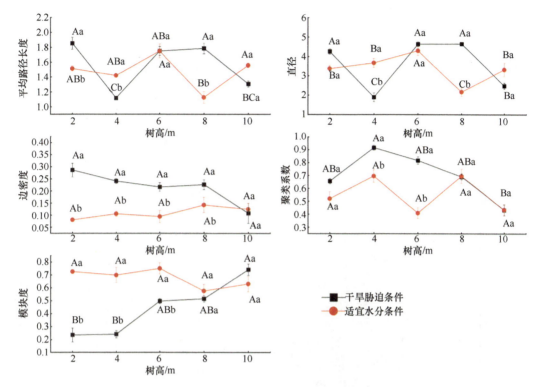

图 3-8　不同土壤水分条件同一树高及同一土壤水分条件不同树高处的叶性状网络参数的比较

各图不含有相同大写字母表示同一水分条件不同树高间差异显著（$P<0.05$）；不同小写字母表示同一树高不同水分条件间差异显著（$P<0.05$）

均路径长度和直径较低。这些差异表明，在适宜水分条件下，胡杨树高 2m 和 8m 处的叶对资源的利用能力更高；在干旱胁迫条件下，胡杨树高 4m 和 10m 处的叶对资源的利用能力更高。

对干旱胁迫条件下 16 径阶胡杨树高 2m、4m、6m、8m、10m 处的叶性状网络参数进行相关性分析，并构建这 5 个树高的胡杨叶性状网络（图 3-9）。结果显示，不同树高的叶性状网络整体参数（平均路径长度、直径、聚类系数）存在显著差异，各性状之间均表现出正相关关系。随着叶所在树高的增加，胡杨叶性状网络的平均路径长度和直径呈先减小后增大再减小的趋势，在树高 4m 处达到最小值（平均路径长度 1.11、直径 1.89）；边密度呈减小趋势，聚类系数则呈先增大后减小的趋势，边密度在树高 2m 处达到最大值（0.28）；聚类系数在树高 4m 处达到最大值（0.95）；模块度随树高增加而增大，在树高 10m 达到最大值（0.77）。这些结果表明，在干旱胁迫条件下，树高 4m 和 10m 处的胡杨叶通过不同性状的相互协调，并且树高 10m 处叶更容易使用不同特定功能模块来实现对环境资源的最大化利用。

对适宜水分条件下 16 径阶胡杨树高 2m、4m、6m、8m、10m 处的叶性状进行相关性分析，并构建这 5 个树高处的叶性状网络（图 3-10）。结果显示，不同树高的叶性状网络的整体参数（平均路径长度、直径）存在显著差异，各性状之间均为正相关关系。随着树高的增加，胡杨叶性状网络的平均路径长度、直径和模块度呈先增大后减

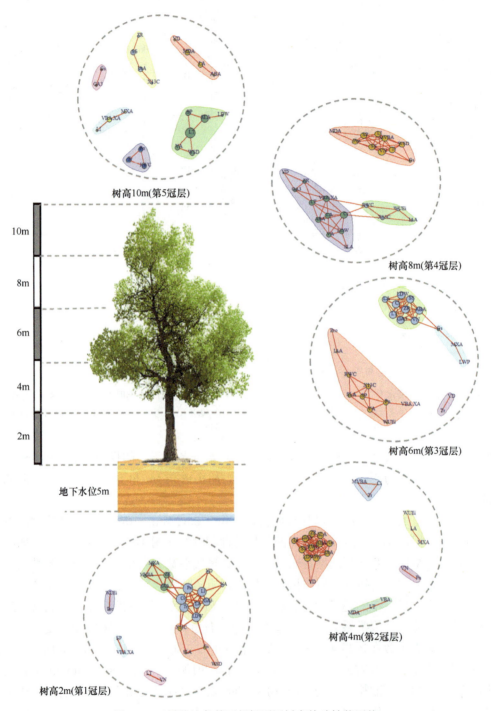

图 3-9 干旱胁迫条件下胡杨不同树高的叶性状网络

小再增大的趋势,在树高 8m 达到最小值(平均路径长度 1.12、直径 2.17、模块度 0.54);边密度和聚类系数则呈"M"形的变化趋势,在树高 8m 达到最大值(边密度 0.13、聚类系数 0.69)。这些结果表明,在适宜水分条件下,树高 8m 处叶性状间的协调能力最强,对资源的利用能力也最为突出。

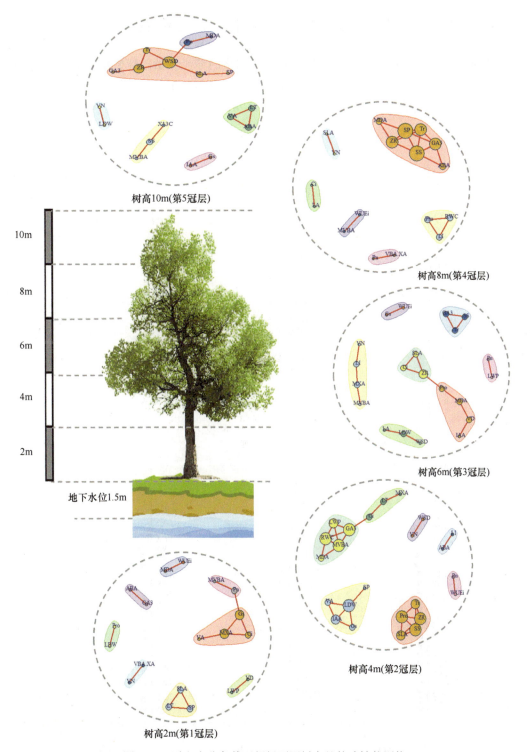

图 3-10　适宜水分条件下胡杨不同树高处的叶性状网络

3.6.3 干旱胁迫条件下叶性状网络的中心性状和连接性状

土壤干旱胁迫条件下胡杨不同树高叶性状网络的节点参数的比较结果如图 3-11 所示。由图 3-11 可知，在树高 2m 的叶性状网络中，度较高的性状为胞间 CO_2 浓度和净光合速率，介数最高的性状为叶片干重；在树高 4m 的叶性状网络中，度较高的性状为

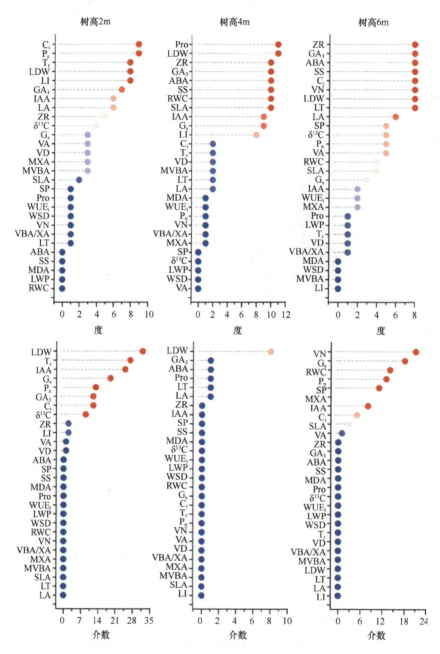

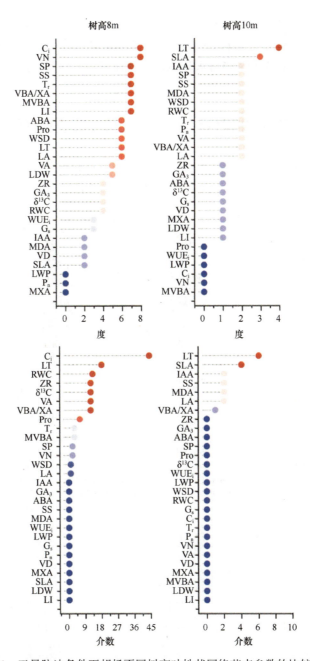

图 3-11　干旱胁迫条件下胡杨不同树高叶性状网络节点参数的比较

脯氨酸含量和叶片干重,且叶片干重具有较高的介数;在树高 6m 的叶性状网络中,度较高的性状为玉米素核苷含量、赤霉素含量、脱落酸含量、可溶性糖含量、胞间 CO_2 浓度、导管数、叶片干重和叶片厚度,而介数较高的性状为导管数和气孔导度;在树高 8m 的叶性状网络中,度较高的性状为胞间 CO_2 浓度和导管数,介数最高的性状为胞间 CO_2 浓度;在树高 10m 的叶性状网络中,度和介数较高的性状均为叶片厚度和比叶面积。在干旱胁迫条件下,不同高度的胡杨叶性状网络表现出不同的功能特征,随着树高的增加，与抗旱相关的性状（如叶片厚度、比叶面积、导管数等）逐渐成为网络中的关键性状（即度和介数较高的节点）。这表明，在干旱胁迫条件下，树木越高，维持正常生理功能和抗旱能力越依赖于这些与水分运输、储存相关的性状，抗旱防御性状在树木高位处的重要性显著提升。

3.6.4　适宜水分条件下叶性状网络的中心性状和连接性状

适宜水分条件下胡杨不同树高叶性状网络的节点参数的比较如图 3-12 所示。由图 3-12 可知，在树高 2m 的叶片性状网络中，度较高的性状为气孔导度和主脉木质部面

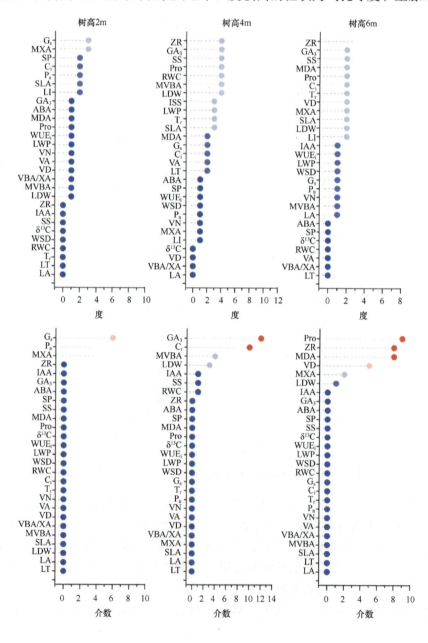

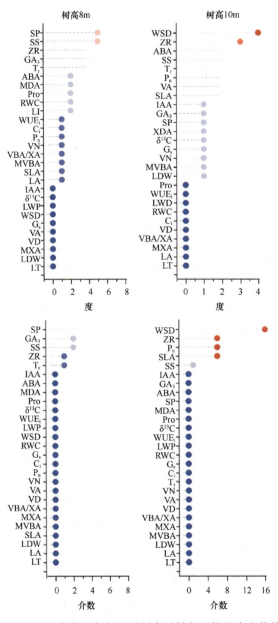

图 3-12 适宜水分条件下胡杨不同树高叶性状网络节点参数的比较

积，介数最高的性状为气孔导度；在树高 4m 的叶性状网络中，度较高的性状为玉米素核苷含量、赤霉素含量、可溶性糖含量、脯氨酸含量、相对含水量、主脉维管束面积和叶片干重，介数较高的性状为赤霉素含量和胞间 CO_2 浓度；在树高 6m 的叶性状网络中，度最高的性状为玉米素核苷含量，介数较高的性状为脯氨酸含量、玉米素核苷含量和丙二醛含量；在树高 8m 的叶性状网络中，度较高的性状为可溶性蛋白含量和可溶性糖含量，介数最高的性状为可溶性蛋白含量；在树高 10m 的叶片性状网络中，度和介数最高的性状均为水分饱和亏。这些结果表明，在水分适宜条件下，不同高度的胡杨叶性状网络表现出不同的功能特征。表明，在水分适宜的生长环境中，随着树木高度的增加，胡杨叶性状网络中的关键性状逐渐由气体交换和生长调节类性状转向与水分调控和细胞活性相关的性状（如可溶性蛋白含量、水分饱和亏等）。这表明，适宜环境中胡杨树木高位处更侧重于精细调控水分状态与代谢活性。

3.7　讨　　论

3.7.1　异形叶结构性状对干旱环境的适应策略

植物的叶形态性状能够较好地指示植物对环境的适应性（Xu et al.，2009）。叶片大小与植物的光合作用和蒸腾作用密切相关（赵夏纬等，2019；祝介东等，2011），叶片厚度与植物资源获取、水分保存及同化有关（于文英等，2019；Gonzalez-Paleo and Ravetta，2018；李永华等，2005）。刘明虎等（2013）研究发现，植物会通过缩小叶面积来降低叶片温度以适应干旱。比叶面积能指示植物利用资源的能力，是植物适应外界环境变化的关键性状（Maria et al.，2014），受光照影响较大，通常光线越弱的地方形成的叶片比叶面积越大（覃鑫浩，2015；Meziane and Shipley，1999）。此外，比叶面积还与演替、海拔等因素相关，研究表明，低的比叶面积能更好地适应资源贫瘠和干旱的环境（胡耀升等，2015）。叶脉可为植物提供支持、传递水分和光合碳水化合物，以维持植物的水分状况和光合能力（Sack et al.，2013），发达的主脉维管束，有较强的运输能力及抗旱性（石匡正等，2017；游文娟等，2008）。研究认为，导管数越多贮运水分的能力就越强，抗旱性越强（张般般等，2018；王丹丹，2013）。具有大口径导管、较高的导管分布频率和发达的机械组织是胡杨在叶主脉结构方面对干旱胁迫作出的调整（李志军等，1996）。

研究表明，随树高增加树体木质部水势减小，水压在树高梯度的差异会影响相应树高部位的叶片形态结构，树体上部叶片只有通过更加明显的旱生结构阻止失水，才能应对树木高度带来的水分胁迫（赵琦琳等，2020；Zhai et al.，2020；He et al.，2008）。我们的研究显示，在两种土壤水分条件下，8 径阶、16 径阶胡杨均是叶面积、叶片厚度、叶片干重随着树高的增加而增加，叶形指数随着树高的增加而减小；16 径阶胡杨叶主脉维管束面积、主脉木质部面积、导管面积均显著大于 8 径阶，导管密度显著小于 8 径阶。两种土壤水分条件下，16 径阶胡杨的叶形态结构性状比 8 径阶表现出更明显的抗旱结构特征，表明发育阶段对胡杨叶性状有重要影响。对相同径阶同一树高的叶性状比较发现，干旱胁迫条件下的叶面积、叶片干重、主脉维管束面积、主脉木质部面积、导管面积显著大于适宜水分条件下的，干旱胁迫条件下的 8 径阶同一树高比叶面积大于适宜水分条件下的，而干旱胁迫条件下的 16 径阶的比叶面积小于适宜水分条件下的。表明在同一树高，干旱胁迫条件下胡杨异形叶抗旱形态结构特征比适宜水分条件下的更加明显。

综合分析认为，胡杨在面对土壤干旱胁迫时，其叶片的结构性状会发生一些变化，表现出较强的协同作用，形成一种生存策略来应对干旱胁迫。在形态方面，从树冠底部到顶部，叶形指数、叶片厚度变化幅度较小；树冠顶部叶片的叶面积大，较早地出现了卵形叶，同时在主脉解剖结构当中，有着更大的主脉维管束面积、主脉木质部面积、主脉木质部面积与维管束面积之比、导管面积、导管数，大大地提高了水分运输效率，具有更为明显的抗旱结构特征。在干旱胁迫条件下，胡杨 16 径阶主脉解剖结构的抗旱特征比 8 径阶更加明显，比叶面积显著小于 8 径阶，因此，16 径阶适应资源贫瘠和干旱环境的能力更强。

3.7.2　异形叶功能性状对干旱环境的适应策略

植物光合性状直接代表植物的光合碳同化能力（Franks and Beerling，2009；Hetherington and Ian Woodward，2003）。胡杨属于高光合、低蒸腾、高水分利用效率型树种（王海珍等，2009）。水分状况可能是影响植物功能适应性最重要的因素（Peppe et al.，2011）。叶片的含水量可反映自然条件下叶片内组织的水分含量。研究表明，植物水势与光照强度、气温呈负相关，与湿度呈正相关（常国华等，2015；胡清等，2014）；番茄叶片水势与空气相对湿度呈负相关（王晶等，2014）。植物受到胁迫时，其内部生理生化特性会发生一系列的变化来适应各种逆境（王三根，2000；向旭和傅家瑞，1998；汤章城，1984）。在干旱胁迫情况下，植物通过可溶性糖、脯氨酸等渗透调节物质的积累来提高自身的抗旱性（冯梅，2014），低温锻炼提高了植物愈伤组织的抗寒性及脯氨酸和可溶性蛋白的含量（陈奕吟和陈玉珍，2007）。

已有研究表明，同一单株上，胡杨分布在树冠上部的阔卵形叶比分布在树冠中下部的披针形叶更能耐大气干旱，具有较高的净光合速率和水分利用效率（王海珍等，2014；白雪等，2011；郑彩霞等，2006；邱箭等，2005），初步显示这些异形叶光合能力的差异可能与异形叶冠状部位有关。我们已有的研究结果显示（Zhai et al.，2020），胡杨异形叶光合能力在 4～20 径阶均表现为随取样高度的增加差异明显，叶片净光合速率、蒸腾速率、气孔导度随取样高度的增加而增加，胞间 CO_2 浓度随冠层高度的增加而减小，这些生理指标参数与取样高度显著相关，与径阶也具有显著的相关性，脯氨酸含量均随径阶、树高的增加而增加，与径阶、树高显著正相关，与叶面积显著正相关，脯氨酸含量的增加可以增强胡杨叶片的渗透调节能力，从而增强胡杨的抗旱能力。

本研究发现，在同一树高，异形叶的光合能力、渗透调节能力等生理生化特性在土壤干旱胁迫条件下强于在适宜水分条件下，水分状况比适宜水分条件下的差，而同一径阶异形叶的光合能力、生理生化特性在干旱胁迫条件下强于在适宜水分条件下的，水分状况相比适宜水分条件下的较差。

在两种土壤水分条件下，胡杨异形叶的净光合速率、蒸腾速率、气孔导度均随树高的增加而增加，且 16 径阶大于 8 径阶，但干旱胁迫条件下的气孔导度在两径阶间无显著差异，这与我们之前的研究结果（Zhai et al.，2020）一致。在两种土壤水分条件下，胡杨异形叶脯氨酸含量、丙二醛含量、可溶性糖含量、可溶性蛋白含量随着树高的变化而变化。在适宜水分条件下，16 径阶胡杨比 8 径阶胡杨表现出更强的渗透调节能力和抗性；在干旱胁迫条件下，16 径阶胡杨以高的渗透调节能力在应对干旱胁迫方面占优势，说明发育阶段影响胡杨对干旱胁迫的适应能力。

综合分析认为，当胡杨面对土壤干旱胁迫时，会通过光合生理、水分生理及生理生化特性的协同变化，形成一种生存策略来应对干旱胁迫。在光合生理方面，不同土壤水分条件下同一树高间的比较显示，干旱胁迫条件下树高 2m 和 6m 及 16 径阶树高 10m 处的净光合速率显著大于适宜水分条件下的；同一径阶间的比较显示，干旱胁迫条件下 8 径阶、16 径阶的净光合速率、蒸腾速率显著大于适宜水分条件下的，光合能力强于适宜水分条件下的。在水分生理方面，适宜水分条件下，树冠上部的水分状况优于下部，但在干旱胁迫条件下，树冠中部的水分状况优于上部和下部。生理生化特性方面，干旱胁迫条件下各树高的丙二醛含量均显著大于适宜水分条件下的，径阶间的丙二醛含量、可溶性蛋白含量显著大于适宜水分条件下的。因此，当胡杨面对土壤干旱胁迫时，光合能力增加，增强了有机物的生产；生理生化特性指标含量增加，增强了抗逆性；由于地下水位低，蒸腾速率大，以及空气温度、空气湿度等环境因子的差异，使得胡杨在土壤干旱时树冠中部水分状况相对较好，这些生理变化的协同作用是胡杨面对土壤干旱胁迫时的生存策略。

3.7.3 不同土壤水分条件下异形叶性状网络差异

在不同水分条件下，胡杨叶性状网络表现出显著差异，反映了胡杨在适应环境时的不同策略。在土壤干旱胁迫条件下，叶性状网络更为松散，性状间联系较少。这种松散的结构是由于性状功能模块的相对独立性较高，有助于胡杨应对资源稀缺的环境。相比之下，适宜水分环境下胡杨叶性状网络紧密度和聚类系数更高，显示出更紧密的性状联系和更强的协同作用，体现了胡杨在水分充足条件下的高效资源利用策略，大多数性状间的正相关关系进一步支持了这一点。土壤干旱胁迫条件下较高的模块度说明胡杨倾向于分化不同的功能模块以适应环境压力，这种模块化结构为胡杨在土壤干旱胁迫条件下提供了更大的灵活性和适应性，帮助胡杨应对环境变化。这与胡杨在超干旱地区表现出更简单的叶片性状网络，可以进行更加独立的性状协调研究（Yao et al.，2024）一致。这种模块化通过优先考虑叶片厚度和维管束面积等结构性状来帮助植物适应严重干旱，表明植物在资源受限时会通过增强性状模块化来提高生存能力。这些结果表明，胡杨在适宜水分条件下通过性状协同性提升资源利用效率，而在干旱环境中则通过增加网络模块化来增强适应性。

网络参数分析显示，某些性状在特定环境条件下的重要性更为突出。在土壤干旱胁迫条件下，导管面积和吲哚乙酸含量等叶片性状在网络中表现出较高的连通性，表明这些性状在土壤干旱胁迫条件下对胡杨的生理调节有重要作用。在水分缺失的条件下，胡杨会在叶的形态、生理生化方面作出响应，如会增加木质部导管面积、增加叶脉密度，既保证水分有效利用又避免木质部导管栓塞或崩裂的风险（文军，2021；吕爽等，2015）。在本研究中，导管面积的增加可能有助于维持水分运输的有效性，从而应对干旱压力，而吲哚乙酸含量的高连通性可能与调控胡杨的生长和发育有关。此外，叶形指数在土壤干旱胁迫条件下表现出较高的中介性，意味着它在叶片性状网络中充当了关键的桥梁作用。有研究表明，叶形的变化（叶形指数）部分原因是需要最大限度地提高叶的光合作用效率，以便在特定环境限制下生存（Tsukaya，2018）。在本研究中，叶形指数可能在调节不同叶形的光合水分利用和气体交换方面发挥着重要作用。

在适宜水分环境下，丙二醛含量、赤霉素含量、叶面积等在叶性状网络中表现出较高的度，显示出在水分充足条件下这些性状的显著影响。Zhao 等（2017）研究表明，胡杨在受到氧化渗透胁迫时，丙二醛含量会出现较明显增幅，反映胡杨受胁迫程度。在本研究中丙二醛含量的高连通性可能反映了胡杨对适度氧化胁迫的响应。有研究表明，赤霉素在叶片或根尖分生组织支持细胞增殖（Zou et al.，2024）。在适宜水分条件下，赤霉素含量可能与促进生长和细胞分裂有关，叶面积的扩大有助于最大化光合作用。在水分适宜条件下，叶面积和叶形指数表现出较高的中介性，表明这些性状在资源丰富的条件下通过促进性状间的相互作用和协调，以优化资源利用和生长。

3.7.4　干旱土壤条件下不同树高处异形叶性状网络差异

在土壤干旱胁迫和适宜水分两个条件下，随树高的增加，树高不同位置的叶片性状协调及空间适应策略不同。在干旱胁迫条件下，胡杨叶片性状网络参数随树高的变化表现出显著的差异，反映了胡杨在不同树高通过调节其叶性状以适应干旱条件。随树高的增加，在树高 4m 处，胡杨叶性状之间的联系最为紧密，协调性最强，资源利用效率最大，这可能与这一高度的光照条件、水分和养分的相对均衡分布有关。模块度随着树高的增加而逐渐增加，并在树高 10m 处达到最大值，显著高于其他树高。这表明在树高 10m 处，胡杨叶性状网络中形成了更多独立的功能模块，叶性状的多样性和独立性增强，可能有助于适应不同的微环境条件和资源获取方式。这种高度差异的性状网络特征表明，胡杨在干旱环境下采用了一种高度依赖于局部环境条件的适应策略，通过调节不同树高下的性状协调性和模块化程度来优化资源利用和生存能力。

在土壤干旱胁迫条件下，胡杨不同树高处的叶性状网络表现出明显的差异，这反映了胡杨在各个树高处的空间特异性调节和适应策略。随着树高位置的变化，在叶性状网络中发挥着关键作用的性状也在变化，显示了胡杨通过叶性状功能的动态调整来适应干旱条件的过程。在较低的树高（2m），叶片性状网络的节点中心性表明，胞间 CO_2 浓度和净光合速率显示出最高的度，而叶片干重具有最高的介数。这说明胡杨通过增强光合作用效率和增加叶片干重来提高资源利用率，与廖建雄和王根轩（2002）研究的干旱或者升温会提高植物的光合作用和水分利用效率一致，表明在较低树高处，胡杨更依赖于气体交换和光合产物的积累，以应对干旱胁迫。植物抗旱策略的性状之间存在很强的协调性，叶片渗透势，即渗透势和气孔开口面积可以调节气体交换和防止组织失水，两个性状的协同作用共同优化水分利用效率与干旱适应能力（Kaproth et al.，2023）。在中等树高（4m 和 6m），胡杨叶性状网络表现出更为多样的调节方式。在树高 4m，脯氨酸含量和叶片干重为度最高的性状，反映出胡杨通过增加渗透调节物质（如脯氨酸）来保持细胞水分平衡，同时增加叶片干重以增强抗旱性。在树高 6m，多个性状（如玉米素核苷含量、赤霉素含量、脱落酸含量、可溶性糖含量、胞间 CO_2 浓度等）具有较高的度，而导管数和气孔导度显示出较高的介数，表明在这一高度，胡杨通过调节多种激素水平、碳水化合物代谢和水分输送优化叶片的生理反应和资源分配。这种复杂的性状调控反映了胡杨在中等树高通过更精细的生理调节机制来增强其环境适应性。在较高的树高（8m和10m），叶性状的中心性变化继续反映出不同的功能适应策略。在树高8m，胞间 CO_2 浓度和导管数表现出较高的度，而胞间 CO_2 浓度具有最高的介数，显示了此高度胡杨通过气体交换和水分输送的调节来优化资源利用。Schmitt 等（2022）在研究热带森林旱季对叶性状的影响中发现，土壤水分供应减少与叶片厚度和单位面积水量增加有关，这可能是气孔关闭的结果（为了减少蒸腾速率）。在树高约 10m 的样本中，叶片厚度和比叶面积在功能性状网络中表现出较高的度和介数叶片厚度的增加表明叶片可以通过提高水分储存能力在干旱条件下维持光合作用，从而提升水分利用效率。表明胡杨在冠层顶端通过调节叶片结构特征（如叶片厚度和比叶面积）来平衡光合作用和水分利用效率，增强对干旱的适应能力。

3.7.5 适宜水分条件下不同树高处异形叶性状网络差异

在适宜水分条件下，树高8m处的胡杨叶性状网络具有最佳的性状间协调能力，这种紧密的性状网络有助于资源的高效利用。较短的平均路径长度和较小的网络直径显示出性状之间更直接的相互作用，而较高的边密度和聚类系数则反映出更强的局部性状协同效应。表明在树高 8m 处，胡杨能够更有效地整合不同的生理功能，以优化光合、蒸腾和养分吸收等关键过程。因此，在适宜水分条件下，树高 8m 处的叶片似乎处于一个理想的微环境，能够最大化资源获取和利用效率。这种适应策略可能与这一高度的良好光照条件和适中的气流环境有关，使得叶片能够更好地进行气体交换和光合作用，确保胡杨在资源丰富的条件下最大化其生长和繁殖潜力。

在适宜水分条件下，胡杨不同树高的叶性状网络表现出显著的功能差异，反映了胡杨在各树高上的特定调节策略，以适应水分充足的条件。在树高 2m，气孔导度表现出最高的度和介数，显示了这一性状在较低冠层的核心作用。气孔导度的高中心性表明，胡杨在此高度通过优化气孔开闭，调节水分蒸腾和气体交换，提升光合作用效率和水分利用效率。有研究表明，杨树对蒸气压不足和辐照度变化等环境条件敏感，会影响气孔开闭的动态，以维持特定环境的水分利用效率（Durand et al.，2019）。并且，更快的气孔动力与更高的气孔密度和更小的气孔有关，减少不同环境条件下的蒸腾可以增强水分利用效率。在树高 4m，玉米素核苷含量、赤霉素含量、可溶性糖含量、脯氨酸含量、相对含水量、主脉维管束面积和叶片干重显示出较高的度，而赤霉素含量和胞间 CO_2 浓度具有较高的介数。这种分布反映了胡杨在中等冠层通过多种生理途径进行复杂的资源调控，包括激素调节、水分平衡和碳代谢，以优化生长速率和光合效率。植物激素是控制植物生长和防御机制的重要调节因子，在调节抗氧化剂中起着至关重要的作用（Yousaf et al.，2024）。在树高 6m，玉米素核苷含量具有最高的度，而脯氨酸含量和丙二醛含量则显示出较高的介数，表明这一高度的胡杨叶片侧重于平衡生长素和抗氧化物质的作用，以维持健康的叶片功能和对环境变化的适应。糖类物质是植物中碳和能量的丰富来源，可溶性糖对环境压力极为敏感，这会影响碳水化合物从源头到受体器官的输送（Amist and Singh，2020）。在树高 8m，可溶性蛋白含量和可溶性糖含量为度较高的性状，且可溶性蛋白含量具有最高的介数。这表明胡杨在这一高度更依赖蛋白质和糖类的调节，支持光合作用和能量储存，确保叶片的高效功能和生长稳定性。树木对于水分平衡调节的策略包括水可用性、植物水分状况和水消耗量之间的关系，水分饱和亏可以作为植物水分状况的指标（Hayat et al.，2024）。在树高 10m，水分饱和亏在叶性状网络中表现出最高的度和介数。这表明在冠层顶端，胡杨通过严格调控水分状态来应对高光照和蒸发压力。在这一高度，水分管理对保持光合作用和叶片健康至关重要，反映了胡杨对水分充足环境的适应性策略。

胡杨在土壤干旱胁迫条件和适宜水分条件下通过调节叶片性状来适应不同的环境压力，表现出明显的垂直分层适应策略。在干旱胁迫条件下，胡杨采用了资源利用"转移策略"，通过不同冠层高度的性状调节，在树冠垂直空间内优化叶片性状以最大化利用资源。在下层冠层，胡杨主要通过增强水分保持和气体交换功能，维持基础的生理活动；在中层冠层，通过复杂的激素和代谢物质的调控来应对更高的环境多样性和压力；在上层冠层，胡杨则侧重于调整叶片形态特征，以最大化光合效率和耐旱能力。这种垂直差异化的适应策略体现了胡杨在干旱条件下的灵活调节能力，以及其生长和生存策略。

综合来看，胡杨在土壤干旱胁迫条件与适宜水分条件下的树冠调节规律显示了胡杨高度的生态适应性。在干旱胁迫条件下，胡杨通过灵活的性状调节机制，在不同冠层高度优化资源获取和利用；在适宜水分条件下，通过精确的生理和结构调整，确保植物生长和繁殖的最佳状态。这种双重的适应策略反映了胡杨对环境变化的高度敏感性和适应能力，使胡杨在多变的生态环境中保持竞争优势。

第4章　胡杨叶功能性状协同变化与权衡策略的雌雄差异

全球雌雄异株植物有 15 600 种，隶属于被子植物的 987 个属，是陆地生态系统的重要组成部分之一（Renner and Ricklefs，1995），对生物多样性的保护和生态系统稳定的维持具有重要作用。在不同的环境胁迫下，雌雄异株植物在形态、结构、生理、空间分布、生活史特征等方面存在性别差异（Li et al.，2004；Retuerto et al.，2000；Dawson and Ehleringer，1993），雌雄差异对植物种群结构、组成和分布等方面产生重要影响。胡杨是杨柳科雌雄异株植物，其花果空间分布数量特征与生殖适应策略在雌雄间有明显差异（李志军等，2019，2020）。但目前，尚未见关于胡杨叶性状在环境适应方面雌雄差异的系统研究。本章以同一立地条件下的胡杨雌雄株为研究对象，通过分析异形叶结构功能性状随径阶和树高的变化规律，阐明胡杨生长适应策略的雌雄差异，为胡杨种质资源创新和胡杨人工防护林建设中雄性单株优选奠定理论基础。

4.1　材料与方法

4.1.1　研究区概况

研究区位于新疆塔里木盆地西北缘的人工胡杨林（面积 180.6hm²，位于 40°32′36.90″N，81°17′56.52″E，海拔 1100m），林内有不同径阶的胡杨雌雄株。2020 年 3 月下旬，当胡杨开始开花时，我们根据雌雄个体不同的花序对胡杨进行了鉴定和标记（图 4-1）。该研究区生境条件为：土壤平均含水量 27.53%，日平均气温 31.09℃，日平均空气湿度 36.78%，日平均光照强度 11 869.78lx。

雄株雄花序　　　　　　　　　　　雌株雌花序

图 4-1　胡杨花序

4.1.2　试验设计与取样

为了减少环境因素的影响，本研究以同一生境条件下不同径阶的胡杨雌雄株为研究对象，并以树干胸径 4cm 为阶距整化，将样株划分为不同径阶。本研究分别选择 8 径阶、12 径阶、16 径阶、20 径阶（代表 4 个不同的发育阶段）雌株和雄株各 3 株，样株要求长势均匀一致（表 4-1）。利用卷尺和激光超声波测高测距仪分别测定样株的胸径和树高。胡杨雌雄株各径阶平均胸径（D，cm）和平均树龄（A，a）适合关系式：$A = 13.679/(1 + 3.3476 \times e^{-0.2099D})$（顾亚亚等，2013）。从各样株主干基部（近地面的位置）开始，沿树冠基部向顶部的方向以 2m 为间隔设置采样点（树高 2m、4m、6m、8m、10m、12m 即为采样点的树高）（姜玉东等，2021）。考虑到光照等因素对不同方位叶片生长的影响，在每个采样点，从各样株的东、南、西、北四个方向各采集 3 枝一年生枝条为样枝，每枝选取从基部开始向顶端方向的第 4 节位处叶片为样叶，用于异形叶形态结构性状指标和解剖结构性状指标的测定。

表 4-1　雌、雄样株的基本信息

样株	径阶	平均胸径/cm	平均树高/m	平均树龄/a
雌株	8	8.33	7.53	8.10
	12	14.30	9.47	9.30
	16	17.67	11.27	10.37
	20	23.23	12.87	11.17
雄株	8	9.33	7.97	8.37
	12	14.37	10.00	9.70
	16	17.33	10.93	10.13
	20	24.83	12.70	11.10

4.1.3　雌雄株异形叶结构性状指标的测定

4.1.3.1　异形叶形态性状指标的测定

使用便携式叶面积仪 LI-3000C 测量胡杨雌雄株样叶的叶片长度、叶片宽度、叶面积，并统计每枝叶片数，计算每枝总叶面积、叶形指数。使用游标卡尺测量叶片厚度、叶柄粗度（Roderick et al.，1999），使用直尺测量叶柄长度，使用电子天平（精度 0.0001）称量叶片鲜重（不带叶柄）。将称过鲜重的叶片放入 105℃恒温烘箱杀青 10min，然后 80℃烘干至恒重，称量叶片干重，计算比叶面积（王云霓等，2012）。

4.1.3.2　异形叶组织解剖结构指标的测定

从样叶最宽处横切获得材料，以 FAA 固定液固定保存。采用石蜡制片法制作组织切片，切片厚度 8μm，番红-固绿双重染色，中性树脂封片。在徕卡显微镜下观察栅栏组织厚度、海绵组织厚度、主脉木质部厚度、导管面积、导管数、木质部横切面积，计算栅海比（栅海比=栅栏组织厚度/海绵组织厚度）、导管密度（导管密度=导管数/木质部横切面积）。每叶片观测 5 个视野，每个视野观测 20 个值，计算各视野内叶片结构参数的平均值为每叶片结构的参数值。

4.1.4 雌雄株异形叶功能性状指标的测定

4.1.4.1 异形叶光合生理指标的测定

使用 LI-6400 便携式光合作用测量系统，在晴天的 9:30～11:30 测量叶片的净光合速率、气孔导度、胞间 CO_2 浓度和蒸腾速率。在每个采样点，选取每样枝从基部开始的第 4 节位叶片为样叶，每个处理测量 12 片叶子，重复测量 3 次。测量条件为：光量子通量密度为 1200μmol/（m^2·s），叶片温度为 25℃，环境 CO_2 浓度为 400μmol/mol，并根据净光合速率/蒸腾速率计算瞬时水分利用效率。

4.1.4.2 异形叶水分生理指标的测定

（1）叶水势的测定

选取每枝从基部开始向顶端方向的第 4 节位叶片为样叶，使用便携式植物水势压力室（600-EXP）测量叶水势。在黎明前测定，测定时间不超过 2h。将选取枝上的样叶剪下，随后立即进行测量，每个处理测量 12 片叶子，取平均值。

（2）$\delta^{13}C$ 的测定

在测量每个样株的叶片形态参数后，立即用蒸馏水冲洗样叶，在 105℃恒温烘箱中杀青 10min，在 60℃的烘箱中干燥 48h 至恒重。采用粉碎机将干燥样叶粉碎并过 100 目筛，然后使用玻璃真空系统制备碳同位素分析植物样品。燃烧炉与电源相连，炉温保持在 1000℃，抽真空后，向系统提供氧气。将含有样品的瓷勺置于燃烧管内，并在高温区燃烧 2min，然后收集 CO_2 气体并通过冷冻进行净化，使用稳定同位素质谱仪（Finnigan MAT）分析净化气体的碳同位素组成。

4.1.4.3 异形叶生理生化指标的测定

以样株同一冠层一年生枝第 4 节位叶片的混合样为测试样品，采用微量法测定，使用试剂盒检测叶片脯氨酸含量、丙二醛含量、可溶性糖含量、可溶性蛋白含量，检测方法与试剂盒的说明书完全一致。

4.1.5 雌雄株异形叶化学计量性状指标的测定

以样株同一树高处一年生枝第 4 节位叶片的混合样为测试样品。将混合样品用自来水冲洗干净，再用去离子水冲洗两遍后置于烘箱中，在 105℃条件下杀青 10min，然后在 65℃条件下烘至恒重。烘干后的样品取出后迅速用植物粉碎机粉碎过 100 目筛，分别测定全氮含量、全磷含量、全钾含量和有机碳含量。全氮含量采用凯氏定氮法测定，全磷含量采用钼锑抗比色法测定，全钾含量采用乙酸铵浸提——火焰光度法测定，有机碳含量采用重铬酸钾氧化——外加热法测定（孙志虎和王庆成，2003）。该部分测试工作委托中国科学院新疆生态与地理研究所完成。

4.1.6　数据处理方法

采用 DPS 7.05 软件进行单因素方差分析，显著性水平为 $\alpha=0.05$，同时利用 Pearson 相关系数检验各指标间的相关性。使用 Origin 2018 作图。

4.2　异形叶结构性状随径阶和树高变化的雌雄差异

4.2.1　异形叶结构性状随径阶变化的雌雄差异

由表 4-2 可知，随径阶的增加，胡杨雌雄株的叶片长度、叶片宽度、叶面积、叶片厚度、叶片干重、叶片鲜重、叶柄长度、叶柄粗度总体上均呈增大趋势，叶形指数、比叶面积和每枝叶片数总体上呈减小趋势，每枝总叶面积呈先减小后增大趋势。方差分析表明，不同径阶间相比，8 径阶和 20 径阶的胡杨雌雄株异形叶形态性状特征之间差异明显。8 径阶和 20 径阶间胡杨雌雄株的叶片长度、叶面积、比叶面积、叶片干重、叶片鲜重、叶柄粗度和每枝叶片数均存在显著性差异，均表现为 20 径阶雌雄株的叶片长度、叶面积、叶片干重、叶片鲜重和叶柄粗度显著大于 8 径阶，比叶面积和每枝叶片数显著小于 8 径阶。结果表明，随径阶的增加胡杨雌雄株均表现为叶片长度、叶面积、叶片干重、叶片鲜重、叶柄粗度显著增加，比叶面积和每枝叶片数显著减小。

由表 4-3 可知，随径阶的增加，胡杨雌雄株异形叶栅栏组织厚度、主脉木质部厚度、导管面积、木质部横切面积和栅海比总体上均呈增加趋势，海绵组织厚度呈减少趋势，导管数呈先增加后减少趋势。方差分析表明，在 8 径阶、12 径阶和 16 径阶间雌雄株异形叶栅栏组织厚度、主脉木质部厚度、导管面积和栅海比（8 径阶与 16 径阶除外）均无显著性差异，但它们与 20 径阶相比均存在显著性差异，均表现为 20 径阶的胡杨雌雄株异形叶栅栏组织厚度、主脉木质部厚度和导管面积显著大于其他径阶。说明随径阶的增加，雌雄株栅栏组织和输导组织越来越发达，抗旱性也有所增强。

4.2.2　异形叶结构性状随树高变化的雌雄差异

由表 4-4 可知，8 径阶、12 径阶、16 径阶、20 径阶的胡杨雌雄株异形叶叶片宽度、叶面积、叶片厚度、叶片干重、叶片鲜重、叶柄长度、叶柄粗度和每枝总叶面积总体上均表现出随着树高的增加呈增大的趋势，而叶片长度、叶形指数、比叶面积和每枝叶片数总体上随树高的增加呈减小趋势。方差分析表明，各径阶雌雄株异形叶形态性状特征在树高

表 4-2 雌雄株异形叶形态性状指标参数随径阶的变化规律

样株	径阶	叶片长度/cm	叶片宽度/cm	叶形指数	叶面积/cm²	比叶面积/(cm²/g)	叶片厚度/cm	叶片干重/g	叶片鲜重/g	叶柄长度/cm	叶柄粗度/cm	每枝叶片数/片	每枝总叶面积/cm²
雌株	8	4.72±0.63b	2.90±0.92ab	2.45±0.77a	10.52±2.0b	107.00±6.37a	0.37±0.01a	0.14±0.04b	0.37±0.09b	3.30±0.66ab	0.85±0.08b	7.13±1.16a	91.5±7.12a
	12	6.24±0.60a	2.60±0.25ab	2.63±0.67a	13.9±2.9ab	96.80±10ab	0.35±0.02a	0.15±0.03b	0.40±0.09b	3.74±0.57a	0.96±0.09b	7.01±0.66a	87.9±9.72a
	16	4.82±0.37b	2.36±0.60b	2.37±0.89a	12.22±4.3b	96.90±15ab	0.38±0.03a	0.15±0.04b	0.30±0.09b	2.74±0.76b	0.85±0.11b	6.65±0.79a	74.2±8.85b
	20	5.79±0.33a	3.39±0.24a	1.84±0.19a	20.01±2.3a	83.80±9.77b	0.38±0.03a	0.25±0.03a	0.58±0.11a	4.21±0.55a	1.16±0.11a	5.35±0.31b	93.9±11.6a
雄株	8	4.54±0.51b	2.99±0.41a	1.73±0.68a	14.60±2.71b	113.30±11a	0.39±0.02a	0.14±0.06b	0.43±0.13b	3.67±0.71a	0.98±0.21b	7.66±1.05a	119.00±12ab
	12	5.23±0.47a	2.92±0.31a	2.02±0.34a	15.30±2.75b	108.00±9.34a	0.38±0.02a	0.18±0.03b	0.43±0.08b	4.13±1.33a	1.08±0.22b	6.68±0.43b	93.50±7.23c
	16	5.40±0.39a	2.71±0.55b	1.85±0.31a	18.80±5.0ab	106.30±16a	0.41±0.04a	0.18±0.05b	0.48±0.1ab	4.00±0.55a	1.07±0.24b	6.87±0.5ab	99.20±7.9bc
	20	5.72±0.16a	3.45±0.37a	1.68±0.17a	21.90±2.57a	89.61±8.9b	0.41±0.04a	0.27±0.05a	0.62±0.07a	4.37±0.36a	1.21±0.14a	6.22±0.44b	133.00±19.6a

注：数值为平均值±标准差。雌株或雄株同一列含相同小写字母表示不同径阶间差异显著 ($P<0.05$)。

表 4-3 雌雄株异形叶解剖结构性状随径阶的变化规律

样株	径阶	栅栏组织厚度/μm	海绵组织厚度/μm	主脉木质部厚度/μm	导管面积/μm²	导管数目/个	木质部横切面积/μm²	栅海比	导管密度/(个/μm²)
雌株	8	21.67±1.76b	16.78±1.26b	33.82±2.39b	13.81±0.53b	52.33±1.17c	1132.00±16.80d	1.11±0.07b	0.062±0.01a
	12	22.14±1.16b	15.88±0.60ab	37.88±7.69b	14.68±0.68b	72.46±2.49a	1592.00±68.00c	1.23±0.06b	0.054±0.01b
	16	21.18±0.43b	14.51±1.09b	40.53±1.95b	14.84±0.92b	70.87±2.50a	1685.00±25.40b	1.24±0.08b	0.050±0.00b
	20	24.97±0.54a	14.29±0.75b	55.91±1.82a	17.79±0.58a	60.19±1.44b	1972.00±20.50a	1.32±0.02a	0.043±0.02c
雄株	8	20.28±0.71b	21.85±1.86a	52.09±5.73b	17.17±1.67b	95.25±2.43b	1905.00±50.20c	1.38±0.04b	0.056±0.01a
	12	21.06±0.89b	18.76±1.33b	54.33±5.97b	17.22±0.93b	102.10±1.80a	1890.00±81.40c	1.48±0.08ab	0.044±0.00b
	16	21.60±0.82b	18.34±1.10b	55.52±1.31b	18.10±0.50b	85.21±2.65c	2036.00±18.50b	1.55±0.03a	0.047±0.01b
	20	25.69±0.88a	16.83±2.01b	62.44±1.35a	19.17±1.33a	71.72±1.56d	2621.00±37.80a	1.55±0.11a	0.041±0.01b

注：数值为平均值±标准差。雌株或雄株同一列含相同小写字母表示不同径阶间差异显著 ($P<0.05$)。

表 4-4　不同径阶雌雄株异形叶形态性状随树高的变化规律

样株	径阶	叶片长度/cm					
		树高 2m	树高 4m	树高 6m	树高 8m	树高 10m	树高 12m
雌株	8	5.43±0.87a	4.54±0.45b	4.20±0.42b	—	—	—
	12	7.08±0.57a	6.26±0.80ab	5.91±0.60ab	5.71±0.88b	—	—
	16	5.29±0.77a	4.96±0.50ab	4.88±0.50ab	4.69±0.50ab	4.28±0.33b	—
	20	6.11±0.43a	6.11±0.30a	5.85±0.48a	5.86±0.30a	5.47±0.60ab	5.31±0.30ab
雄株	8	5.09±0.86a	4.47±0.60ab	4.07±0.37b	—	—	—
	12	5.91±0.43a	5.17±0.40ab	4.93±0.55b	4.89±0.30b	—	—
	16	5.94±0.38a	5.60±0.30ab	5.39±0.30ab	5.11±0.70ab	4.96±0.45b	—
	20	5.94±0.23a	5.81±0.45a	5.77±0.26a	5.68±0.32a	5.67±0.21a	5.47±0.40a

样株	径阶	叶片宽度/cm					
		树高 2m	树高 4m	树高 6m	树高 8m	树高 10m	树高 12m
雌株	8	1.98±0.23b	2.93±0.90ab	3.83±0.67a	—	—	—
	12	2.40±0.74a	2.46±0.65a	2.79±0.64a	2.93±0.76a	—	—
	16	1.38±0.25b	2.30±0.10ab	2.99±0.89a	2.56±0.39a	2.57±0.59a	—
	20	2.99±0.30b	3.36±0.20a	3.30±0.10ab	3.54±0.12a	3.50±0.08a	3.69±0.33a
雄株	8	1.86±0.77b	2.54±0.99b	4.58±0.93a	—	—	—
	12	2.63±0.72a	2.69±0.70a	3.13±0.16a	3.26±0.42a	—	—
	16	1.74±0.90b	2.82±0.29a	3.09±0.36a	2.88±0.28a	3.02±0.34a	—
	20	2.96±0.11b	3.27±0.20ab	3.34±0.40ab	3.43±0.80ab	3.65±0.30ab	4.04±0.60a

样株	径阶	叶形指数					
		树高 2m	树高 4m	树高 6m	树高 8m	树高 10m	树高 12m
雌株	8	3.31±0.50a	2.12±0.61b	1.90±0.17b	—	—	—
	12	3.41±0.50a	2.87±0.70ab	2.30±0.50ab	1.92±0.13b	—	—
	16	3.92±0.62a	1.91±0.41b	2.22±0.53b	1.92±0.29b	1.94±0.57b	—
	20	2.21±0.12a	1.92±0.10ab	1.78±0.30bc	1.82±0.30bc	1.67±0.00bc	1.59±0.14c
雄株	8	2.41±0.50a	1.82±0.50ab	1.07±0.22b	—	—	—
	12	2.52±0.57a	2.14±0.62a	1.83±0.52a	1.73±0.48a	—	—
	16	2.20±0.11a	2.01±0.40ab	1.92±0.10ab	1.84±0.50ab	1.45±0.45b	—
	20	1.94±0.07a	1.85±0.24a	1.78±0.24a	1.67±0.17a	1.54±0.23a	1.45±0.33a

样株	径阶	叶面积/cm²					
		树高 2m	树高 4m	树高 6m	树高 8m	树高 10m	树高 12m
雌株	8	9.78±0.94b	11.03±0.90b	13.80±0.64a	—	—	—
	12	10.80±0.40d	12.50±0.70c	15.12±0.40b	17.55±0.40a	—	—
	16	6.29±0.95d	9.72±0.85c	12.34±0.60b	15.96±0.60a	16.79±0.60a	—
	20	16.10±0.40d	19.18±0.60c	19.80±0.50bc	20.79±0.90b	21.14±0.90b	23.00±0.80a
雄株	8	11.82±0.90c	14.03±0.70b	17.22±0.50a	—	—	—
	12	12.05±0.40d	14.30±0.50c	16.25±0.50b	18.50±0.60a	—	—
	16	9.13±0.45e	15.02±0.90d	17.25±1.30c	20.07±0.90b	22.29±0.50a	—
	20	18.41±0.50e	20.30±0.40d	21.50±1.10cd	21.80±0.30bc	23.10±0.50b	26.01±0.50a

续表

样株	径阶	比叶面积/（cm²/g）					
		树高 2m	树高 4m	树高 6m	树高 8m	树高 10m	树高 12m
雌株	8	113.50±0.60a	107.70±0.90b	100.75±0.70c	—	—	—
	12	108.10±0.60a	102.10±0.60b	89.71±0.70c	87.15±0.30d	—	—
	16	119.90±0.50a	101.70±0.60b	97.29±0.70c	85.06±0.80d	80.52±0.60e	—
	20	98.10±0.68a	92.76±0.80b	81.63±0.90c	79.80±0.40d	79.22±0.60d	71.50±0.69e
雄株	8	126.20±0.80a	110.20±0.50b	103.40±0.50c	—	—	—
	12	118.10±0.80a	112.30±0.30b	105.70±0.90c	96.30±0.40d	—	—
	16	127.90±0.90a	117.40±0.90b	102.10±0.90c	95.90±0.60d	88.25±0.89e	—
	20	104.90±0.40a	94.95±0.90b	89.01±0.60c	85.00±0.88d	81.70±0.74e	82.10±0.37e

样株	径阶	叶片厚度/cm					
		树高 2m	树高 4m	树高 6m	树高 8m	树高 10m	树高 12m
雌株	8	0.36±0.01a	0.37±0.01a	0.38±0.01a	—	—	—
	12	0.32±0.01c	0.35±0.03b	0.35±0.05b	0.37±0.05a	—	—
	16	0.36±0.01b	0.36±0.09b	0.37±0.06a	0.39±0.06a	0.41±0.05a	—
	20	0.34±0.02b	0.35±0.00b	0.38±0.00ab	0.40±0.00a	0.41±0.02a	0.40±0.03a
雄株	8	0.37±0.02b	0.42±0.04b	0.49±0.00a	—	—	—
	12	0.36±0.01c	0.36±0.01c	0.38±0.00b	0.41±0.01a	—	—
	16	0.38±0.01b	0.38±0.04b	0.40±0.02b	0.42±0.03b	0.47±0.02a	—
	20	0.37±0.02d	0.38±0.00cd	0.40±0.02cd	0.42±0.04bc	0.43±0.02ab	0.47±0.02a

样株	径阶	叶片干重/g					
		树高 2m	树高 4m	树高 6m	树高 8m	树高 10m	树高 12m
雌株	8	0.10±0.03a	0.13±0.04a	0.18±0.07a	—	—	—
	12	0.12±0.01d	0.13±0.01c	0.16±0.00b	0.18±0.01a	—	—
	16	0.10±0.05b	0.12±0.06ab	0.17±0.04ab	0.17±0.03ab	0.19±0.01 a	—
	20	0.20±0.06b	0.23±0.05ab	0.26±0.04ab	0.25±0.02ab	0.27±0.01ab	0.29±0.01a
雄株	8	0.09±0.05a	0.12±0.05a	0.20±0.07a	—	—	—
	12	0.13±0.03a	0.18±0.08a	0.20±0.01a	0.20±0.01a	—	—
	16	0.09±0.05c	0.16±0.02b	0.19±0.04ab	0.20±0.01ab	0.23±0.01a	—
	20	0.21±0.00 b	0.24±0.07b	0.24±0.05b	0.26±0.09b	0.31±0.02b	0.36±0.02a

样株	径阶	叶片鲜重/g					
		树高 2m	树高 4m	树高 6m	树高 8m	树高 10m	树高 12m
雌株	8	0.30±0.06b	0.34±0.04b	0.47±0.05a	—	—	—
	12	0.31±0.02b	0.33±0.05b	0.41±0.07ab	0.52±0.07a	—	—
	16	0.17±0.03c	0.26±0.09b	0.32±0.04b	0.33±0.05b	0.43±0.02a	—
	20	0.37±0.02c	0.56±0.03b	0.62±0.07b	0.62±0.03b	0.63±0.03b	0.71±0.03a
雄株	8	0.31±0.03c	0.41±0.03b	0.56±0.06a	—	—	—
	12	0.35±0.02d	0.40±0.04c	0.46±0.02b	0.52±0.01a	—	—
	16	0.35±0.08c	0.42±0.04b	0.55±0.07a	0.56±0.05a	0.63±0.09a	—
	20	0.51±0.07b	0.61±0.12ab	0.60±0.09ab	0.63±0.01ab	0.64±0.11ab	0.73±0.07a

续表

| 样株 | 径阶 | 叶柄长度/cm | | | | | |
		树高 2m	树高 4m	树高 6m	树高 8m	树高 10m	树高 12m
雌株	8	2.71±0.61b	3.18±0.71ab	4.01±0.75a	—	—	—
	12	2.95±1.02c	3.73±1.25b	4.02±0.89ab	4.27±0.86a	—	—
	16	1.86±0.49b	2.02±0.12b	3.01±0.51a	3.30±0.39a	3.53±0.22a	—
	20	3.60±0.21 c	3.89±0.54bc	4.11±0.26b	4.21±0.06b	4.22±0.20b	5.22±2.00a
雄株	8	3.11±0.89b	3.43±0.11ab	4.48±0.62a	—	—	—
	12	3.75±0.51b	3.96±0.60b	4.38±1.05a	4.43±0.74a	—	—
	16	3.14±0.85b	3.99±0.40ab	3.99±0.68ab	4.26±0.70ab	4.64±0.50a	—
	20	3.67±0.33b	4.31±0.66ab	4.53±0.38a	4.45±0.38a	4.66±0.21a	4.60±0.33a

| 样株 | 径阶 | 叶柄粗度/cm | | | | | |
		树高 2m	树高 4m	树高 6m	树高 8m	树高 10m	树高 12m
雌株	8	0.78±0.04b	0.83±0.03b	0.94±0.14a	—	—	—
	12	0.85±0.03c	0.92±0.10bc	1.01±0.00ab	1.06±0.08a	—	—
	16	0.67±0.08b	0.81±0.10ab	0.86±0.10ab	0.98±0.20a	0.93±0.06a	—
	20	1.00±0.08d	1.07±0.10cd	1.18±0.06c	1.19±0.08b	1.21±0.00ab	1.31±0.06a
雄株	8	0.81±0.11b	0.90±0.13b	1.22±0.19a	—	—	—
	12	0.91±0.05c	0.94±0.10bc	1.07±0.00ab	1.39±0.09a	—	—
	16	0.90±0.04c	0.92±0.04c	0.98±0.06bc	1.08±0.07b	1.48±0.06a	—
	20	1.02±0.05c	1.12±0.10bc	1.20±0.10b	1.21±0.10b	1.24±0.07b	1.43±0.05a

| 样株 | 径阶 | 每枝叶片数/片 | | | | | |
		树高 2m	树高 4m	树高 6m	树高 8m	树高 10m	树高 12m
雌株	8	8.47±0.49a	6.47±0.92b	6.44±0.39b	—	—	—
	12	7.94±1.33a	6.97±0.70ab	6.69±0.81b	6.42±0.73b	—	—
	16	7.89±0.61a	6.89±0.50ab	6.42±0.46b	6.19±0.80b	5.86±0.38b	—
	20	5.53±0.21a	5.31±0.27a	5.61±0.41a	5.56±0.10a	5.33±0.22a	4.78±0.54b
雄株	8	8.86±0.79a	7.17±0.33b	6.94±0.67b	—	—	—
	12	7.11±0.13a	6.86±0.80ab	6.64±0.50b	6.11±0.13b	—	—
	16	7.64±0.68a	6.97±0.40ab	6.81±0.30ab	6.67±0.08b	6.28±0.41b	—
	20	7.00±0.68a	6.31±0.90ab	6.19±0.70ab	6.10±0.47ab	6.00±0.73ab	5.67±0.22b

| 样株 | 径阶 | 每枝总叶面积/cm² | | | | | |
		树高 2m	树高 4m	树高 6m	树高 8m	树高 10m	树高 12m
雌株	8	81.30±4.30b	87.60±9.40ab	98.90±6.70a	—	—	—
	12	79.10±8.70b	80.10±6.90b	90.40±0.60ab	98.30±13.00a	—	—
	16	63.60±0.90b	66.40±0.80b	68.40±6.00b	82.60±9.10a	90.20±4.90a	—
	20	65.20±5.90c	75.70±2.00bc	82.30±6.40b	86.90±1.80b	87.70±0.90ab	99.30±13.60a
雄株	8	106.00±12.50b	116.00±8.70b	133.00±16.70a	—	—	—
	12	85.50±6.30b	89.40±11.00a	100.00±8.30a	98.30±2.10a	—	—
	16	83.40±5.40c	95.50±1.10b	97.70±1.60b	103.00±6.00b	115.00±5.60a	—
	20	110.00±11.20b	118.00±12.50b	127.00±10.10b	129.00±6.80b	148.00±15.60a	163.00±5.00a

注：数值为平均值±标准差。同一行不含相同小写字母表示同一形态性状同一径阶不同树高间差异显著（$P<0.05$）。

2m 处与最高冠层处大多差异显著，整体上表现为叶片宽度、叶面积、叶片厚度、叶片干重、叶片鲜重、叶柄长度、叶柄粗度和每枝总叶面积在最高冠层处显著大于树高 2m 处，整体上叶片长度、叶形指数、比叶面积和每枝叶片数在最高冠层处显著小于树高 2m 处。

表 4-5 显示，8 径阶、12 径阶、20 径阶的雌雄株异形叶栅栏组织厚度、海绵组织厚度、主脉木质部厚度、导管面积、导管数、木质部横切面积和栅海比总体上随着树高的增加而增大，导管密度总体上随着树高的增加而逐渐减小。方差分析表明，各径阶雌雄株异形叶解剖结构性状指标在树高 2m 处与最高冠层处大多差异显著，均表现为异形叶栅栏组织厚度、海绵组织厚度、主脉木质部厚度、导管面积、导管数、木质部横切面积和栅海比在最高冠层处大多显著大于树高 2m 处，导管密度在最高冠层处显著小于树高 2m 处（雌株 12 径阶除外）。说明随着树高的增加，各径阶雌雄株表现出栅栏组织厚度、海绵组织厚度、主脉木质部厚度、木质部横切面积、导管面积、导管数显著增大，导管密度显著减小（雌株 12 径阶除外）。结果表明，雌雄株异形叶解剖结构性状的变化存在于不同树高间，随着树高的增加旱生性结构特征越来越明显。

表 4-5 不同径阶雌雄株异形叶解剖结构性状随树高的变化规律

样株	径阶	栅栏组织厚度/μm					
		树高 2m	树高 4m	树高 6m	树高 8m	树高 10m	树高 12m
雌株	8	17.10±1.59b	23.40±1.48a	24.60±4.93a	—	—	—
	12	19.80±2.17b	22.70±1.30a	22.80±1.61a	23.10±0.20a	—	—
	16	15.60±1.57c	19.70±0.80b	22.50±1.57ab	23.90±1.40a	24.31±2.40a	—
	20	23.60±1.15b	24.90±2.0ab	24.20±1.1ab	25.00±2.50ab	27.50±1.56a	24.60±2.10ab
雄株	8	21.50±2.45b	23.90±1.73a	24.40±1.11a	—	—	—
	12	20.30±1.89a	19.90±1.90b	20.80±2.17a	23.20±0.20a	—	—
	16	21.70±0.53b	30.10±1.54a	22.50±3.78b	19.60±2.10b	29.70±1.32a	—
	20	19.30±1.68c	24.70±2.79a	22.90±1.9ab	20.00±1.50bc	19.90±1.23bc	22.90±0.80ab

样株	径阶	海绵组织厚度/μm					
		树高 2m	树高 4m	树高 6m	树高 8m	树高 10m	树高 12m
雌株	8	12.40±1.35b	16.41±0.60ab	17.77±1.16a	—	—	—
	12	11.90±1.28c	13.66±0.20bc	14.70±0.98ab	15.86±0.99a	—	—
	16	14.10±0.84b	15.20±0.87b	13.70±1.33b	14.70±0.58b	19.37±2.68a	—
	20	13.20±0.66c	15.57±0.70b	15.68±1.32b	16.15±1.70ab	16.10±0.35ab	17.90±0.97a
雄株	8	16.40±1.36b	20.30±0.93b	28.40±2.54a	—	—	—
	12	14.40±1.53c	15.60±0.50bc	18.00±2.50ab	19.10±0.61a	—	—
	16	16.70±2.26c	20.60±3.90bc	16.20±2.30c	27.50±5.00ab	28.30±5.53a	—
	20	14.50±0.55c	15.50±0.40c	16.60±1.47c	19.60±0.00b	19.90±0.60b	25.50±1.43a

样株	径阶	主脉木质部厚度/μm					
		树高 2m	树高 4m	树高 6m	树高 8m	树高 10m	树高 12m
雌株	8	23.92±0.31c	28.00±1.29b	30.84±1.71a	—	—	—
	12	30.00±3.41b	31.60±4.09b	38.80±6.65b	54.40±7.44a	—	—
	16	24.80±3.09b	42.28±2.60a	41.71±2.77a	46.13±1.41a	47.68±5.61a	—
	20	27.80±2.72d	46.10±4.50c	54.00±4.65b	59.20±3.24ab	63.00±2.32a	64.20±1.49a
雄株	8	35.90±2.09c	43.40±1.24b	56.30±1.05a	—	—	—
	12	45.30±1.36d	52.40±0.90c	61.50±2.63b	78.90±1.88a	—	—
	16	39.80±2.62c	51.50±5.42b	61.10±8.48ab	71.90±4.23a	63.20±7.01a	—
	20	32.20±3.20d	33.80±3.20d	39.90±1.91c	39.50±2.65c	55.80±2.20b	70.70±0.77a

样株	径阶	导管面积/μm²					
		树高 2m	树高 4m	树高 6m	树高 8m	树高 10m	树高 12m
雌株	8	13.70±1.68b	11.20±0.88c	16.60±0.74a	—	—	—
	12	10.80±0.40d	12.50±0.67c	15.10±0.42b	17.60±0.40a	—	—
	16	11.50±1.79c	13.30±1.56bc	15.10±2.89ab	15.90±0.70ab	17.60±1.26a	—
	20	13.30±1.24d	15.90±1.40cd	16.90±0.60bc	19.20±0.94b	18.50±1.90bc	22.20±2.04a
雄株	8	15.80±1.54b	16.30±1.67b	19.37±2.00 a	—	—	—
	12	18.40±1.63b	17.70±2.26b	18.90±1.90b	21.70±2.54a	—	—
	16	12.80±1.00c	15.40±1.50bc	16.40±1.42b	17.80±0.77b	21.46±2.65a	—
	20	14.00±3.37b	16.90±1.00b	16.06±4.60b	18.16±2.10b	18.70±2.70ab	23.70±1.39a

样株	径阶	导管数/个					
		树高 2m	树高 4m	树高 6m	树高 8m	树高 10m	树高 12m
雌株	8	49.60±1.35c	55.10±2.01b	60.60±3.86a	—	—	—
	12	63.40±8.28c	56.60±5.05c	79.50±9.04b	90.33±8.21a	—	—
	16	59.50±7.81c	70.20±5.20bc	72.50±6.17b	65.33±1.70bc	86.83±6.17a	—
	20	45.70±7.62e	66.17±1.17d	70.67±3.79d	89.56±4.00c	110.67±8.30b	123.78±2.40a
雄株	8	86.70±3.33b	99.10±2.04a	100.00±0.30a	—	—	—
	12	79.50±4.62c	118.78±1.30a	96.11±4.74b	113.83±6.80a	—	—
	16	35.20±0.50e	91.70±6.73d	101.50±2.10c	112.50±0.50b	127.83±7.10a	—
	20	54.20±5.59e	60.80±6.35e	76.00±6.80d	95.80±3.56c	120.17±2.00b	139.40±5.90a

样株	径阶	木质部横切面积/μm²					
		树高 2m	树高 4m	树高 6m	树高 8m	树高 10m	树高 12m
雌株	8	945.70±72.50c	1147.80±75.00b	1302.60±32.00a	—	—	—
	12	1001.00±33.10c	1590.40±44.00b	1640.90±63.00b	2136.20±15.00a	—	—
	16	898.80±30.50e	1195.20±44.00d	1553.80±94.00c	1740.30±16.00b	2377.30±50.00a	—
	20	902.30±46.30e	1271.40±48.00d	1664.50±33.00c	1800.80±14.00c	2409.00±26.00b	3783.80±68.00a

续表

样株	径阶	木质部横切面积/μm²					
		树高 2m	树高 4m	树高 6m	树高 8m	树高 10m	树高 12m
雄株	8	1250.10±63.00c	1682.20±98.00b	2784.80±76.00a	—	—	—
	12	1804.00±56.00d	2470.90±58.00c	2895.60±96.00b	3314.20±6.00a	—	—
	16	1119.80±43.00e	1327.30±29.00d	1665.30±49.00c	2081.00±39.00b	2899.80±26.00a	—
	20	1240.00±77.00c	1563.20±85.00d	2111.30±93.00c	2372.70±84.00c	2892.70±94.00b	4034.60±57.00a

样株	径阶	栅海比					
		树高 2m	树高 4m	树高 6m	树高 8m	树高 10m	树高 12m
雌株	8	1.27±0.03b	1.45±0.20ab	1.61±0.15a	—	—	—
	12	1.05±0.06b	1.35±0.15a	1.40±0.19a	1.49±0.10a	—	—
	16	0.98±0.09c	1.30±0.05b	1.62±0.07a	1.62±0.07a	1.69±0.05a	—
	20	1.05±0.01d	1.35±0.03c	1.37±0.01c	1.44±0.00b	1.64±0.07a	1.67±0.02a
雄株	8	1.42±0.05b	1.70±0.11a	1.81±0.10a	—	—	—
	12	1.45±0.08b	1.52±0.12b	1.56±0.04b	1.72±0.02a	—	—
	16	1.05±0.08c	1.45±0.14b	1.54±0.17b	1.60±0.04b	1.85±0.03a	—
	20	1.16±0.17c	1.09±0.16c	1.20±0.08bc	1.40±0.09ab	1.20±0.14bc	1.54±0.12a

样株	径阶	导管密度/（个/μm²）					
		树高 2m	树高 4m	树高 6m	树高 8m	树高 10m	树高 12m
雌株	8	0.07±0.00a	0.04±0.00b	0.04±0.00b	—	—	—
	12	0.06±0.06a	0.04±0.00ab	0.03±0.00b	0.04±0.00ab	—	—
	16	0.09±0.03a	0.06±0.40b	0.05±0.00b	0.04±0.00b	0.04±0.00b	—
	20	0.11±0.00a	0.08±0.03b	0.05±0.00c	0.08±0.02b	0.04±0.00cd	0.01±0.00d
雄株	8	0.09±0.00a	0.05±0.00b	0.03±0.04c	—	—	—
	12	0.06±0.00a	0.05±0.00b	0.03±0.0b	0.03±0.00b	—	—
	16	0.03±0.00b	0.07±0.00a	0.07±0.04a	0.05±0.01ab	0.03±0.01b	—
	20	0.04±0.00b	0.09±0.00a	0.05±0.00b	0.02±0.00c	0.03±0.00c	0.02±0.00c

注：数值为平均值±标准差。同一行不含相同小写字母表示同一径阶不同树高间差异显著（$P<0.05$）。

4.2.3　雌雄株异形叶结构性状与径阶和树高的关系

胡杨雌雄株异形叶形态性状指标参数与径阶和树高的相关性见表 4-6。雌雄株异形叶叶片宽度、叶面积、叶片厚度、叶片干重、叶片鲜重、叶柄长度、叶柄粗度、每枝总叶面积与树高呈显著/极显著正相关，叶形指数、比叶面积、每枝叶片数与树高呈极显著负相关；雌雄株异形叶叶面积、叶片干重和叶片鲜重与径阶呈显著/极显著正相关，而比叶面积、每枝叶片数与径阶呈极显著负相关。

表 4-6　雌雄株异形叶形态性状指标参数与径阶和树高的相关性（*n*=54）

样株	影响因子	叶片长度	叶片宽度	叶形指数	叶面积	比叶面积	叶片厚度	叶片干重	叶片鲜重	叶柄长度	叶柄粗度	每枝叶片数	每枝总叶面积
雌株	径阶	0.22	0.32	−0.23	0.63**	−0.60**	0.31	0.71**	0.50*	0.30	0.61**	−0.70**	−0.26
	树高	−0.36	0.57*	−0.63**	0.75**	−0.89**	0.87**	0.70**	0.71**	0.69**	0.71**	−0.68**	0.67**
雄株	径阶	0.74**	0.25	−0.17	0.65**	−0.61**	−0.01	0.68**	0.58**	0.43	0.39	−0.61**	0.40
	树高	−0.21	0.65**	−0.72**	0.85**	−0.86**	0.74**	0.81**	0.82**	0.82**	0.86**	−0.77**	0.68**

*表示差异显著（*P*＜0.05）；**表示差异极显著（*P*＜0.01）。

由表 4-7 可知，胡杨雌雄株异形叶海绵组织厚度、主脉木质部厚度、导管面积、导管数和木质部横切面积均与树高呈极显著正相关，导管密度与树高呈极显著负相关。雌株异形叶导管数和主脉木质部厚度与径阶呈显著/极显著正相关；栅栏组织厚度和栅海比与树高呈极显著正相关。

表 4-7　雌雄株异形叶解剖结构性状指标参数与径阶和树高的相关性（*n*=54）

样株	影响因子	栅栏组织厚度	海绵组织厚度	主脉木质部厚度	导管面积	导管数	木质部横切面积	栅海比	导管密度
雌株	径阶	0.40	0.19	0.64**	0.38	0.46*	0.38	0.05	0.25
	树高	0.60**	0.74**	0.86**	0.85**	0.88**	0.92**	0.85**	−0.66**
雄株	径阶	−0.06	−0.08	−0.11	0.00	−0.11	0.07	0.57*	−0.21
	树高	0.14	0.67**	0.70**	0.80**	0.79**	0.84**	0.41	−0.64**

*表示差异显著（*P*＜0.05）；**表示差异极显著（*P*＜0.01）。

综上可知，胡杨雌雄株异形叶形态性状、解剖结构性状与径阶和树高有着密切联系，这种关系在雌雄株间有差异。

4.2.4　异形叶结构性状的雌雄间比较

4.2.4.1　异形叶形态性状的雌雄间比较

由表 4-8 可知，同一径阶胡杨异形叶叶面积、比叶面积、叶片厚度及每枝总叶面积在雌雄株间差异显著，均表现为雄株显著大于雌株。其他异形叶形态性状指标中，12 径阶的雄株叶片干重、叶柄粗度均显著大于雌株；16 径阶的雄株叶片宽度、叶片干重、叶片鲜重、叶柄长度和叶柄粗度显著大于雌株，叶形指数显著小于雌株；20 径阶的雄株每枝叶片数显著大于雌株。结果表明，同一径阶的异形叶形态性状间有雌雄差异，这种差异在不同径阶中有所不同，但均表现为雄株比雌株具有更大的叶面积、每枝总叶面积、比叶面积、叶片厚度。

同一径阶相同树高异形叶形态性状的雌雄株比较见表 4-9。各径阶同一树高的异形叶叶面积（12 径阶树高 6m 和 8m 与 20 径阶树高 4m、6m 和 8m 除外）、比叶面积均表

表 4-8　同一径阶异形叶形态性状的雌雄株比较

径阶	样株	叶片长度/cm	叶片宽度/cm	叶形指数	叶面积/cm²	比叶面积/（cm²/g）	叶片厚度/cm
8	雌株	4.72±0.63a	2.91±0.92a	2.45±0.77a	10.52±2.00b	107.00±6.37b	0.37±0.01b
	雄株	4.54±0.51a	2.99±0.41a	1.73±0.68a	14.58±2.70a	113.30±11.00a	0.43±0.02a
12	雌株	6.24±0.60a	2.64±0.25a	2.63±0.67a	13.99±2.90b	96.80±10.00b	0.34±0.02b
	雄株	5.23±0.47a	2.92±0.31a	2.02±0.34a	15.28±2.70a	108.00±9.34a	0.38±0.02a
16	雌株	4.82±0.37a	2.36±0.60b	2.37±0.89a	12.22±4.30b	96.90±15.00b	0.38±0.03b
	雄株	5.40±0.39a	2.71±0.55a	1.85±0.31b	16.75±5.00a	106.30±16.00a	0.41±0.04a
20	雌株	5.79±0.33a	3.39±0.24a	1.84±0.19a	20.01±2.30b	83.80±9.77b	0.38±0.03b
	雄株	5.72±0.16a	3.45±0.37a	1.68±0.17a	21.87±2.50a	89.61±8.90a	0.41±0.04a

径阶	样株	叶片干重/g	叶片鲜重/g	叶柄长度/cm	叶柄粗度/cm	每枝叶片数/片	每枝总叶面积/cm²
8	雌株	0.14±0.04a	0.37±0.09a	3.30±0.66a	0.85±0.08a	7.13±1.16a	87.51±7.10b
	雄株	0.14±0.06a	0.43±0.13a	3.67±0.71a	0.98±0.21a	7.66±1.05a	119.60±12.00a
12	雌株	0.15±0.03b	0.40±0.09a	3.74±0.57a	0.96±0.09b	7.01±0.66a	87.88±9.70b
	雄株	0.18±0.03a	0.43±0.08a	4.13±0.33a	1.08±0.22a	6.68±0.43a	93.48±7.20a
16	雌株	0.15±0.04b	0.30±0.09b	2.74±0.76b	0.85±0.11b	6.65±0.79a	74.23±8.80b
	雄株	0.18±0.05a	0.48±0.11a	4.00±0.55a	1.07±0.24a	6.87±0.50a	99.20±7.90a
20	雌株	0.25±0.03a	0.58±0.11a	4.21±0.55a	1.16±0.11a	5.35±0.31b	82.80±11.10b
	雄株	0.27±0.05a	0.62±0.07a	4.37±0.36a	1.21±0.14a	6.22±0.44a	133.20±19.00a

注：数值为平均值±标准差。同一径阶同一列不同小写字母表示雌雄株间差异显著（$P<0.05$）。

表 4-9　同一径阶相同树高异形叶形态性状的雌雄株比较

径阶	样株	叶片长度/cm					
		树高 2m	树高 4m	树高 6m	树高 8m	树高 10m	树高 12m
8	雌株	5.43±0.87a	4.54±0.45a	4.20±0.42a	—	—	—
	雄株	5.09±0.86a	4.47±0.60a	4.07±0.37a	—	—	—
12	雌株	7.08±0.57a	6.26±0.85a	5.91±0.57a	5.71±0.88a	—	—
	雄株	5.91±0.43a	5.17±0.39a	4.93±0.55a	4.89±0.30a	—	—
16	雌株	5.29±0.77a	4.96±0.57a	4.88±0.45a	4.69±0.52a	4.28±0.33a	—
	雄株	5.94±0.38a	5.60±0.33a	5.39±0.33a	5.11±0.68a	4.96±0.45a	—
20	雌株	6.11±0.43a	6.11±0.29a	5.85±0.48a	5.86±0.30a	5.47±0.59a	5.31±0.30a
	雄株	5.94±0.23a	5.81±0.45a	5.77±0.26a	5.68±0.32a	5.67±0.21a	5.47±0.40a

径阶	样株	叶片宽度/cm					
		树高 2m	树高 4m	树高 6m	树高 8m	树高 10m	树高 12m
8	雌株	1.98±0.23a	2.93±0.97a	3.83±0.67a	—	—	—
	雄株	1.86±0.77a	2.54±0.99a	4.58±0.93a	—	—	—
12	雌株	2.40±0.74a	2.46±0.65a	2.79±0.64a	2.93±0.76a	—	—
	雄株	2.63±0.72a	2.69±0.70a	3.13±0.16a	3.26±0.42a	—	—
16	雌株	1.38±0.25a	2.30±0.08b	2.99±0.89a	2.56±0.39a	2.57±0.59a	—
	雄株	1.74±0.90a	2.82±0.29a	3.09±0.36a	2.88±0.28a	3.02±0.34a	—
20	雌株	2.99±0.30a	3.36±0.18a	3.30±0.04a	3.54±0.12a	3.50±0.08a	3.69±0.33a
	雄株	2.96±0.11a	3.27±0.20a	3.34±0.40a	3.43±0.85a	3.65±0.25a	4.04±0.60a

续表

径阶	样株	叶形指数					
		树高 2m	树高 4m	树高 6m	树高 8m	树高 10m	树高 12m
8	雌株	3.31±0.50a	2.12±0.61a	1.10±0.17a	—	—	—
	雄株	2.41±0.50a	1.82±0.47a	1.01±0.22a	—	—	—
12	雌株	3.43±0.50a	2.88±0.67a	2.30±0.47a	1.90±0.13a	—	—
	雄株	2.46±0.57a	2.11±0.62a	1.83±0.52a	1.70±0.48a	—	—
16	雌株	3.92±0.62a	1.84±0.41a	2.10±0.53a	1.91±0.29a	1.94±0.57a	—
	雄株	2.24±0.11b	2.00±0.41a	1.86±0.12a	1.78±0.54a	1.45±0.45a	—
20	雌株	2.15±0.12a	1.90±0.14a	1.85±0.34a	1.81±0.29a	1.60±0.03a	1.71±0.14a
	雄株	1.89±0.07a	1.77±0.24a	1.70±0.24a	1.76±0.17a	1.53±0.23a	1.41±0.33a

径阶	样株	叶面积/cm²					
		树高 2m	树高 4m	树高 6m	树高 8m	树高 10m	树高 12m
8	雌株	9.80±0.94b	11.00±0.95b	13.80±0.64b	—	—	—
	雄株	11.80±0.97a	14.00±0.75a	17.20±0.45a	—	—	—
12	雌株	10.80±0.40b	12.50±0.67b	15.10±0.42a	17.60±0.44a	—	—
	雄株	12.10±0.45a	14.30±0.50a	16.30±0.58a	18.50±0.65a	—	—
16	雌株	6.30±0.95b	9.72±0.85b	12.30±0.65b	15.90±0.65b	16.80±0.63b	—
	雄株	9.13±0.45a	15.00±0.97a	17.30±1.29a	20.10±0.93a	22.30±0.52a	—
20	雌株	16.10±0.41b	19.20±0.62a	19.85±0.50a	20.79±0.90a	21.14±0.90b	23.00±0.80b
	雄株	18.41±0.50a	20.30±0.40a	21.56±1.10a	21.86±0.30a	23.10±0.50a	26.01±0.50a

径阶	样株	比叶面积/（cm²/g）					
		树高 2m	树高 4m	树高 6m	树高 8m	树高 10m	树高 12m
8	雌株	113.00±0.64b	107.00±0.95b	100.00±0.78b	—	—	—
	雄株	126.00±0.89a	110.00±0.52a	103.00±0.58a	—	—	—
12	雌株	108.00±0.69b	102.00±0.67b	89.7.00±0.71b	87.20±0.30b	—	—
	雄株	118.00±0.82a	112.00±0.39a	106.00±0.96a	96.30±0.45a	—	—
16	雌株	119.00±0.56b	102.00±0.60b	97.30±0.70b	85.10±0.82b	80.50±0.66b	—
	雄株	127.00±0.97a	117.00±0.94a	102.00±0.90a	95.90±0.63a	88.30±0.89a	—
20	雌株	98.10±0.68b	92.80±0.84b	81.60±0.95b	79.80±0.43b	79.20±0.63b	71.50±0.69b
	雄株	104.90±0.40a	94.90±0.93a	89.00±0.60a	85.00±0.88a	81.70±0.74a	82.10±0.30a

径阶	样株	叶片厚度/cm					
		树高 2m	树高 4m	树高 6m	树高 8m	树高 10m	树高 12m
8	雌株	0.36±0.01a	0.37±0.01b	0.38±0.01b	—	—	—
	雄株	0.37±0.02a	0.42±0.04a	0.49±0.01a	—	—	—
12	雌株	0.32±0.01b	0.35±0.03a	0.35±0.05b	0.37±0.05b	—	—
	雄株	0.36±0.01a	0.36±0.01a	0.38±0.01a	0.41±0.01a	—	—
16	雌株	0.36±0.01b	0.36±0.09b	0.37±0.06b	0.39±0.06b	0.41±0.05b	—
	雄株	0.38±0.01a	0.38±0.04a	0.40±0.02a	0.42±0.03a	0.47±0.02a	—
20	雌株	0.34±0.02a	0.35±0.00a	0.38±0.01a	0.40±0.02a	0.41±0.02a	0.40±0.03b
	雄株	0.37±0.02a	0.38±0.03a	0.41±0.02a	0.42±0.04a	0.43±0.02a	0.47±0.02a

续表

径阶	样株	叶片干重/g					
		树高 2m	树高 4m	树高 6m	树高 8m	树高 10m	树高 12m
8	雌株	0.10±0.03a	0.13±0.04a	0.18±0.07a	—	—	—
	雄株	0.09±0.05a	0.12±0.05a	0.20±0.07a	—	—	—
12	雌株	0.12±0.01a	0.13±0.01a	0.16±0.00b	0.18±0.01b	—	—
	雄株	0.13±0.03a	0.18±0.08a	0.20±0.01a	0.21±0.01a	—	—
16	雌株	0.10±0.05a	0.12±0.06a	0.17±0.04a	0.17±0.03a	0.19±0.01b	—
	雄株	0.09±0.05a	0.16±0.02a	0.19±0.04a	0.20±0.01a	0.23±0.01a	—
20	雌株	0.20±0.06a	0.23±0.05a	0.26±0.04a	0.25±0.02a	0.27±0.01b	0.29±0.01b
	雄株	0.21±0.07a	0.24±0.07a	0.24±0.05a	0.26±0.09a	0.31±0.02a	0.36±0.02a

径阶	样株	叶片鲜重/g					
		树高 2m	树高 4m	树高 6m	树高 8m	树高 10m	树高 12m
8	雌株	0.30±0.06a	0.34±0.04a	0.47±0.05a	—	—	—
	雄株	0.31±0.03a	0.41±0.03a	0.56±0.06a	—	—	—
12	雌株	0.31±0.02a	0.33±0.05a	0.41±0.07a	0.52±0.07a	—	—
	雄株	0.35±0.02a	0.40±0.04a	0.46±0.02a	0.52±0.01a	—	—
16	雌株	0.17±0.03a	0.26±0.09b	0.32±0.04b	0.33±0.05b	0.43±0.02b	—
	雄株	0.23±0.08a	0.42±0.04a	0.55±0.07a	0.56±0.05a	0.63±0.09a	—
20	雌株	0.37±0.02b	0.56±0.03a	0.62±0.07a	0.62±0.03a	0.63±0.03a	0.71±0.03a
	雄株	0.51±0.07a	0.61±0.12a	0.60±0.09a	0.63±0.01a	0.64±0.11a	0.73±0.07a

径阶	样株	叶柄长度/cm					
		树高 2m	树高 4m	树高 6m	树高 8m	树高 10m	树高 12m
8	雌株	2.71±0.61a	3.18±0.71a	4.01±0.75a	—	—	—
	雄株	3.11±0.89a	3.43±0.11a	4.48±0.62a	—	—	—
12	雌株	2.95±1.02a	3.73±1.25a	4.02±0.89a	4.27±0.86a	—	—
	雄株	3.75±0.51a	3.96±0.60a	4.38±1.05a	4.43±0.74a	—	—
16	雌株	1.86±0.49a	2.02±0.12b	3.01±0.51a	3.30±0.39a	3.53±0.22b	—
	雄株	3.14±0.85a	3.99±0.40a	3.99±0.68a	4.26±0.70a	4.64±0.50a	—
20	雌株	3.60±0.21a	3.89±0.54a	4.11±0.26a	4.21±0.06a	4.22±0.20a	4.10±2.00a
	雄株	3.67±0.33a	4.31±0.66a	4.53±0.38a	4.45±0.38a	4.66±0.21a	4.60±0.33a

径阶	样株	叶柄粗度/cm					
		树高 2m	树高 4m	树高 6m	树高 8m	树高 10m	树高 12m
8	雌株	0.78±0.04a	0.83±0.03a	0.94±0.14a	—	—	—
	雄株	0.81±0.11a	0.90±0.13a	1.22±0.19a	—	—	—
12	雌株	0.85±0.03a	0.92±0.08a	1.01±0.03a	1.06±0.08b	—	—
	雄株	0.91±0.05a	0.94±0.07a	1.07±0.04a	1.39±0.09a	—	—
16	雌株	0.67±0.08b	0.81±0.13a	0.86±0.07a	0.98±0.20a	0.93±0.06b	—
	雄株	0.90±0.04a	0.92±0.04a	0.98±0.06a	1.08±0.07a	1.48±0.06a	—
20	雌株	1.00±0.08a	1.07±0.06a	1.18±0.06a	1.19±0.08a	1.21±0.01a	1.31±0.06a
	雄株	1.02±0.05a	1.12±0.07a	1.20±0.10a	1.21±0.10a	1.24±0.07a	1.43±0.05a

续表

径阶	样株	每枝叶片数/片					
		树高 2m	树高 4m	树高 6m	树高 8m	树高 10m	树高 12m
8	雌株	8.47±0.49a	6.47±0.92a	6.44±0.39a	—	—	—
	雄株	8.86±0.79a	7.17±0.33a	6.94±0.67a	—	—	—
12	雌株	7.94±1.33a	6.97±0.69a	6.69±0.81a	6.42±0.73a	—	—
	雄株	7.11±0.13a	6.86±0.84a	6.64±0.49a	6.11±0.13a	—	—
16	雌株	7.89±0.61a	6.89±0.46a	6.42±0.46a	6.19±0.80a	5.86±0.38a	—
	雄株	7.64±0.68a	6.97±0.38a	6.81±0.34a	6.67±0.80a	6.28±0.41a	—
20	雌株	5.53±0.21b	5.31±0.27a	5.61±0.41a	5.56±0.05a	5.33±0.22a	4.78±0.54a
	雄株	7.00±0.68a	6.31±0.90a	6.19±0.69a	6.14±0.47a	6.00±0.73a	5.67±0.22a

径阶	样株	每枝总叶面积/cm²					
		树高 2m	树高 4m	树高 6m	树高 8m	树高 10m	树高 12m
8	雌株	81.30±4.30b	87.60±9.40b	98.00±6.70b	—	—	—
	雄株	106.00±12.50a	116.00±8.70a	133.00±16.70a	—	—	—
12	雌株	79.10±8.70a	80.10±6.90a	90.00±0.60a	98.30±13.00a	—	—
	雄株	85.50±6.30a	89.40±11.00a	100.00±8.30a	98.30±2.10a	—	—
16	雌株	63.60±0.90b	66.40±0.80b	68.40±6.00b	82.60±9.10b	90.20±4.90b	—
	雄株	83.40±5.40a	95.50±1.10a	97.70±1.60a	103.00±6.00a	115.00±5.60a	—
20	雌株	65.20±5.90b	75.70±2.00b	82.30±6.40b	87.90±1.80b	86.70±0.90b	99.30±13.60b
	雄株	110.00±11.20a	118.00±12.50a	127.00±10.10a	129.00±6.80a	148.00±15.60a	163.00±5.00a

注：数值为平均值±标准差。同一径阶同一列不同小写字母表示雌雄株间差异显著（$P<0.05$）。

现为雄株显著大于雌株。此外，在 16 径阶的树高 10m 处异形叶叶片厚度、叶片干重均是雄株显著大于雌株。在 8 径阶、16 径阶、20 径阶中同一树高下雄株每枝总叶面积显著大于雌株，而 12 径阶同一树高下雌雄株间无显著性差异。在 12 径阶、16 径阶中最高冠层处均是雄株叶柄粗度显著大于雌株。16 径阶中树高 4m 和 10m 处均是雄株叶柄长度显著大于雌株。这表明同一径阶同一树高下胡杨异形叶形态性状雌雄株间有差异，这种雌雄株间的差异在不同树高处有所不同，但均是表现出雄株比雌株具有更大的叶面积和比叶面积。

上述结果表明，在同一径阶或同一径阶相同树高下胡杨异形叶形态性状在雌雄株间存在显著差异，表现为雄株比雌株具有更强的资源获取能力。

4.2.4.2　异形叶解剖结构性状的雌雄株比较

由表 4-10 可知，胡杨同一径阶雌雄株间相比，异形叶栅栏组织厚度在 8 径阶、12 径阶雌雄株间无显著性差异，在 16 径阶、20 径阶雌雄株间差异显著，均表现为雄株显著大于雌株；海绵组织厚度在各径阶均是雄株显著大于雌株；主脉木质部厚度、导管面积、导管数、木质部横切面积和栅海比在 8 径阶、12 径阶和 16 径阶均表现为雄株显著大于雌株, 20 径阶的雌雄株间差异不显著 (主脉木质部厚度除外); 导管密度在 16 径阶、20 径阶均表现为雄株显著小于雌株, 在 8 径阶、12 径阶雌雄株间无显著性差异。结果表明, 同一径阶下胡杨雌雄株异形叶解剖结构性状存在雌雄株差异, 径阶对这种差异的产生具有一定的影响。

表 4-10 同一径阶异形叶解剖结构性状的雌雄株比较

径阶	样株	栅栏组织厚度/μm	海绵组织厚度/μm	主脉木质部厚度/μm	导管面积/μm²
8	雌株	21.68±1.76a	14.51±1.09b	29.82±2.39b	13.81±0.53b
	雄株	23.28±0.71a	18.34±1.10a	52.09±5.73a	17.17±1.67a
12	雌株	22.14±1.16a	14.29±0.80b	37.88±7.70b	16.68±0.70b
	雄株	21.06±0.89a	16.80±2.01a	54.33±5.97a	19.17±1.33a
16	雌株	21.18±0.40b	15.88±0.60b	40.53±1.90b	14.84±0.90b
	雄株	24.69±0.82a	21.85±1.85a	55.52±1.31a	18.10±0.50a
20	雌株	21.60±0.88b	15.84±1.30b	55.91±1.82a	17.79±0.58a
	雄株	24.97±0.54a	18.70±1.33b	42.44±1.40b	17.22±0.93a

径阶	样株	导管数/个	木质部横切面积/μm	栅海比	导管密度/（个/μm²）
8	雌株	55.07±0.45b	1132.00±16.70b	1.45±0.12b	0.050±0.00a
	雄株	98.31±2.43a	1905.00±50.20a	1.64±0.07a	0.052±0.01a
12	雌株	72.46±2.50b	1592.00±68.00b	1.45±0.02b	0.043±0.02a
	雄株	102.10±1.80a	2621.00±37.80a	1.56±0.02a	0.044±0.00a
16	雌株	70.87±2.50b	1685.00±25.40b	1.38±0.04b	0.054±0.01a
	雄株	93.74±2.65a	1890.00±81.40a	1.61±0.07a	0.047±0.00b
20	雌株	80.19±6.25a	1972.00±20.40a	1.31±0.11a	0.062±0.01a
	雄株	82.76±0.50a	2036.00±18.50a	1.28±0.06a	0.041±0.00b

注：数值为平均值±标准差。同一径阶同一列不同小写字母表示雌雄株间差异显著 ($P<0.05$)。

由表 4-11 可知, 胡杨异形叶栅栏组织厚度在 8 径阶、12 径阶、16 径阶、20 径阶的最高冠层处雌雄株间差异显著, 均表现为雄株的异形叶栅栏组织厚度显著大于雌株。8 径阶、12 径阶、16 径阶各树高的异形叶主脉木质部厚度、导管数、木质部横切面积均是雄株显著大于雌株, 导管面积、栅海比在最高冠层处表现为雄株显著大于雌株。8 径阶、12 径阶、16 径阶、20 径阶雌雄株异形叶导管密度在最高冠层处存在显著性差异, 均表现为雌株显著大于雄株, 20 径阶树高 8m、10m 处异形叶导管密度也是雌株显著大于雄株。

结果表明, 同一树高胡杨异形叶解剖结构性状在雌雄株间有差异, 不同径阶各树高处雌雄株差异有所不同。

表 4-11　同一径阶相同树高下异形叶解剖结构性状的雌雄株比较

| 径阶 | 样株 | 栅栏组织厚度/μm | | | | | |
		树高 2m	树高 4m	树高 6m	树高 8m	树高 10m	树高 12m
8	雌株	19.10±1.59a	22.40±1.48a	23.60±4.93b	—	—	—
	雄株	21.50±2.45a	23.90±1.73a	27.40±1.11a	—	—	—
12	雌株	23.10±0.19a	19.90±2.17a	22.70±1.30a	22.90±1.61b	—	—
	雄株	20.30±1.89a	19.90±1.90a	22.80±2.17a	27.20±0.22a	—	—
16	雌株	15.60±1.57b	19.70±0.80a	22.50±1.57a	23.90±1.42a	24.30±2.38b	—
	雄株	21.70±0.53a	23.10±1.54a	22.50±3.78a	22.60±2.09a	29.70±1.32a	—
20	雌株	19.30±1.68b	24.70±2.79a	22.90±1.93a	22.00±1.52a	22.90±0.77b	19.90±1.23b
	雄株	24.90±1.99a	24.20±1.09a	23.60±1.15a	25.00±2.47a	24.60±2.15a	27.50±1.56a

| 径阶 | 样株 | 海绵组织厚度/μm | | | | | |
		树高 2m	树高 4m	树高 6m	树高 8m	树高 10m	树高 12m
8	雌株	12.40±1.35b	16.40±0.61b	17.80±1.16b	—	—	—
	雄株	16.40±1.36a	20.30±0.93a	28.40±2.54a	—	—	—
12	雌株	11.90±1.28b	13.60±0.21a	14.70±0.98a	15.90±0.99b	—	—
	雄株	14.40±1.53a	15.60±0.53a	18.00±2.51a	19.10±0.61a	—	—
16	雌株	14.10±0.84a	15.20±0.87a	13.70±1.33a	14.70±0.58b	19.40±2.68b	—
	雄株	16.70±2.26a	20.60±3.92a	16.20±2.30a	27.50±5.01a	28.30±5.53a	—
20	雌株	13.60±0.66a	15.60±0.73a	15.70±1.32a	16.20±1.72b	16.10±0.35b	17.90±0.97b
	雄株	14.50±0.55a	15.50±0.43a	16.60±1.47a	19.70±0.06a	19.90±0.65a	25.50±1.43a

| 径阶 | 样株 | 主脉木质部厚度/μm | | | | | |
		树高 2m	树高 4m	树高 6m	树高 8m	树高 10m	树高 12m
8	雌株	23.90±0.31b	28.00±1.29b	30.80±1.71b	—	—	—
	雄株	35.90±2.09a	43.40±1.24a	56.30±1.05a	—	—	—
12	雌株	30.00±3.41b	31.60±4.09b	38.80±6.65b	54.40±7.44b	—	—
	雄株	45.30±1.36a	52.40±0.90a	61.50±2.63a	78.90±1.88a	—	—
16	雌株	24.80±3.09b	42.30±2.60b	41.70±2.77b	46.10±1.41b	47.70±5.61b	—
	雄株	39.80±2.62a	51.50±5.42a	61.10±8.48a	71.90±4.23a	63.20±7.01a	—
20	雌株	27.80±2.72a	46.10±4.50a	54.00±4.65a	59.20±3.24a	63.00±2.32a	64.20±1.49b
	雄株	32.20±3.20a	33.80±3.28b	39.90±1.91b	39.60±2.65b	55.60±2.27b	70.70±0.77a

| 径阶 | 样株 | 导管面积/μm² | | | | | |
		树高 2m	树高 4m	树高 6m	树高 8m	树高 10m	树高 12m
8	雌株	13.70±1.68a	11.20±0.88b	15.60±0.74b	—	—	—
	雄株	15.80±1.54a	16.30±1.67a	19.40±2.76a	—	—	—
12	雌株	10.80±0.40b	12.50±0.67b	15.10±0.42b	17.50±0.44b	—	—
	雄株	18.40±1.63a	17.60±2.26a	18.90±1.90a	21.80±2.54a	—	—

续表

径阶	样株	导管面积/μm²					
		树高 2m	树高 4m	树高 6m	树高 8m	树高 10m	树高 12m
16	雌株	11.50±1.79a	13.30±1.56a	15.10±2.89a	15.90±0.73b	17.60±1.26b	—
	雄株	12.80±1.00a	15.40±1.47a	16.40±1.42a	17.80±0.77a	21.50±2.65a	—
20	雌株	13.30±1.24a	15.90±1.41a	16.90±0.60a	19.20±0.94a	18.50±1.94a	22.20±2.04a
	雄株	14.70±3.37a	16.90±1.03a	16.10±4.67a	18.20±2.15a	18.70±2.70a	23.80±1.39a

径阶	样株	导管数/个					
		树高 2m	树高 4m	树高 6m	树高 8m	树高 10m	树高 12m
8	雌株	49.60±1.35b	55.10±2.01b	60.60±3.86b	—	—	—
	雄株	86.70±3.33a	99.10±2.04a	100.00±0.33a	—	—	—
12	雌株	63.40±8.28b	56.60±5.05b	79.50±9.04b	90.30±8.21b	—	—
	雄株	79.60±4.62a	118.80±1.3a	96.10±4.74a	113.80±6.8a	—	—
16	雌株	35.50±7.81b	70.20±5.17b	72.50±6.17b	65.30±1.67b	86.80±6.17b	—
	雄株	59.20±0.50a	91.70±6.73a	101.00±2.17a	112.50±0.5a	127.00±7.17a	—
20	雌株	45.70±7.62a	66.20±1.17a	70.70±3.79a	89.60±4.00a	110.00±8.33b	124.00±2.46b
	雄株	54.20±5.59a	60.80±6.35a	76.00±6.89a	95.90±3.56a	120.00±2.50a	139.00±5.98a

径阶	样株	木质部横切面积/μm²					
		树高 2m	树高 4m	树高 6m	树高 8m	树高 10m	树高 12m
8	雌株	945.0±72.5b	1147.0±75.4b	1302.0±32.8b	—	—	—
	雄株	1250.0±63.3a	1682.0±98.5a	2784.0±76.7a	—	—	—
12	雌株	1001.0±33.5b	1590.0±45.2b	1641.0±63.7b	2136.0±15.2b	—	—
	雄株	1804.0±56.3a	2471.0±58.3a	2896.0±96.9a	3314.2±69a	—	—
16	雌株	898.0±30.5b	1195.0±44.8b	1554.0±94.1b	1740.0±16.2b	2377.0±49.4b	—
	雄株	1119.0±43.2a	1327.0±29.3a	1665.0±49.1a	2081.0±39.1a	2899.0±26.9a	—
20	雌株	902.0±46.3b	1271.0±48.8b	1665.0±33.1b	1800.0±45.4b	2409.0±26.7b	3783.0±68.3b
	雄株	1241.0±72.7a	1563.0±85.6a	2111.0±93.3a	2373.0±83.9a	2892.0±94.1a	4034.0±57.2a

径阶	样株	栅海比					
		树高 2m	树高 4m	树高 6m	树高 8m	树高 10m	树高 12m
8	雌株	1.27±0.03a	1.45±0.20b	1.51±0.15b	—	—	—
	雄株	1.42±0.05a	1.70±0.11a	1.91±0.10a	—	—	—
12	雌株	1.05±0.06b	1.35±0.15a	1.40±0.19a	1.49±0.10b	—	—
	雄株	1.45±0.08a	1.52±0.12a	1.56±0.04a	1.72±0.02 a	—	—
16	雌株	0.98±0.09a	1.30±0.05a	1.62±0.07a	1.62±0.07a	1.69±0.05b	—
	雄株	1.05±0.08a	1.45±0.14a	1.54±0.17a	1.60±0.04a	1.95±0.03a	—
20	雌株	1.05±0.00a	1.35±0.03a	1.37±0.01a	1.44±0.00a	1.64±0.07a	1.67±0.02a
	雄株	1.16±0.17a	1.09±0.16a	1.23±0.08a	1.45±0.09a	1.21±0.14b	1.54±0.12a

径阶	样株	导管密度/（个/μm²）					
		树高 2m	树高 4m	树高 6m	树高 8m	树高 10m	树高 12m
8	雌株	0.06±0.00a	0.04±0.00a	0.04±0.00a	—	—	—
	雄株	0.07±0.00a	0.05±0.00a	0.03±0.00b	—	—	—
12	雌株	0.06±0.10a	0.05±0.00a	0.03±0.00a	0.04±0.00a	—	—
	雄株	0.06±0.10a	0.05±0.10a	0.03±0.00a	0.03±0.00b	—	—
16	雌株	0.09±0.10a	0.06±0.00a	0.05±0.00a	0.04±0.00a	0.04±0.00a	—
	雄株	0.08±0.00a	0.07±0.00a	0.06±0.00a	0.05±0.00b	0.03±0.00b	—
20	雌株	0.11±0.00a	0.08±0.00a	0.05±0.00a	0.08±0.00a	0.04±0.00a	0.02±0.00a
	雄株	0.11±0.00a	0.09±0.00a	0.05±0.00a	0.02±0.00b	0.03±0.00b	0.01±0.00b

注：数值为平均值±标准差。同一径阶同一列不同小写字母表示同一树高雌雄株间差异显著（$P<0.05$）。

4.2.5 雌雄株异形叶结构性状间的关系

雌株异形叶结构性状指标间的相关性（表 4-12）表明，叶片长度与叶片厚度、海绵组织厚度和栅海比呈极显著负相关；叶片宽度与叶形指数、比叶面积和每枝叶片数呈极显著负相关，与叶面积、叶片干重、叶片鲜重、叶柄长度、叶柄粗度、每枝总叶面积、栅栏组织厚度、海绵组织厚度、主脉木质部厚度、导管面积、导管数、木质部横切面积、栅海比呈显著/极显著正相关；叶形指数、比叶面积与叶片厚度、叶片干重、叶片鲜重、叶柄长度、叶柄粗度、每枝总叶面积、栅栏组织厚度、海绵组织厚度、主脉木质部厚度、导管面积、栅海比呈显著/极显著负相关，与每枝叶片数呈极显著正相关；叶面积、叶片厚度、叶片鲜重、叶柄长度、叶柄粗度与每枝总叶面积、栅栏组织厚度、海绵组织厚度、主脉木质部厚度、导管面积、导管数、木质部横切面积、栅海比呈显著/极显著正相关，与每枝叶片数呈极显著负相关；每枝叶片数与栅栏组织厚度、海绵组织厚度、主脉木质部厚度、导管面积、导管数、木质部横切面积、栅海比呈显著/极显著负相关；每枝总叶面积、栅栏组织厚度与海绵组织厚度、主脉木质部厚度、导管面积、导管数、木质部横切面积、栅海比呈显著/极显著正相关；海绵组织厚度、主脉木质部厚度与导管面积、导管数、木质部横切面积、栅海比呈显著/极显著正相关；导管面积、导管数与木质部横切面积、栅海比呈极显著正相关；木质部横切面积与栅海比呈极显著正相关；导管密度与叶片厚度、每枝总叶面积、导管面积、导管数、木质部横切面积、栅海比呈显著/极显著负相关。

上述结果表明，胡杨雌株异形叶结构性状指标间的相关性绝大多数达显著或极显著水平，说明雌株通过异形叶结构性状指标间的相互协同或权衡，形成了适应特定环境的形态结构特征。

雄株异形叶结构性状指标间的相关性见表 4-13。由表 4-13 可知，叶片长度与叶片厚度、海绵组织厚度、导管数、栅海比呈显著/极显著负相关；叶片宽度与叶形指数、比叶面积、每枝叶片数呈极显著负相关，与叶面积、叶片厚度、叶片干重、叶片鲜重、

表 4-12 雌株异形叶结构性状指标间的相关性（n=54）

指标	叶片长度	叶片宽度	叶形指数	叶面积	比叶面积	叶片厚度	叶片干重	叶片鲜重	叶柄长度	叶柄粗度	每枝叶片数	每枝总叶面积	栅栏组织厚度	海绵组织厚度	主脉木质部厚度	导管面积	导管数	木质部横切面积	栅海比	导管密度
叶片长度	1.00																			
叶片宽度	-0.07	1.00																		
叶形指数	0.44	-0.84**	1.00																	
叶面积	0.11	0.80**	-0.65**	1.00																
比叶面积	0.06	-0.69**	0.68**	-0.93**	1.00															
叶片厚度	-0.61**	0.46	-0.59**	0.59**	-0.71**	1.00														
叶片干重	0.04	0.83**	-0.66**	0.96**	-0.87**	0.60**	1.00													
叶片鲜重	0.1	0.85**	-0.64**	0.95**	-0.84**	0.56*	0.94**	1.00												
叶柄长度	0.13	0.83**	-0.60**	0.89**	-0.80**	0.45	0.82**	0.90**	1.00											
叶柄粗度	0.2	0.80**	-0.61**	0.98**	-0.89**	0.52*	0.95**	0.95**	0.91**	1.00										
每枝叶片数	0.11	-0.80**	0.78**	-0.88**	0.84**	-0.58**	-0.91**	-0.80**	-0.74**	-0.84**	1.00									
每枝总叶面积	-0.21	0.56*	-0.50*	0.53*	-0.54*	0.52*	0.41	0.62**	0.74**	0.53*	-0.31	1.00								
栅栏组织厚度	-0.02	0.85**	-0.76**	0.79**	-0.74**	0.46*	0.76**	0.72**	0.72**	0.74**	-0.80**	0.46*	1.00							
海绵组织厚度	-0.60**	0.55*	-0.72**	0.54*	-0.62**	0.76**	0.55*	0.58*	0.51*	0.46*	-0.65**	0.61**	0.50*	1.00						
主脉木质部厚度	-0.02	0.61**	-0.59**	0.86**	-0.92**	0.69**	0.83**	0.82**	0.67**	0.85**	-0.75**	0.45	0.60**	0.55**	1.00					
导管面积	0.07	0.64**	-0.49**	0.84**	-0.86**	0.59**	0.75**	0.84**	0.84**	0.84**	-0.61**	0.71**	0.57*	0.52*	0.85**	1.00				
导管数	-0.07	0.49**	-0.42	0.71**	-0.79**	0.66**	0.68**	0.72**	0.63**	0.72**	-0.58**	0.54*	0.48*	0.57*	0.88**	0.84**	1.00			
木质部横切面积	-0.17	0.49**	-0.45	0.73**	-0.82**	0.70**	0.68**	0.70**	0.72**	0.73**	-0.63**	0.63**	0.47	0.63**	0.81**	0.86**	0.91**	1.00		
栅海比	-0.60**	0.59**	-0.73**	0.55*	-0.69**	0.82**	0.51*	0.52*	0.55*	0.48*	-0.55**	0.65**	0.54*	0.70**	0.62**	0.62**	0.60**	0.70**	1.00	
导管密度	0.35	-0.24	0.34	-0.25	0.44	-0.46*	-0.18	-0.3	-0.41	-0.28	0.15	-0.67**	-0.2	-0.44	-0.4	-0.49**	-0.54*	-0.67**	-0.73**	1.00

*表示差异显著（$P<0.05$）；**表示差异极显著（$P<0.01$）。

表 4-13　雄株异形叶形叶结构性状指标间的相关性（n=54）

指标	叶片长度	叶片宽度	叶形指数	叶面积	比叶面积	叶片厚度	叶片干重	叶片鲜重	叶柄长度	叶柄粗度	每枝叶片数	每枝总叶面积	栅栏组织厚度	海绵组织厚度	主脉木质部厚度	导管面积	导管数	木质部横切面积	栅海比	导管密度
叶片长度	1.00																			
叶片宽度	-0.27	1.00																		
叶形指数	0.48*	-0.86**	1.00																	
叶面积	0.05	0.73**	-0.72**	1.00																
比叶面积	-0.02	-0.74**	0.72**	-0.97**	1.00															
叶片厚度	-0.57*	0.65**	-0.87**	0.59**	-0.60**	1.00														
叶片干重	0.15	0.78**	-0.67**	0.94**	-0.92**	0.50**	1.00													
叶片鲜重	-0.03	0.82**	-0.78**	0.98**	-0.96**	0.63**	0.93**	1.00												
叶柄长度	-0.12	0.83**	-0.76**	0.85**	-0.88**	0.56*	0.84**	0.87**	1.00											
叶柄粗度	-0.16	0.70**	-0.78**	0.83**	-0.84**	0.71**	0.78**	0.82**	0.84**	1.00										
每枝叶片数	-0.11	-0.71**	0.63**	-0.84**	0.88**	-0.43	-0.87**	-0.84**	-0.88**	-0.79**	1.00									
每枝总叶面积	-0.09	0.73**	-0.72**	0.79**	-0.76**	0.70**	0.81**	0.78**	0.59**	0.63**	-0.54*	1.00								
栅栏组织厚度	-0.24	0.10	-0.32	0.08	-0.01	0.33	-0.03	0.12	0.18	0.25	-0.09	0.03	1.00							
海绵组织厚度	-0.58**	0.50**	-0.73**	0.46*	-0.42	0.87**	0.34	0.48*	0.50*	0.58**	-0.31	0.45	0.40	1.00						
主脉木质部厚度	-0.44	0.38	-0.44	0.36	-0.37	0.47*	0.34	0.37	0.53*	0.55*	-0.46*	0.11	0.14	0.59**	1.00					
导管面积	-0.37	0.63**	-0.58**	0.62**	-0.63**	0.61**	0.62**	0.63**	0.71**	0.80**	-0.62**	0.50*	0.15	0.57*	0.73**	1.00				
导管数	-0.49*	0.47*	-0.49*	0.53**	-0.53**	0.59**	0.51**	0.53**	0.58**	0.55**	-0.46*	0.42	0.15	0.60**	0.76**	0.81**	1.00			
木质部横切面积	-0.36	0.69**	-0.65**	0.65**	-0.67**	0.63**	0.71**	0.64**	0.76**	0.82**	-0.70**	0.57*	0.02	0.54*	0.73**	0.93**	0.78**	1.00		
栅海比	-0.82**	0.30	-0.42	0.1	-0.13	0.58**	-0.01	0.17	0.29	0.33	-0.11	0.03	0.34	0.65**	0.65**	0.62**	0.71**	0.51*	1.00	
导管密度	0.16	-0.43	0.53**	-0.42	0.49*	-0.56**	-0.50**	-0.37	-0.47	-0.61**	0.54*	-0.40	0.14	-0.48*	-0.47	-0.48*	-0.39	-0.68**	-0.26	1.00

*表示差异显著（$P<0.05$）；**表示差异极显著（$P<0.01$）。

叶柄长度、叶柄粗度、每枝总叶面积、海绵组织厚度、导管面积、导管数、木质部横切面积呈显著/极显著正相关；叶形指数、比叶面积与叶片厚度、叶片干重、叶片鲜重、叶柄长度、叶柄粗度、每枝总叶面积、导管面积、导管数、木质部横切面积呈显著/极显著负相关，与每枝叶片数、导管密度呈显著/极显著正相关；叶面积、叶片厚度、叶片干重、叶片鲜重、叶柄长度、叶柄粗度与每枝总叶面积、导管面积、导管数、木质部横切面积呈显著/极显著正相关，同时，叶片干重、叶片鲜重、叶柄长度、叶柄粗度与每枝叶片数呈极显著负相关；每枝叶片数与每枝总叶面积、主脉木质部厚度、导管面积、导管数、木质部横切面积呈显著/极显著负相关；每枝总叶面积与导管面积、木质部横切面积呈显著正相关；海绵组织厚度、主脉木质部厚度与导管面积、导管数、木质部横切面积、栅海比呈显著/极显著正相关；导管面积、导管数与木质部横切面积、栅海比呈极显著正相关；木质部横切面积与栅海比呈显著正相关；导管密度与叶片厚度、叶片干重、叶柄长度、叶柄粗度、海绵组织厚度、主脉木质部厚度、导管面积、木质部横切面积呈显著/极显著负相关，与叶形指数、比叶面积、每枝叶片数呈显著正相关。

结果表明，胡杨雄株异形叶各结构性状间的相关性绝大多数达显著/极显著水平，说明雄株通过异形叶结构性状指标间的相互协同或权衡形成了适应特定环境的形态结构特征。

综合分析可知，胡杨雌雄株异形叶结构性状指标间有着密切联系，异形叶结构性状间的相互关系在雌雄株间有差异。

4.3　异形叶功能性状随径阶和树高变化的雌雄差异

4.3.1　异形叶光合生理特性随径阶和树高变化的雌雄差异

胡杨雌雄株异形叶光合生理特性随径阶的变化规律如图 4-2 所示。由图 4-2 可知，随着径阶的增加，雌株和雄株异形叶的净光合速率、气孔导度和蒸腾速率总体上均呈增加的趋势，胞间 CO_2 浓度均呈减小趋势，瞬时水分利用效率无明显变化。方差分析表明，随径阶的增加，胡杨雌雄株异形叶的净光合速率、气孔导度、蒸腾速率、胞间 CO_2 浓度均表现出显著差异，而瞬时水分利用效率无显著性差异。其中，雌雄株异形叶的净光合速率、气孔导度和蒸腾速率均是 20 径阶显著大于 8 径阶，胞间 CO_2 浓度均是 20 径阶显著小于 8 径阶，说明胡杨雌雄株异形叶净光合速率、气孔导度和蒸腾速率随径阶的增加而增加，胞间 CO_2 浓度随径阶的增加而减小。结果表明，胡杨雌雄株异形叶净光合速率、气孔导度、蒸腾速率及胞间 CO_2 浓度的变化均存在于不同径阶中，且随径阶的增加光合能力增强。

胡杨不同径阶雌雄株异形叶光合生理特性随树高的变化规律如图 4-3 所示。8 径阶、12 径阶、16 径阶、20 径阶雌雄株异形叶净光合速率、气孔导度及蒸腾速率均表现出以树高 2m 处的最小，并随树高的增加呈逐渐增加的趋势，胞间 CO_2 浓度均随树高的增加呈逐渐减小的趋势，瞬时水分利用效率均随树高的增加无明显变化。同时，各径阶雌雄株异形叶净光合速率、气孔导度、蒸腾速率及胞间 CO_2 浓度在树高 2m 处与最高冠层处差异显著（雄株 8 径阶气孔导度、12 径阶蒸腾速率，雌株 8 径阶胞间 CO_2 浓度除外），

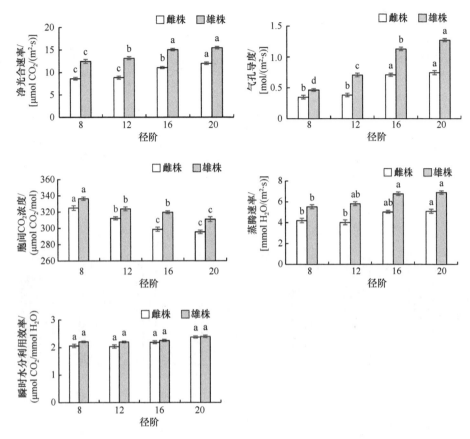

图 4-2　雌雄株异形叶光合生理特性随径阶的变化规律

雌株或雄株不含相同小写字母表示不同径阶间差异显著（$P<0.05$）

均表现为最高冠层处的异形叶净光合速率、气孔导度、蒸腾速率显著大于树高 2m 处，胞间 CO_2 浓度显著小于树高 2m 处。说明随树高的增加雌雄株异形叶的净光合速率、气孔导度和蒸腾速率总体上显著增加，胞间 CO_2 浓度总体上显著减小。结果表明，胡杨雌雄株异形叶净光合速率、气孔导度、蒸腾速率及胞间 CO_2 浓度均随径阶和树高的变化而存在差异，表现为随树高的增加雌雄株光合作用、蒸腾作用增强。

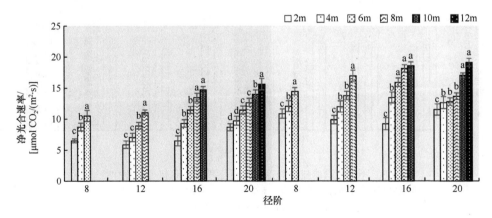

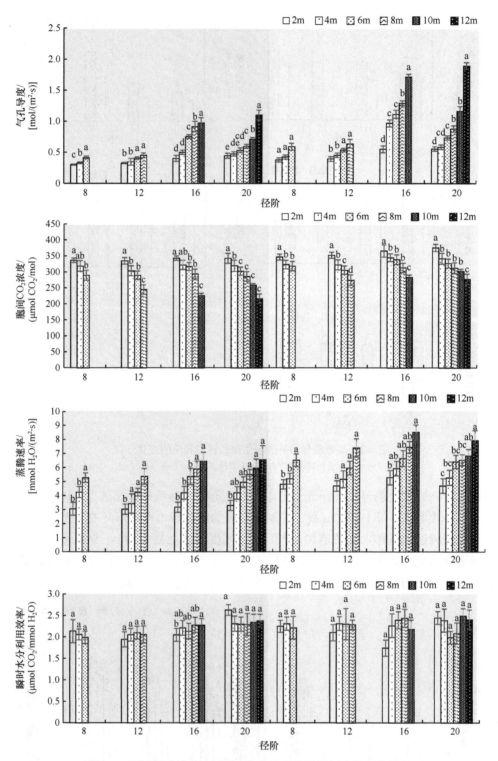

图 4-3　不同径阶雌雄株异形叶光合生理特性随树高的变化规律

粉色背景对应雌株，蓝色背景对应雄株，本章下同。雌株或雄株同一径阶不含相同小写字母
表示不同树高间差异显著（$P < 0.05$）

4.3.2　异形叶水分生理特性随径阶和树高变化的雌雄差异

图 4-4 显示，随着径阶的增加，胡杨雌雄株异形叶的叶水势呈上升的趋势，雄株异形叶的 $\delta^{13}C$ 呈上升的趋势，雌株异形叶的 $\delta^{13}C$ 呈下降趋势。方差分析表明，不同径阶间相比较，胡杨雌雄株异形叶的叶水势、$\delta^{13}C$ 总体上表现出显著性差异。其中，雌雄株异形叶的叶水势均表现为 20 径阶显著大于其他径阶。此外，雄株异形叶的 $\delta^{13}C$ 表现为 20 径阶显著大于 8 径阶，雌株的 $\delta^{13}C$ 表现为 20 径阶显著小于 8 径阶，说明随径阶的增加雌株和雄株异形叶 $\delta^{13}C$ 呈完全相反的趋势变化。这表明随着径阶的增加，雌雄株异形叶叶水势逐渐增加，雄株异形叶 $\delta^{13}C$ 逐渐增加，而雌株异形叶 $\delta^{13}C$ 逐渐减小。结果表明，胡杨雌雄株随径阶的增大保水能力均逐渐增强，但水分利用效率在雌雄间存在差异。

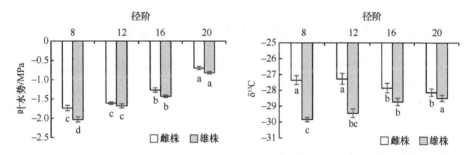

图 4-4　雌雄株异形叶水分生理特性随径阶的变化规律

雌株或雄株不含相同小写字母表示不同径阶间差异显著（$P<0.05$）

胡杨不同径阶雌雄株异形叶水分生理特性随树高的变化规律如图 4-5 所示。随着树高的增加，各径阶雌株和雄株异形叶的叶水势均表现为减小的趋势，$\delta^{13}C$ 均呈增加的趋势。方差分析表明，各径阶雌雄株异形叶叶水势、$\delta^{13}C$ 在树高 2m 处与最高冠层处均差异显著，均表现为最高冠层处的异形叶 $\delta^{13}C$ 显著大于树高 2m 处，叶水势显著小于树高 2m 处。结果表明，胡杨雌雄株树高的增加使得上部冠层叶片获得水分的阻力增加，严重阻碍了水分的运输，形成了上部冠层缺水的环境，但上部叶水分利用效率逐渐增强。

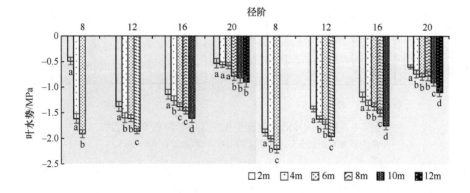

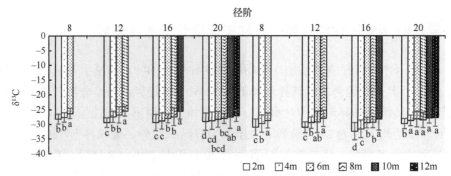

图 4-5 不同径阶雌雄株异形叶水分生理特性随树高的变化规律

雌株或雄株同一径阶不含相同小写字母表示不同树高间差异显著（$P<0.05$）

综合分析表明，胡杨雌雄株异形叶叶水势、$\delta^{13}C$ 的变化均存在于不同径阶和同一径阶不同树高间，随径阶和树高的增加雌株和雄株的抗旱性均逐渐增强。

4.3.3 异形叶生理生化特性随径阶和树高变化的雌雄差异

图 4-6 显示，胡杨雌雄株异形叶的可溶性糖含量、可溶性蛋白含量、脯氨酸含量和丙二醛含量随径阶的增加产生了显著变化。随径阶的增加，雌雄株异形叶的可溶性糖含量、丙二醛含量均表现为总体上显著增加的趋势。此外，雌雄株异形叶的可溶性蛋白含量、脯氨酸含量均呈先上升后下降的趋势，且均在 12 径阶达到最大值。说明雌雄株异形叶渗透调节物质的含量在不同径阶中存在显著差异。

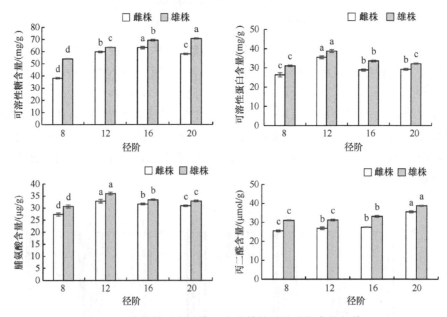

图 4-6 雌雄株异形叶生理生化特性随径阶的变化规律

雌株或雄株不同小写字母表示不同径阶间差异显著（$P<0.05$）

各径阶胡杨雌雄株异形叶的可溶性糖含量、可溶性蛋白含量、脯氨酸含量和丙二醛含量随树高的变化发生了明显变化（图 4-7），均表现为随树高的增加异形叶的可溶性糖

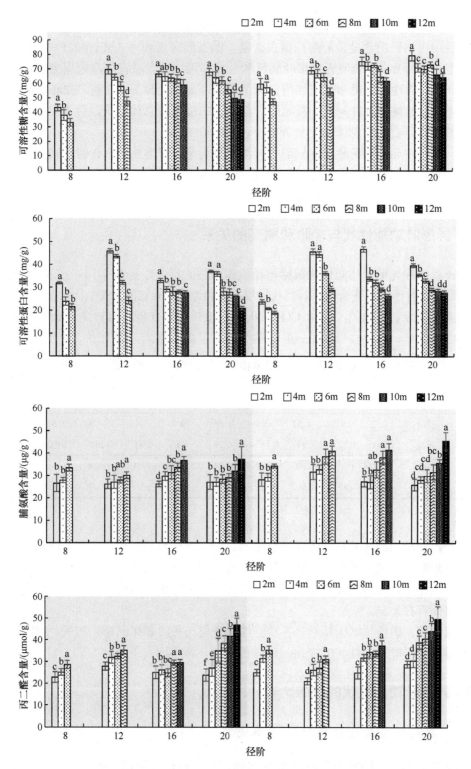

图 4-7　不同径阶雌雄株异形叶生理生化特性随树高的变化规律

雌株或雄株同一径阶不含相同小写字母表示不同树高间差异显著（$P < 0.05$）

含量和可溶性蛋白含量呈减少趋势，脯氨酸含量和丙二醛含量呈增加趋势。方差分析表明，各径阶可溶性糖含量、可溶性蛋白含量、脯氨酸含量和丙二醛含量在树高 2m 处与最高冠层处差异显著，表现为异形叶脯氨酸含量和丙二醛含量在最高冠层处显著大于树高 2m 处，可溶性糖含量和可溶性蛋白含量在最高冠层处显著小于树高 2m 处。说明随树高的增加，雌株和雄株异形叶脯氨酸含量和丙二醛含量总体上均显著增加，可溶性糖含量和可溶性蛋白含量总体上均显著减小。

综合分析表明，胡杨雌雄株异形叶可溶性糖含量、可溶性蛋白含量、脯氨酸含量和丙二醛含量在不同径阶和同一径阶不同树高间存在显著差异，雌雄株异形叶渗透调节物质含量随径阶和树高的增加均在发生变化。

4.3.4 异形叶功能性状与径阶和树高的关系

胡杨雌雄株异形叶功能性状指标与径阶和树高的相关性见表 4-14。由表 4-14 可以看出，雌雄株异形叶净光合速率、气孔导度、蒸腾速率、脯氨酸含量、丙二醛含量、$\delta^{13}C$ 均与树高呈极显著正相关，胞间 CO_2 浓度、可溶性蛋白含量均与树高呈显著/极显著负相关；气孔导度、可溶性糖含量、叶水势与径阶呈显著/极显著正相关。

表 4-14 雌雄株异形叶功能性状指标与径阶和树高的相关性（$n=54$）

样株	影响因子	净光合速率	气孔导度	胞间 CO_2 浓度	蒸腾速率	瞬时水分利用效率	脯氨酸含量	丙二醛含量	可溶性蛋白含量	可溶性糖含量	$\delta^{13}C$	叶水势
雌株	径阶	0.52*	0.54*	−0.20	0.36	0.66**	0.24	0.43	−0.03	0.53*	−0.29	0.86**
	树高	0.94**	0.83**	−0.94**	0.96**	0.26	0.86**	0.81**	−0.66**	−0.29	0.68**	0.00
雄株	径阶	0.27	0.51*	0.00	0.28	0.24	0.03	0.55*	0.26	0.70**	0.32	0.91**
	树高	0.92**	0.83**	−0.88**	0.92**	0.34	0.85**	0.86**	−0.48*	−0.29	0.80**	0.02

*表示差异显著（$P<0.05$）；**表示差异极显著（$P<0.01$）。

此外，径阶与雌株异形叶的净光合速率、瞬时水分利用效率呈显著/极显著正相关，与雄株异形叶的净光合速率、瞬时水分利用效率相关性不显著，与雄株异形叶丙二醛含量呈显著正相关，说明径阶与异形叶净光合速率、瞬时水分利用效率、丙二醛含量的关系在雌雄间存在差异。

结果表明，胡杨雌雄株异形叶各功能性状变化与径阶和树高密切相关，径阶和树高影响雌雄株异形叶功能性状的变化，且这种变化在雌雄间有差异。

4.3.5 异形叶功能性状的雌雄比较

4.3.5.1 异形叶光合生理特性的雌雄比较

图 4-8 显示，胡杨同一径阶雌雄株间相比较，各径阶异形叶的净光合速率、蒸腾速率及气孔导度（8 径阶、12 径阶除外）在雌雄株间差异显著，胞间 CO_2 浓度和瞬时水分利用效率在雌雄株间无显著性差异。此外，在 8 径阶、12 径阶、16 径阶、20

径阶中均表现为异形叶净光合速率、蒸腾速率雄株显著大于雌株。在 8 径阶、12 径
阶异形叶气孔导度在雌雄株间无显著差异，而在 16 径阶、20 径阶异形叶气孔导度雄
株显著大于雌株。

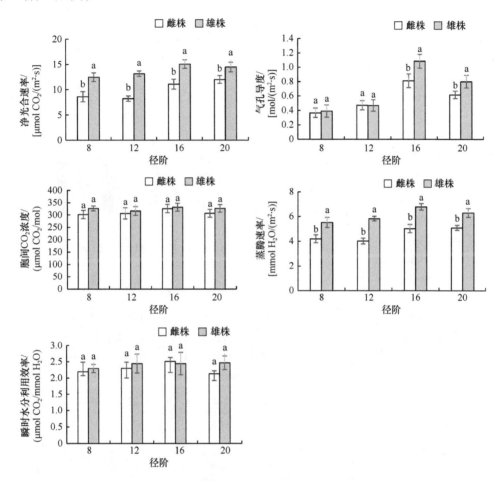

图 4-8　同一径阶下异形叶光合生理特性的雌雄比较

同一径阶不同小写字母表示雌雄株间差异显著（$P < 0.05$）

　　胡杨同一径阶相同树高下异形叶光合生理特性的雌雄比较如图 4-9 所示。由图 4-9
可知，同一树高下异形叶净光合速率、蒸腾速率、气孔导度、胞间 CO_2 浓度和瞬时水分
利用效率在雌雄株间存在显著差异。各径阶同一树高下均表现为异形叶的净光合速率、
蒸腾速率、气孔导度、胞间 CO_2 浓度（8 径阶除外）雄株显著大于雌株。8 径阶同一树
高下异形叶瞬时水分利用效率雄株显著大于雌株（树高 2m 除外），在 12 径阶树高 2m
处雄株异形叶瞬时水分利用效率比雌株高，而在树高 12m 处异形叶瞬时水分利用效率雌
雄株间无显著差异。

　　上述结果表明，同一径阶下或同一径阶相同树高下，胡杨雄株比雌株表现出更强的
光合能力。

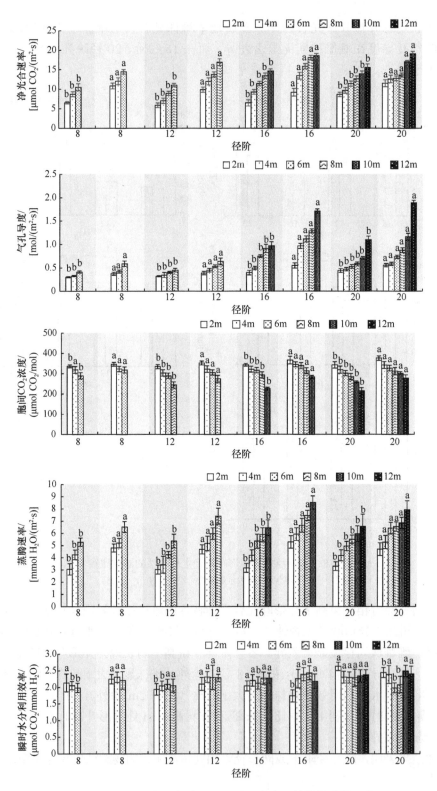

图 4-9　同一径阶相同树高下异形叶光合生理特性的雌雄比较

同一径阶同一树高不同小写字母表示雌雄株间差异显著（$P < 0.05$）

4.3.5.2　异形叶水分生理特性的雌雄比较

图 4-10 显示，同一径阶下胡杨雌雄株间相比较，异形叶的黎明前叶水势在 8 径阶雌雄株间存在显著差异，表现为雌株的叶水势显著大于雄株，而在 12 径阶、16 径阶、20 径阶雌雄间无显著性差异。异形叶的 $\delta^{13}C$ 在 8 径阶、12 径阶、16 径阶雌雄株间差异显著，均表现为雌株的 $\delta^{13}C$ 显著大于雄株，而在 20 径阶雌雄株间无显著差异。说明径阶影响着胡杨雌株和雄株间异形叶叶水势和 $\delta^{13}C$。

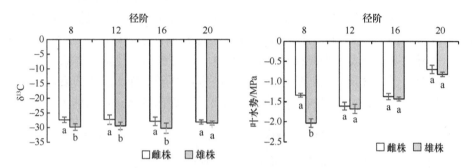

图 4-10　同一径阶下异形叶水分生理特性雌雄株间的比较

同一径阶不同小写字母表示雌雄株间差异显著（$P<0.05$）

图 4-11 显示，胡杨同一径阶同一树高下雌雄株间相比，在各径阶最高冠层处的异形叶叶水势雌雄株间存在显著性差异，均表现为雌株显著大于雄株，说明在最高冠层处雄株水分亏缺更加严重，较雌株而言，雄株表现出更强的吸水能力。与雄株相比，在 8

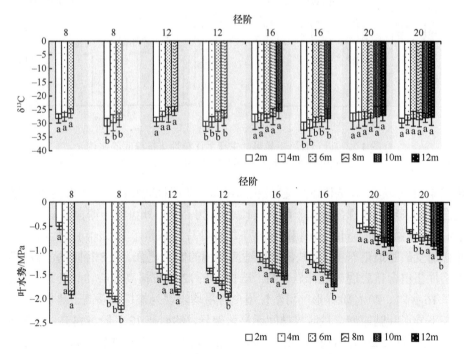

图 4-11　同一径阶同一树高下异形叶水分生理特性雌雄株间的比较

同一径阶同一树高不同小写字母表示雌雄株间差异显著（$P<0.05$）

径阶、12 径阶、16 径阶同一树高下雌株异形叶 $\delta^{13}C$ 更大，在 20 径阶，异形叶 $\delta^{13}C$ 在雌雄株间无显著差异。说明同一树高下雌株和雄株的水分利用效率存在显著差异。

上述结果表明，在同一径阶或同一径阶相同树高下胡杨雄株比雌株对水分亏缺更加敏感，表现出更强的吸水能力，但水分利用效率较低。

4.3.5.3 异形叶生理生化特性的雌雄比较

图 4-12 显示，胡杨同一径阶下雌雄株间相比，异形叶的可溶性糖含量、可溶性蛋白含量及丙二醛含量在雌雄株间差异显著，均表现为雄株显著高于雌株。异形叶脯氨酸含量在 8 径阶、16 径阶雌雄株间差异不显著，但雄株略高于雌株，在 12 径阶、20 径阶雌雄株间差异显著，均表现为雄株显著高于雌株。说明在同一径阶下雄株异形叶可溶性糖含量、可溶性蛋白含量、脯氨酸含量及丙二醛含量高于雌株。上述结果表明，胡杨雄株相比于雌株在同一径阶下具有更多的渗透物质，表现出的渗透调节能力更强。

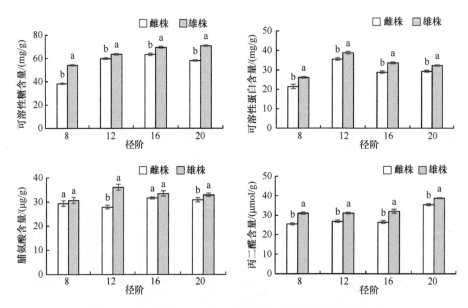

图 4-12　同一径阶下异形叶生理生化特性雌雄株间的比较
同一径阶不同小写字母表示雌雄株间差异显著（$P<0.05$）

由图 4-13 可以看出，胡杨同一径阶相同树高下雌雄株间相比，异形叶可溶性糖含量、丙二醛含量均表现为雄株显著高于雌株（12 径阶树高 2m 处可溶性糖含量、16 径阶树高 2m 处丙二醛含量除外）。说明在相同树高下雄株叶片内积累了更多的可溶性糖和丙二醛，表明雄株遭受的胁迫更严重，反映出雄株适应逆境的能力更强。在 8 径阶同一树高下异形叶的可溶性蛋白含量表现为雌株显著高于雄株，在 12 径阶树高 6m、8m 处雄株显著大于雌株，在 16 径阶、20 径阶异形叶可溶性蛋白含量均表现为雄株显著高于雌株。在 8 径阶同一树高下异形叶脯氨酸含量雌雄株间无显著差异，然而在 12 径阶各树高，16 径阶树高 8m、10m 处，以及 20 径阶树高 8m、10m、12m 处均表现为雄株显著高于雌株。说明异形叶可溶性蛋白含量和脯氨酸含量雌雄株间差异受径阶和树高的影响。

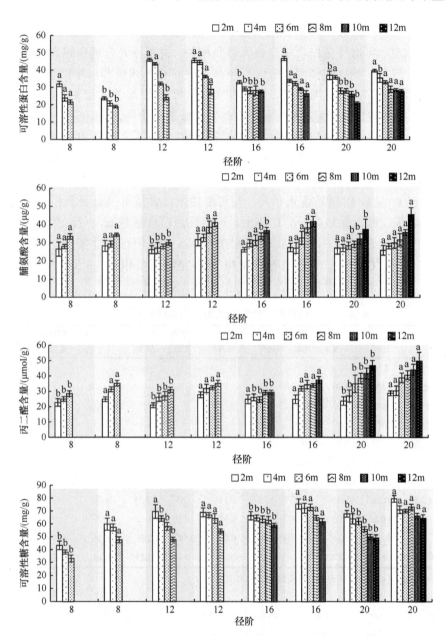

图 4-13　同一径阶同一树高下异形叶生理生化特性雌雄间的比较

同一径阶同一树高不同小写字母表示雌雄株间差异显著（$P<0.05$）

综合分析可知，在同一径阶或同一径阶相同树高下胡杨异形叶可溶性糖含量、丙二醛含量在雌雄株间差异明显，雄株比雌株具有更高的可溶性糖含量、丙二醛含量，这表明胡杨雄株比雌株表现出更强的渗透调节能力。

4.3.6　雌雄株异形叶功能性状间的关系

胡杨雌株异形叶功能性状指标间的相关性见表 4-15。从表 4-15 可以看出，净光合速率与气孔导度、蒸腾速率、脯氨酸含量、丙二醛含量、$\delta^{13}C$ 呈显著/极显著正相关，与胞间 CO_2 浓度、可溶性蛋白含量呈极显著负相关，说明净光合速率越高，气孔导度越大，蒸腾速率越大，脯氨酸和丙二醛含量越高，胞间 CO_2 浓度和可溶性蛋白含量越低。气孔导度与蒸腾速率、脯氨酸含量、丙二醛含量呈显著/极显著正相关；胞间 CO_2 浓度与蒸腾速率、脯氨酸含量、丙二醛含量、$\delta^{13}C$ 呈极显著负相关，说明胞间 CO_2 浓度越高，蒸腾速率越小，脯氨酸含量和丙二醛含量越低，$\delta^{13}C$ 越小。蒸腾速率与脯氨酸含量、丙二醛含量、$\delta^{13}C$ 呈极显著正相关，与可溶性蛋白含量呈极显著负相关。瞬时水分利用效率与叶水势呈显著正相关，说明瞬时水分利用效率越高，叶水势越大。脯氨酸含量与丙二醛含量、$\delta^{13}C$ 呈显著/极显著正相关，与可溶性蛋白含量呈极显著负相关，说明脯氨酸含量越高，丙二醛含量越高，$\delta^{13}C$ 越大，可溶性蛋白含量越低。可溶性蛋白含量与可溶性糖含量呈极显著正相关，与 $\delta^{13}C$ 呈显著负相关，说明可溶性蛋白含量越高，可溶性糖含量越高，$\delta^{13}C$ 越小。可溶性糖含量与 $\delta^{13}C$ 呈显著负相关，$\delta^{13}C$ 与叶水势呈极显著负相关，说明可溶性糖含量越高，$\delta^{13}C$ 越小，叶水势越高。

表 4-15　雌株异形叶功能性状指标间的相关性（$n=54$）

指标	净光合速率	气孔导度	胞间 CO_2 浓度	蒸腾速率	瞬时水分利用效率	脯氨酸含量	丙二醛含量	可溶性蛋白含量	可溶性糖含量	$\delta^{13}C$	叶水势
净光合速率	1.00										
气孔导度	0.89**	1.00									
胞间 CO_2 浓度	−0.82**	−0.70**	1.00								
蒸腾速率	0.97**	0.85**	−0.85**	1.00							
瞬时水分利用效率	0.33	0.31	−0.25	0.15	1.00						
脯氨酸含量	0.86**	0.89**	−0.82**	0.87**	0.13	1.00					
丙二醛含量	0.67**	0.52*	−0.78**	0.65**	0.37	0.57*	1.00				
可溶性蛋白含量	−0.68**	−0.48*	0.57*	−0.74**	0.14	−0.65**	−0.38	1.00			
可溶性糖含量	−0.20	0.06	0.35	−0.3	0.37	−0.30	−0.21	0.68**	1.00		
$\delta^{13}C$	0.54*	0.36	−0.80**	0.65**	0.00	0.58**	0.41	−0.56*	−0.56*	1.00	
叶水势	0.18	0.17	0.15	−0.02	0.57*	−0.10	0.23	0.14	0.43	−0.59**	1.00

*表示差异显著（$P<0.05$）；**表示差异极显著（$P<0.01$）。

胡杨雄株异形叶功能性状指标间相关性分析（表 4-16）表明，净光合速率与气孔导度、蒸腾速率、瞬时水分利用效率、脯氨酸含量、丙二醛含量、$\delta^{13}C$ 呈显著/极显著正相关，与胞间 CO_2 浓度、可溶性蛋白含量呈显著/极显著负相关。说明净光合速率越高，气孔导度越大，蒸腾速率越大，瞬时水分利用效率越高，脯氨酸含量和丙二醛含量越高，胞间 CO_2 浓度和可溶性蛋白含量越低。气孔导度与蒸腾速率、脯氨酸含量、丙二醛含量、$\delta^{13}C$ 呈显著/极显著正相关；胞间 CO_2 浓度与蒸腾速率、脯氨酸含量、丙二醛含量、$\delta^{13}C$ 呈极显著负相关，与可溶性蛋白含量、可溶性糖含量呈显著/极显著正相关，说明胞间 CO_2 浓度越高，蒸腾速率越小，脯氨酸含量和丙二醛含量越低，$\delta^{13}C$ 越小，可溶性糖含量和可溶性蛋白含量越高。蒸腾速率与脯氨酸含量、丙二醛含量、$\delta^{13}C$ 呈极显著正相关，与可溶性蛋白含量呈显著负相关。瞬时水分利用效率与可溶性蛋白含量呈显著负相关，说明瞬时水分利用效率越高，可溶性蛋白含量越低。脯氨酸含量与丙二醛含量、$\delta^{13}C$ 呈显著/极显著正相关，与可溶性糖含量呈显著负相关，说明脯氨酸含量越高，丙二醛含量越高，$\delta^{13}C$ 越大，可溶性糖含量越低。可溶性蛋白含量与可溶性糖含量呈极显著正相关，与 $\delta^{13}C$ 呈显著负相关。可溶性糖含量与叶水势呈极显著正相关，说明可溶性糖含量越高，叶水势越高。

表 4-16　雄株异形叶功能性状指标间的相关性（n=54）

指标	净光合速率	气孔导度	胞间 CO_2 浓度	蒸腾速率	瞬时水分利用效率	脯氨酸含量	丙二醛含量	可溶性蛋白含量	可溶性糖含量	$\delta^{13}C$	叶水势
净光合速率	1.00										
气孔导度	0.85**	1.00									
胞间 CO_2 浓度	−0.81**	−0.57*	1.00								
蒸腾速率	0.93**	0.85**	−0.82**	1.00							
瞬时水分利用效率	0.51*	0.42	−0.13	0.22	1.00						
脯氨酸含量	0.83**	0.67**	−0.90**	0.82**	0.14	1.00					
丙二醛含量	0.74**	0.78**	−0.61**	0.74**	0.45	0.52*	1.00				
可溶性蛋白含量	−0.52*	−0.30	0.51*	−0.48*	−0.48*	−0.32	−0.52*	1.00			
可溶性糖含量	−0.33	0.02	0.58**	−0.32	−0.04	−0.47*	−0.09	0.70**	1.00		
$\delta^{13}C$	0.72**	0.47*	−0.77**	0.66**	0.38	0.65**	0.72**	−0.48*	−0.34	1.00	
叶水势	−0.10	0.17	0.32	−0.11	0.16	−0.30	0.30	0.42	0.83**	0.10	1.00

*表示差异显著（$P<0.05$）；**表示差异极显著（$P<0.01$）。

结果表明，胡杨雌雄株异形叶功能性状间的相关性绝大多数达显著/极显著水平，且异形叶功能性状间的关系存在雌雄差异。

4.4　异形叶化学计量性状随径阶和树高变化的雌雄差异

4.4.1　异形叶化学计量性状随径阶变化的雌雄差异

图 4-14 显示，随径阶的增加，胡杨雌雄株异形叶有机碳含量、全氮含量均呈增加趋势，且均表现为 20 径阶显著大于其余径阶。雌雄株异形叶的全磷含量均呈下降趋势，其中，雌株叶片的全磷含量表现为 8 径阶显著大于 16 径阶、20 径阶，雄株叶片的全磷含量在各径阶间无显著差异，这表明随径阶的增加雌株叶片的全磷含量逐渐减少，而雄株叶片全磷含量无显著差异。此外，雌雄株异形叶的全钾含量随径阶的增加均呈先增加后减少再增加的趋势，且雌株在各径阶间差异显著，雄株 12 径阶与 16 径阶差异显著。说明在不同径阶中雌雄株异形叶有机碳含量、全氮含量、全磷含量、全钾含量均发生了变化。

4.4.2　异形叶化学计量性状随树高变化的雌雄差异

随着树高的增加，胡杨各径阶雌雄株异形叶全氮含量、全磷含量均呈逐渐增加趋势，全钾含量呈逐渐减小趋势（图 4-15）。方差分析表明，同一径阶下不同树高间相比较，

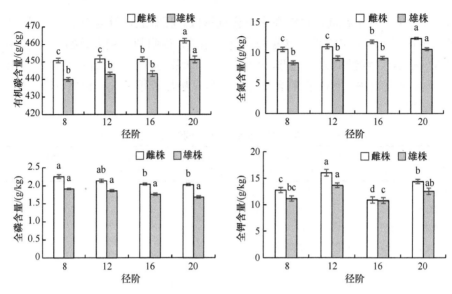

图 4-14 雌雄株异形叶养分含量随径阶的变化规律
雌株或雄株不含相同小写字母表示不同径阶间差异显著（$P<0.05$）

雌雄株异形叶有机碳含量、全氮含量、全磷含量及全钾含量均在树高 2m 处与最高冠层处差异显著，均表现为异形叶全氮含量、全磷含量（8 径阶、12 径阶除外）在最高冠层处显著大于树高 2m 处，全钾含量显著小于树高 2m 处，说明最高冠层处的叶片全氮含量、全磷含量较多，而全钾含量较少。

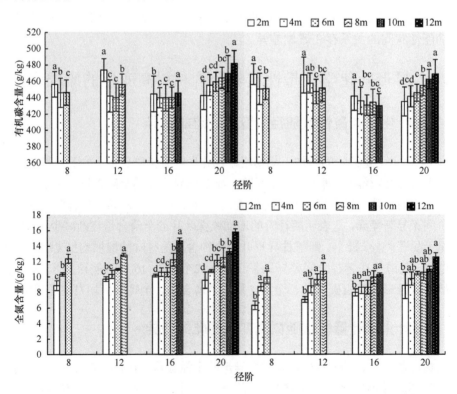

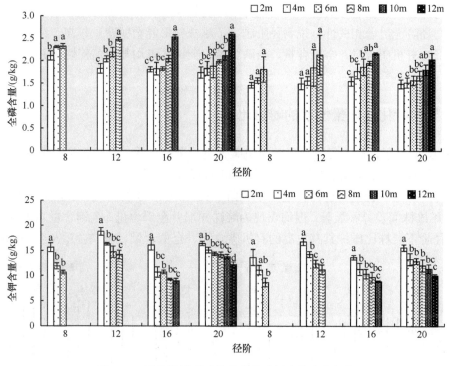

图 4-15　雌雄株异形叶养分含量随树高的变化规律

雄株或雌株同一径阶不含相同小写字母表示不同树高间差异显著（$P<0.05$）

结果表明，随树高的增加，雌株与雄株异形叶全氮含量、全磷含量及全钾含量变化趋势基本一致，表现为总体上全氮含量、全磷含量显著增加，全钾含量显著减少。

4.4.3　异形叶化学计量性状与径阶和树高的关系

胡杨雌雄株异形叶化学计量性状指标与径阶和树高的相关性见表 4-17。雌雄株异形叶有机碳含量、全氮含量、全磷含量均与树高呈极显著正相关，全钾含量与树高呈显著/极显著负相关，说明树高越高，异形叶有机碳含量、全氮含量、全磷含量越高，全钾含量越低。

表 4-17　雌雄株异形叶化学计量性状指标与径阶和树高的相关性（$n=54$）

样株	影响因子	有机碳含量	全氮含量	全磷含量	全钾含量
雌株	径阶	0.33	0.39	−0.30	−0.01
	树高	0.93**	0.96**	0.70**	−0.56*
雄株	径阶	0.39	0.53*	0.08	0.05
	树高	0.96**	0.88**	0.82**	−0.72**

*表示差异显著（$P<0.05$）；**表示差异极显著（$P<0.01$）。

此外，胡杨雄株异形叶全氮含量与径阶呈显著正相关，有机碳含量、全磷含量、全钾含量均与径阶无显著相关性。而雌株异形叶有机碳含量、全氮含量、全磷含量、全钾含量均与径阶无显著相关性，说明径阶越大，雄株异形叶全氮含量越高。结果表明，雌雄株异形叶有机碳含量、全氮含量、全磷含量、全钾含量均与树高密切相关，与径阶的相关性存在雌雄差异。

4.4.4 异形叶化学计量性状的雌雄比较

图 4-16 显示，同一径阶异形叶有机碳含量、全氮含量、全磷含量、全钾含量在胡杨雌雄间存在显著差异，表现为雌株异形叶的有机碳含量、全氮含量均显著高于雄株。此外，异形叶全磷含量、全钾含量在 8 径阶、12 径阶、20 径阶雌雄株间差异显著，在 16 径阶雌雄株间差异不显著，但均表现为雌株异形叶全磷含量、全钾含量高于雄株。说明同一径阶下雌株比雄株具有更高的有机碳含量、全氮含量、全磷含量及全钾含量。

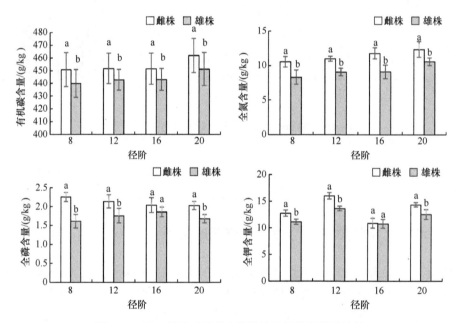

图 4-16　同一径阶下异形叶化学计量性状的雌雄比较
同一径阶不同小写字母表示雌雄株间差异显著（$P<0.05$）

胡杨同一树高下雌雄株间相比，表现为雌株异形叶全氮含量、全磷含量（16 径阶树高 6m、8m 除外）、全钾含量（16 径阶树高 2m，20 径阶树高 2m、4m、6m、10m、12m 除外）显著大于雄株（图 4-17）。异形叶有机碳含量在最高冠层处雌雄株间差异显著，表现为雌株显著大于雄株，在各径阶树高 2m、4m 处雌雄株间无显著差异。

4.4.5 异形叶化学计量性状指标间的关系

由表 4-18 可知，胡杨雌株异形叶有机碳含量与全氮含量、全磷含量呈极显著正相

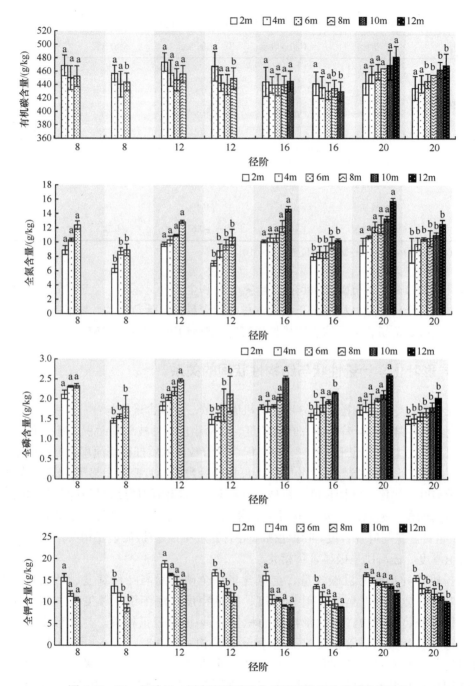

图 4-17　同一径阶同一树高下异形叶化学计量性状的雌雄株间比较

同一径阶同一树高不同小写字母表示雌雄株间差异显著（$P < 0.05$）

关，说明有机碳含量越高，全氮含量和全磷含量越高。异形叶全氮含量与全磷含量呈极显著正相关，与全钾含量呈显著负相关，说明全氮含量越高，全磷含量越高，全钾含量越低。异形叶有机碳含量、全磷含量与全钾含量无显著相关性。

胡杨雄株异形叶有机碳含量与全氮含量、全磷含量呈极显著正相关，与全钾含量呈

表 4-18 雌雄株异形叶化学计量性状指标间的相关性（*n*=54）

样株	指标	有机碳含量	全氮含量	全磷含量	全钾含量
	有机碳含量	1.00			
雌株	全氮含量	0.96**	1.00		
	全磷含量	0.72**	0.70**	1.00	
	全钾含量	−0.42	−0.53*	−0.45	1.00
	有机碳含量	1.00			
雄株	全氮含量	0.93**	1.00		
	全磷含量	0.71**	0.64**	1.00	
	全钾含量	−0.64**	−0.57*	−0.78**	1.00

*表示差异显著（*P*<0.05）；**表示差异极显著（*P*<0.01）。

极显著负相关，说明有机碳含量越高，全氮含量和全磷含量越高，全钾含量越低。异形叶全氮含量与全磷含量呈极显著正相关，与全钾含量呈显著负相关。异形叶全磷含量与全钾含量呈极显著负相关。这表明雄株异形叶化学计量性状指标间密切相关。

4.4.6 异形叶化学计量性状与结构性状间的关系

由表 4-19 可知，胡杨雌株异形叶有机碳含量、全氮含量均与叶片宽度、叶面积、叶片厚度、叶片鲜重、叶片干重、叶柄长度、叶柄粗度、每枝总叶面积、栅栏组织厚度、海绵组织厚度、主脉木质部厚度、导管面积、导管数、木质部横切面积、栅海比呈显著/极显著正相关，与叶形指数、比叶面积、每枝叶片数、导管密度呈显著/极显著负相关；全磷含量与叶片厚度、叶柄长度、每枝总叶面积、海绵组织厚度、导管面积、导管数、木质部横切面积、栅海比呈显著/极显著正相关，与叶片长度、导管密度呈显著/极显著负相关；全钾含量与叶片长度、叶形指数、导管密度呈显著/极显著正相关，与叶片厚度、海绵组织厚度、栅海比呈极显著负相关。

胡杨雄株异形叶有机碳含量、全氮含量、全磷含量与叶片宽度、叶面积、叶片厚度、叶片干重、叶片鲜重、叶柄长度、叶柄粗度、海绵组织厚度、主脉木质部厚度、导管面积、导管数、木质部横切面积呈显著/极显著正相关，与叶形指数、比叶面积、每枝叶片数、导管密度呈显著/极显著负相关。同时，异形叶有机碳含量、全氮含量还与每枝总叶面积呈极显著正相关，全磷含量与栅海比呈极显著正相关。异形叶全钾含量与叶片长度、叶形指数、比叶面积呈显著/极显著正相关，与叶片宽度、叶面积、叶片厚度、叶片鲜重、叶柄长度、叶柄粗度、栅栏组织厚度、海绵组织厚度、主脉木质部厚度、导管面积、导管数、木质部横切面积、栅海比呈显著/极显著负相关。上述结果表明，胡杨雌雄株异形叶化学计量性状指标与结构性状指标有着密切联系，这种相互关系存在雌雄差异。

表 4-19　雌雄株异形叶化学计量性状指标与结构性状指标间的相关性（*n*=54）

样株	指标	有机碳含量	全氮含量	全磷含量	全钾含量
雌株	叶片长度	−0.30	−0.38	−0.49*	0.88**
	叶片宽度	0.70**	0.56*	0.32	−0.25
	叶形指数	−0.69**	−0.59**	−0.40	0.62**
	叶面积	0.82**	0.72**	0.33	−0.12
	比叶面积	−0.85**	−0.84**	−0.44	0.36
	叶片厚度	0.80**	0.83**	0.59**	−0.67**
	叶片干重	0.78**	0.70**	0.23	−0.15
	叶片鲜重	0.83**	0.71**	0.39	−0.06
	叶柄长度	0.80**	0.67**	0.53*	−0.03
	叶柄粗度	0.78**	0.68**	0.29	−0.03
	每枝叶片数	−0.74**	−0.68**	−0.25	0.34
	每枝总叶面积	0.78**	0.66**	0.85**	−0.22
	栅栏组织厚度	0.66**	0.56*	0.27	−0.24
	海绵组织厚度	0.84**	0.83**	0.69**	−0.61**
	主脉木质部厚度	0.82**	0.81**	0.34	−0.30
	导管面积	0.87**	0.83**	0.57*	−0.16
	导管数	0.83**	0.86**	0.55*	−0.26
	木质部横切面积	0.88**	0.92**	0.70**	−0.35
	栅海比	0.77**	0.77**	0.71**	−0.78**
	导管密度	−0.56*	−0.61**	−0.73**	0.46*
雄株	叶片长度	−0.18	−0.08	−0.39	0.61**
	叶片宽度	0.74**	0.77**	0.47*	−0.52*
	叶形指数	−0.78**	−0.79**	−0.62**	0.78**
	叶面积	0.84**	0.89**	0.55*	−0.49*
	比叶面积	−0.86**	−0.90**	−0.54*	0.48*
	叶片厚度	0.76**	0.64**	0.64**	−0.84**
	叶片干重	0.87**	0.91**	0.47*	−0.36
	叶片鲜重	0.82**	0.88**	0.55*	−0.55*
	叶柄长度	0.83**	0.86**	0.66**	−0.53*
	叶柄粗度	0.88**	0.87**	0.75**	−0.57*
	每枝叶片数	−0.81**	−0.91**	−0.57*	0.37
	每枝总叶面积	0.78**	0.74**	0.27	−0.45
	栅栏组织厚度	0.10	0.09	0.36	−0.48*
	海绵组织厚度	0.62**	0.52*	0.71**	−0.86**
	主脉木质部厚度	0.58**	0.52*	0.91**	−0.65**
	导管面积	0.78**	0.67**	0.75**	−0.49*
	导管数	0.70**	0.54*	0.72**	−0.63**
	木质部横切面积	0.88**	0.79**	0.73**	−0.50*
	栅海比	0.31	0.17	0.63**	−0.63**
	导管密度	−0.73**	−0.67**	−0.54*	0.38

*表示差异显著（*P*＜0.05）；**表示差异极显著（*P*＜0.01）。

4.4.7 异形叶化学计量性状与功能性状间的关系

胡杨雌雄株异形叶化学计量性状指标与功能性状指标之间的相关性（表4-20）表明，雌雄株异形叶有机碳含量、全氮含量、全磷含量均与净光合速率、蒸腾速率、脯氨酸含量、丙二醛含量、$\delta^{13}C$呈显著/极显著正相关，与胞间CO_2浓度呈极显著负相关；同时，异形叶有机碳含量、全氮含量与气孔导度呈极显著正相关；全钾含量与净光合速率、气孔导度、蒸腾速率、脯氨酸含量、$\delta^{13}C$呈显著/极显著负相关，与可溶性蛋白含量呈极显著正相关。有机碳含量、全氮含量、全磷含量、全钾含量与瞬时水分利用效率无显著相关性。

表 4-20　雌雄株异形叶化学计量性状指标与功能性状指标间的相关性（$n=54$）

样株	指标	净光合速率	气孔导度	胞间CO_2浓度	蒸腾速率	瞬时水分利用效率	脯氨酸含量	丙二醛含量	可溶性蛋白含量	可溶性糖含量	$\delta^{13}C$	叶水势
雌株	有机碳含量	0.87**	0.68**	−0.93**	0.89**	0.24	0.80**	0.82**	−0.67**	−0.42	0.69**	0.05
	全氮含量	0.92**	0.82**	−0.94**	0.93**	0.21	0.90**	0.78**	−0.65**	−0.27	0.65**	0.03
	全磷含量	0.54*	0.44	−0.83**	0.63**	−0.08	0.71**	0.48*	−0.63**	−0.68**	0.88**	−0.52*
	全钾含量	−0.66**	−0.64**	0.43	−0.72**	0.17	−0.69**	−0.02	0.70**	0.28	−0.50*	0.30
雄株	有机碳含量	0.81**	0.73**	−0.84**	0.82**	0.28	0.78**	0.88**	−0.43	−0.29	0.82**	0.09
	全氮含量	0.76**	0.66**	−0.75**	0.76**	0.29	0.67**	0.86**	−0.34	−0.15	0.84**	0.25
	全磷含量	0.91**	0.74**	−0.82**	0.92**	0.21	0.87**	0.53*	−0.41	−0.40	0.54*	−0.31
	全钾含量	−0.79**	−0.65**	0.66**	−0.81**	−0.37	−0.58**	−0.64**	0.75**	0.54*	−0.48*	0.39

*表示差异显著（$P<0.05$）；**表示差异极显著（$P<0.01$）。

此外，雌株异形叶有机碳含量、全氮含量、全磷含量与可溶性蛋白含量呈极显著负相关，全磷含量与可溶性糖含量、叶水势呈显著/极显著负相关，与气孔导度无显著相关性。而雄株异形叶有机碳含量、全氮含量、全磷含量与可溶性蛋白含量无显著相关性，全磷含量与气孔导度呈极显著正相关，全钾含量与胞间CO_2浓度、可溶性糖含量呈显著/极显著正相关，与丙二醛含量呈极显著负相关。结果表明，胡杨雌雄株异形叶化学计量性状指标与功能性状指标之间有着密切联系，这种关系在雌雄间有差异。

4.5　异形叶结构功能性状网络的雌雄比较

4.5.1　雌雄株叶性状网络的总体特征

对雌株和雄株胡杨叶片性状分别进行相关性分析，构建了胡杨雌株和雄株异形叶叶性状网络（图 4-18），通过对比雌雄株的叶片性状网络发现，雌雄株叶片性状网络整体参数（平均路径长度、边密度、直径、聚类系数、模块度）存在显著差异，大多数性状之间都是正相关关系，仅有解剖性状和水力性状与其他性状呈负相关关系。胡杨雄株叶性状网络直径（1.35）、边密度（0.49）、聚类系数（0.73）显著高于雌株（直径1.22、边密度 0.39、聚类系数 0.61），平均路径长度（0.63）和模块度（0.08）显著低于雌株（平均路径长度 0.64、模块度 0.14）。表明胡杨雄株叶片对环境资源的利用能力更强，雄株更倾向于协调性状间的关系，以适应环境。

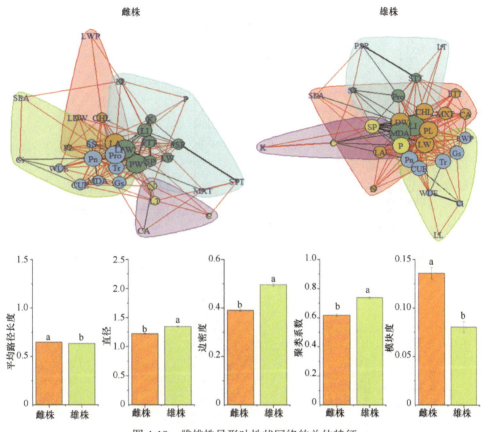

图 4-18　雌雄株异形叶性状网络的总体特征

LA：叶面积；LL：叶片长度；LT：叶片厚度；LDW：叶片干重；SLA：比叶面积；CA（VA）：导管面积；Pn（P_n）：净光合速率；Tr（T_r）：蒸腾速率；Ci（C_i）：胞间 CO_2 浓度；Gs（G_s）：气孔导度；LWP：叶水势；WUE（WUE_i）：瞬时水分利用效率；Pro：脯氨酸含量；MDA：丙二醛含量；SS：可溶性糖含量；SP：可溶性蛋白含量；CHL：叶绿素含量；PL：叶柄长度；PW：叶柄粗度；LFW：叶片鲜重；FTT（PT）：栅栏组织厚度；STT（ST）：海绵组织厚度；LI：叶形指数；CUE：碳利用效率；C：有机碳含量；N：全氮含量；P：全磷含量；K：全钾含量；LW：叶片宽度；PSR：栅海比；MXT：主脉木质部厚度，本章下同

不同性状在叶片性状网络中的作用是通过网络参数确定的。不同的叶性状在网络中具有不同的重要性。雌株一些叶性状，如叶片鲜重、叶柄粗度，在叶性状网络中表现出较高的度；叶面积在干旱环境下的叶性状网络中表现出较高的介数（图 4-19）。雄株丙二醛含量、叶形指数等叶性状在叶性状网络中表现出较高的度；丙二醛含量在雄株叶性状网络中表现出较高的介数。

4.5.1.1　雌雄株不同发育阶段叶性状网络特征参数的特征

对比胡杨雌雄株不同发育阶段叶性状的网络参数差异（图 4-20）发现，在 8 径阶，雌株的边密度和聚类系数显著大于雄株；在 12 径阶，雌株的平均路径长度、直径和模

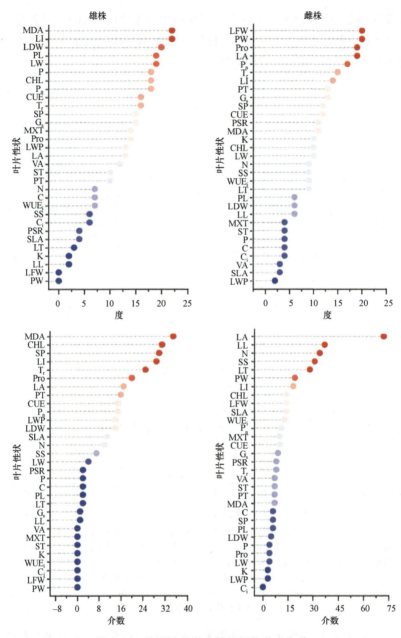

图 4-19 雌雄株异形叶性状网络节点参数

块度显著大于雄株，而雄株的边密度和聚类系数显著大于雌株；在 16 径阶，雄株的边密度显著大于雌株，而模块度则相反，雌株显著大于雄株；在 20 径阶，雄株的边密度和聚类系数显著大于雌株。结果表明，胡杨不同发育阶段叶性状的网络参数在雌雄株间存在显著差异，雌雄株叶性状网络在 12 径阶和 16 径阶差异较为明显。

胡杨雌雄株不同发育阶段的叶性状网络参数表现出显著差异（图 4-20）。雄株的平均路径长度和直径随着径阶的增加呈现先增大后减小的趋势，分别在 12 径阶和 16 径阶达到最大值，在 20 径阶达到最小值且显著低于其他发育阶段；边密度和聚类系数的变

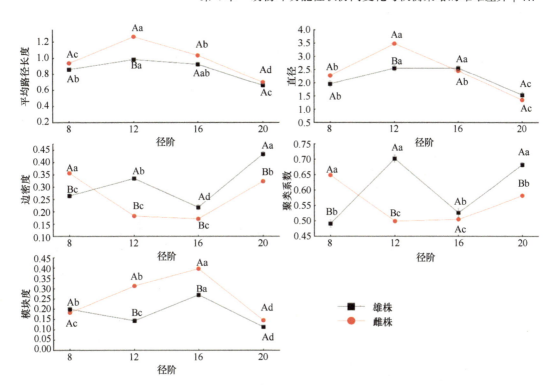

图 4-20　雌雄株不同发育阶段异形叶性状网络的特征差异

不同大写字母表示雌雄株同一发育阶段间差异显著（$P<0.05$）；不含相同小写字母表示雌株或雄株不同
发育阶段间差异显著（$P<0.05$）

化趋势较为一致，表现为先增大后减小再增大的趋势，20 径阶的边密度显著大于其他发育阶段，而 12 径阶的聚类系数最大，显著大于 8 径阶和 16 径阶；模块度则表现出先减小后增大再减小的趋势，在 16 径阶达到最大值，并显著高于其他发育阶段。

　　雌株的平均路径长度、直径和模块度表现为先增大后减小的趋势，其中平均路径长度和直径在 12 径阶达到最大值，模块度在 16 径阶最大，均显著大于其他发育阶段，并在 20 径阶达到最小值。同时，雌株的边密度和聚类系数表现为先减小后增大的趋势，均在 8 径阶达到最大值，显著大于其他发育阶段。

　　整体来看，胡杨雌雄株在不同发育阶段的叶网络参数变化趋势存在明显差异，体现出性别与发育阶段对叶性状网络结构的共同影响。

4.5.1.2　胡杨雌雄株不同发育阶段叶性状网络特征节点参数的差异

　　雌雄株不同发育阶段的中心性状不同（图 4-21），调控网络的作用也不同，性状在网络中具有不同的重要性。拥有较高的介数是连接功能模块的"桥梁"或"中介"，环境对该性状的筛选能够很大程度地影响多个功能模块间的协调关系。

　　雄株在 8 径阶和 16 径阶的叶水势拥有最高的度，渗透调节物质（脯氨酸和丙二醛）的含量的度也较高；12 径阶的叶水势、脯氨酸含量、丙二醛含量、叶柄长度有较高的度；20 径阶的丙二醛含量和叶形指数拥有较高的度。雄株在 8 径阶时净光合速率拥有最高的介数，脯氨酸含量也拥有较高的介数；12 径阶的碳利用效率的介数最高；16 径阶的全

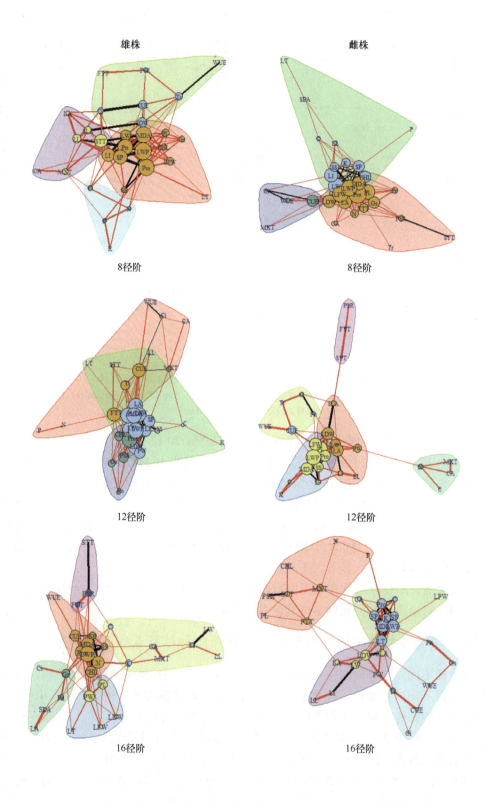

雄株

8径阶

雌株

8径阶

12径阶

12径阶

16径阶

16径阶

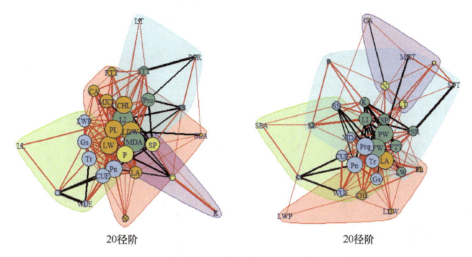

20径阶　　　　　　　　　　　　　20径阶

图 4-21　雌雄株不同发育阶段异形叶性状网络图

钾含量拥有最高的介数；20 径阶的丙二醛含量介数最高，叶绿素含量和可溶性蛋白含量也拥有较高的介数（图 4-22）。

　　雌株 8 径阶的脯氨酸含量拥有最高的度，叶水势和叶片鲜重的度也较高；12 径阶的叶水势和叶柄长度有较高的度；16 径阶的叶水势和丙二醛含量的度较高；20 径阶的叶片鲜重和叶柄粗度拥有较高的度。雌株在 8 径阶时可溶性蛋白含量和有机碳含量拥有较高的介数；12 径阶的叶面积的介数最高；16 径阶的叶片干重和栅栏组织厚度拥有较高的介数；20 径阶的叶面积介数最高（图 4-23）。

4.5.2　雌雄株叶性状网络特征随树高的变化规律

4.5.2.1　雄株不同发育阶段随树高变化的叶性状网络特征

　　对胡杨雄株各发育阶段不同树高处叶性状构建的异形叶性状网络分析结果显示，同一径阶下，不同树高的网络参数存在显著差异（图 4-24）。在 8 径阶，树高 2m 处的聚类系数显著低于树高 4m 和 6m，而平均路径长度、直径、边密度和模块度在不同树高处未表现出显著差异。在 12 径阶，平均路径长度和直径随树高的增加呈现先增大后减小的趋势，在树高 2m 处最小，显著小于树高 6m；边密度和聚类系数则表现为先减小后增大的趋势，在树高 6m 处最小，显著小于树高 2m 和 8m，而模块度在树高 8m 处最大，显著大于树高 2m 和 6m。在 16 径阶，平均路径长度和直径同样呈现先增大后减小的趋势，在树高 6m 处最大，显著大于其他树高；聚类系数则在树高 6m 处最小，显著小于其他树高；边密度表现为增大的趋势，在树高 10m 处达到最大值，显著大于其他树高；模块度则表现为减小的趋势，在树高 2m 处最大，显著大于其他树高。在 20 径阶，平均路径长度和直径呈先增大后减小的趋势，在树高 6m 处最大，显著大于其他树高，而树高 12m 处最小；边密度呈 "M" 形变化趋势，在树高 2m 处最小；模块度在树高 6m 处最小，显著小于其他树高（树高 4m 除外）；聚类系数则呈先增大后减小再增大的趋势，

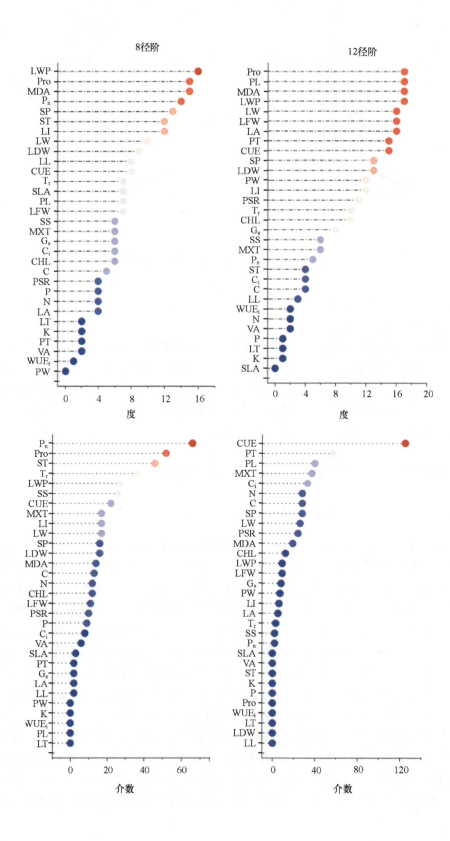

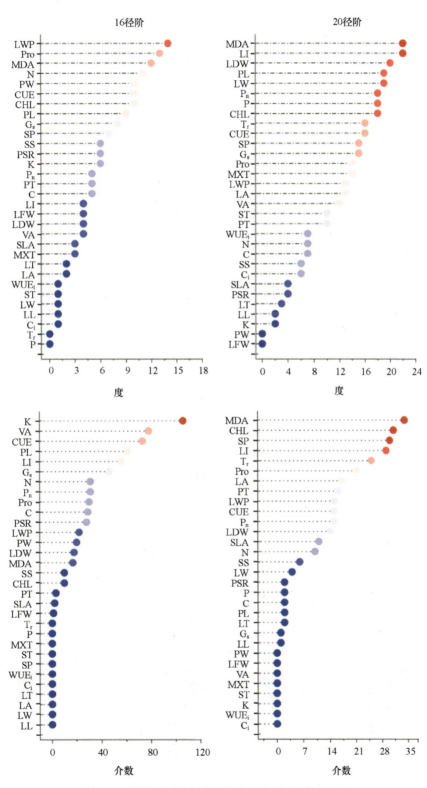

图 4-22　雄株不同发育阶段异形叶性状网络节点参数

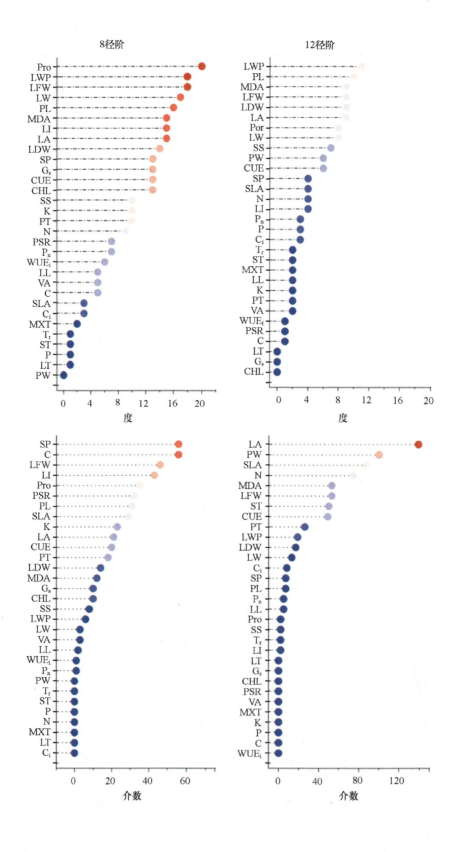

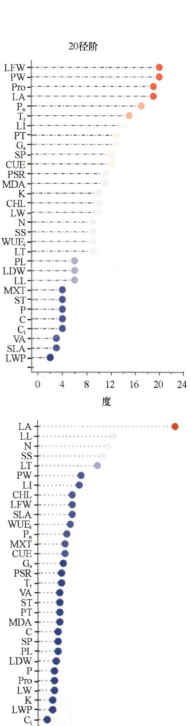

图 4-23 雌株不同发育阶段异形叶性状网络节点参数

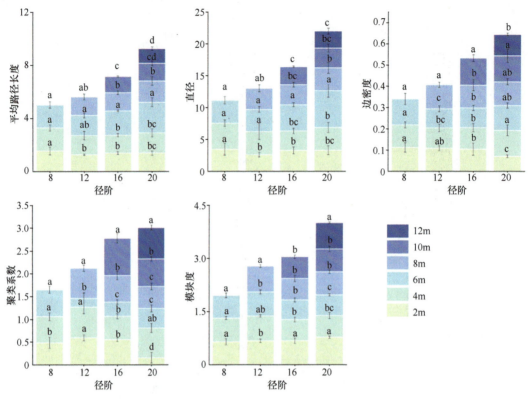

图 4-24　雄株随树高增加的异形叶性状网络参数的差异

不含相同小写字母表示同一径阶不同树高间差异显著（$P<0.05$）。图例为树高

在树高 12m 处达到最大值，显著大于树高 2m、6m、8m 和 10m。整体来看，径阶和树高显著影响胡杨雄株叶性状的网络参数。12 径阶、16 径阶、20 径阶胡杨随树高增加，各树高处对于资源利用的能力较为相似，随树高增加呈先减小后增大趋势，底层和顶层树高处的资源利用能力更强，网络拓扑结构更复杂（图 4-25～图 4-28），功能模块更多具有较灵活的资源整合和利用优势。

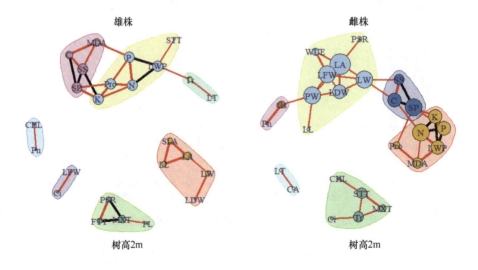

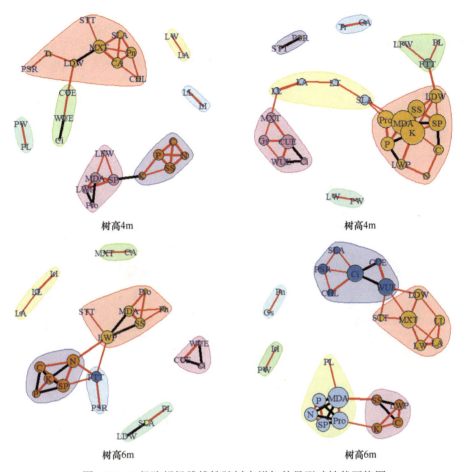

树高4m　　树高4m

树高6m　　树高6m

图 4-25　8 径阶胡杨雌雄株随树高增加的异形叶性状网络图

4.5.2.2　雌株不同发育阶段随树高变化的叶性状网络特征

胡杨雌株各发育阶段不同树高处叶性状的网络分析结果显示，不同径阶下，不同树高的网络参数存在显著差异（图 4-29）。在 8 径阶，平均路径长度和直径在树高 4m 处

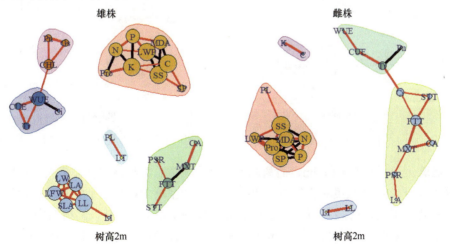

雄株　　雌株

树高2m　　树高2m

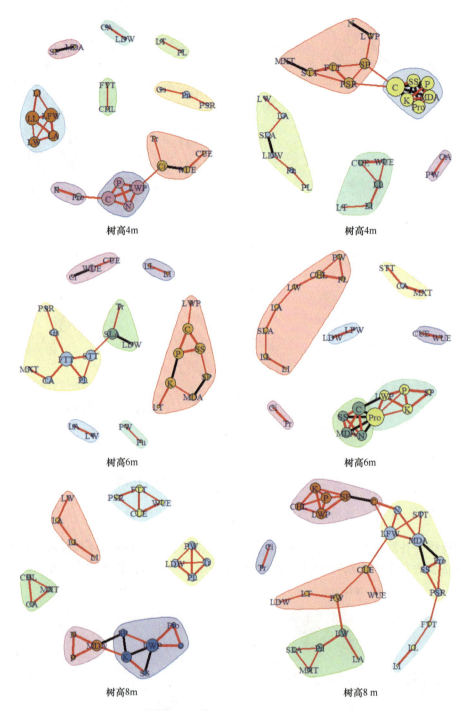

树高4m 树高4m

树高6m 树高6m

树高8m 树高8 m

图 4-26 12 径阶胡杨雌雄株随树高增加的异形叶性状网络图

最大，显著大于树高 2m 和 6m，而树高 6m 处的聚类系数和模块度显著大于树高 2m。在 12 径阶，平均路径长度和直径总体上随树高增加呈增大趋势，并在树高 8m 处达到最大值，显著大于其他树高；而边密度和聚类系数则呈相反的趋势，随树高增加而减小，且树高 2m 处最大，显著大于树高 6m 和 8m。在 16 径阶，平均路径长度和直径随树高增加而增大，在树高 10m 处达到最大，显著大于树高 2m、4m 和 6m；而边密度和聚类系数则呈先增大后减小的趋势，在树高 10m 处最小，边密度显著小于树高 6m 和 8m，聚类系数均显著小于其他树高；模块度呈先减小后增大的趋势，在树高 2m 处最大，显著大于树高 6m、8m 和 10m。在 20 径阶，平均路径长度呈 "M" 形变化趋势，在树高 6m 处达到最小值，显著小于树高 2m、4m、8m 和 10m；直径表现出先减小后增大的趋势，在树高 6m

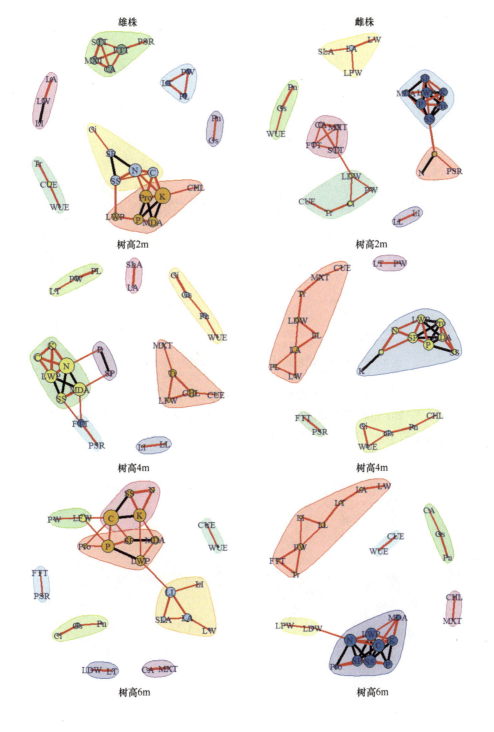

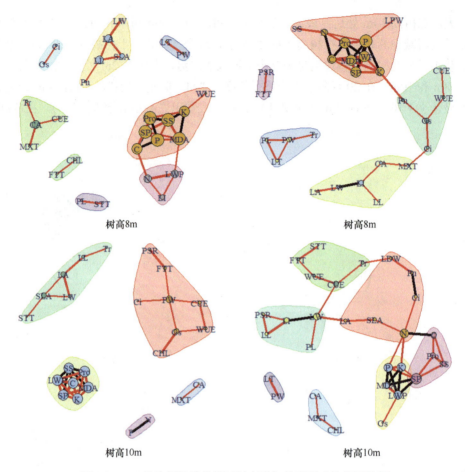

图 4-27　16 径阶胡杨雌雄株随树高增加的异形叶性状网络图

处最小，显著小于其他树高；边密度和聚类系数均呈"N"形变化趋势，在树高 12m 处达到最大值，树高 12m 处边密度显著大于树高 2m 和 8m，树高 12m 处聚类系数显著大于树高 2m、4m、8m 和 10m；模块度则与之相反，在树高 2m 处最大，显著大于树高 4m、6m、

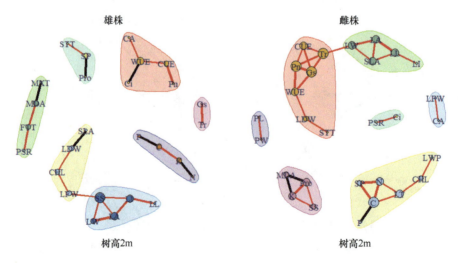

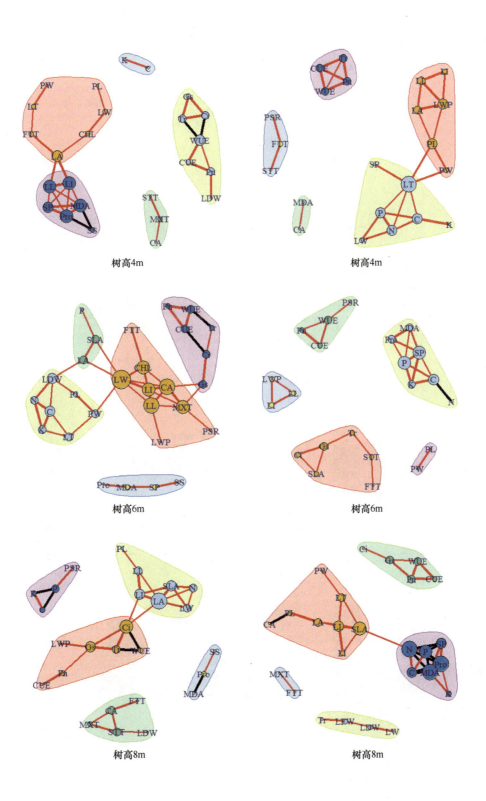

树高4m

树高4m

树高6m

树高6m

树高8m

树高8m

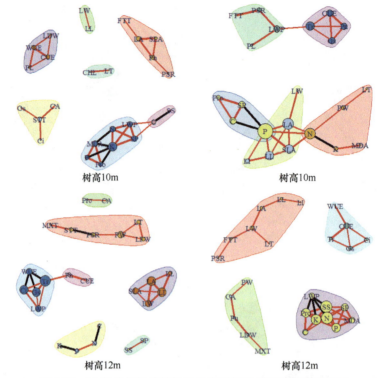

图 4-28　20 径阶胡杨雌雄株随树高增加的异形叶性状网络图

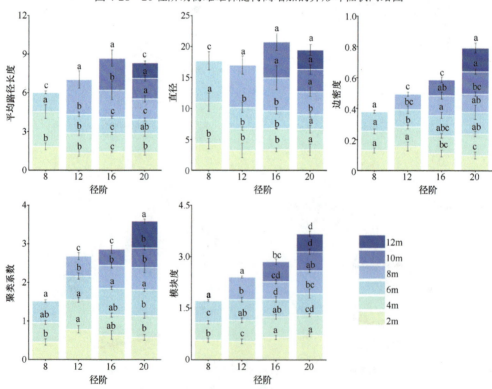

图 4-29　雌株随树高增加的异形叶性状网络参数的差异

不含相同小写字母表示同一径阶不同树高间差异显著（$P<0.05$）。图例为树高

10m 和 12m。整体来看，不同径阶和树高显著影响胡杨雌株叶性状的网络参数，特别是在 12 径阶和 16 径阶，不同树高对资源利用能力的网络表现较为相似，随树高增加，顶层树高处表现出较弱的资源利用能力，较低树高处网络结构更为紧密（图 4-25～图 4-28），具有更强的资源整合和利用优势。

4.5.3 雄株叶性状网络中心性状和连接性状

雄株各径阶不同树高叶性状网络结构的差异不仅体现在整体拓扑特征上，也反映在中心性状与连接性状的变化上。随着树高和径阶的变化，不同性状在网络中的地位和调控作用也发生显著转变：一些性状在某一树高表现出更高的介数，成为连接不同功能模块的"桥梁"或"中介"，在网络信息传递和资源整合中起关键作用，而这些中心性状的变化直接影响着各功能模块间的协调效率和网络稳定性。同时，这也表明环境变化对这些关键性状的筛选可能会引发整个网络的结构调整，从而影响雄株不同发育阶段的资源利用策略和生态适应能力。

4.5.3.1 雄株 8 径阶随树高变化的叶性状网络特征

雄株 8 径阶树高 2m 处全氮含量、全磷含量、全钾含量、脯氨酸含量、可溶性糖含量、可溶性蛋白含量和叶水势拥有较高的度，叶水势同时拥有最高的介数；树高 4m 处的主脉木质部厚度拥有最高的度，叶片干重拥有最高的介数；树高 6m 处的可溶性蛋白含量、全氮含量及叶水势拥有较高的度，叶水势拥有最高的介数，显示出叶水势在较低和较高的树高位置处的关键中介作用（图 4-30）。

4.5.3.2 雄株 12 径阶随树高变化的叶性状网络特征

雄株 12 径阶树高 2m 处全钾含量、有机碳含量、叶水势、可溶性糖含量和叶片长度拥有较高的度，全钾含量和瞬时水分利用效率拥有较高的介数；树高 4m 处的有机碳含量、叶水势、叶片鲜重、叶片长度拥有较高的度，叶水势和胞间 CO_2 浓度拥有较高的介数；树高 6m 处的栅栏组织厚度拥有最高的度和最高的介数；树高 8m 处的叶水势同时拥有最高的度和介数，全钾含量和丙二醛含量也拥有较高的度和介数（图 4-31）。此外，树高 2m 和 4m 处显示有机碳含量、叶水势和叶片长度为中心性状，表明这些性状在不同树高下具有一定的稳定性，可通过与其他性状的互联互通来调控网络结构，尤其是叶水势在树高 2m、4m 和 8m 的性状网络中始终保持重要地位，突显出叶水势在水分调节和资源整合过程中的关键作用。

4.5.3.3 雄株 16 径阶随树高变化的叶性状网络特征

雄株在 16 径阶树高 2m 处的全钾含量拥有最高的度，可溶性糖含量拥有最高的介数；树高 4m 处的全氮含量拥有最高的度，丙二醛含量拥有最高的介数；树高 6m 处的有机碳含量拥有最高的度，叶水势和叶片长度拥有较高的介数；树高 8m 处的全磷含量、丙二醛含量、脯氨酸含量、可溶性糖含量和可溶性蛋白含量拥有较高的度，丙二醛含量拥有最高的介数；树高 10m 处的全钾含量、有机碳含量、叶水势、丙二醛含量、脯氨酸含量、可溶性糖含量和可溶性蛋白含量拥有较高的度，叶柄粗度拥有最高的介数（图 4-32）。

值得注意的是，在树高 8m 和 10m 处，丙二醛含量、脯氨酸含量、可溶性糖含量和可溶性蛋白含量始终是中心性状，表明这些性状在高树高阶段具有较高的稳定性，可能在环境适应和资源整合中起到关键作用；而在树高 4m 和 8m 处，丙二醛含量作为最重要的连接性状，显示出在较低树高条件下对环境胁迫的高度灵敏反应，突显了丙二醛含量在应对环境变化中的重要调控地位。

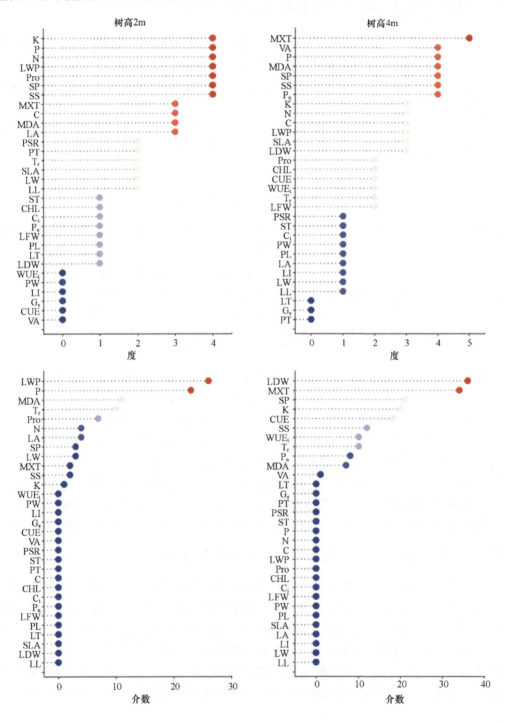

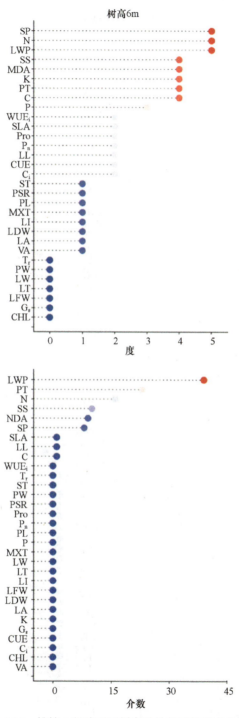

图 4-30　雄株 8 径阶不同树高叶性状网络节点参数

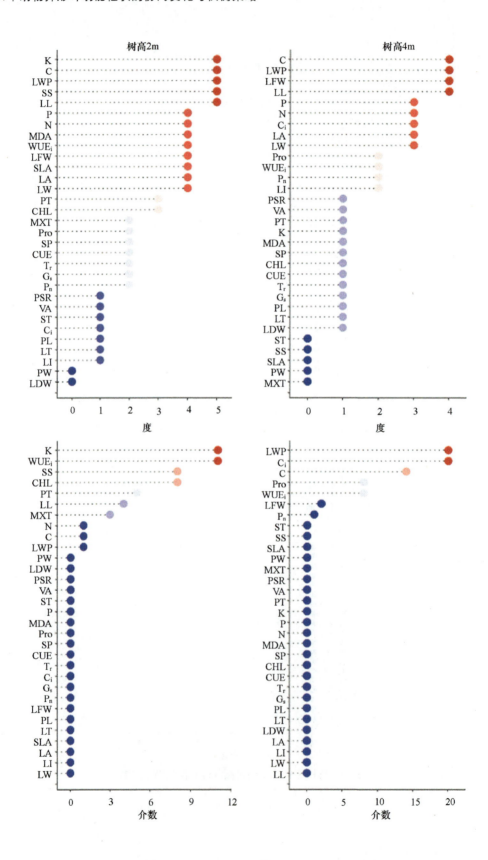

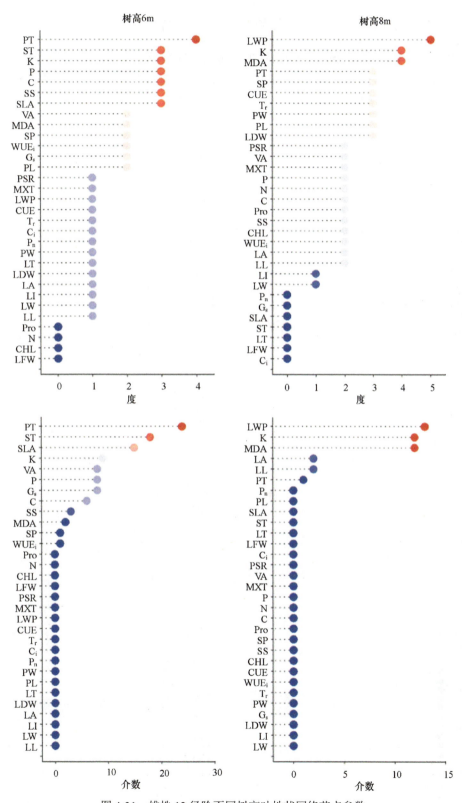

图 4-31　雄株 12 径阶不同树高叶性状网络节点参数

4.5.3.4 雄株 20 径阶随树高变化的叶性状网络特征

雄株在 20 径阶树高 2m 处的可溶性糖含量同时拥有最高的度和介数，瞬时水分利用效率、叶面积、叶形指数也拥有较高的度；树高 4m 处的丙二醛含量、脯氨酸含量、叶形指数、叶片长度拥有较高的度，叶面积拥有最高的介数；树高 6m 处的叶片宽度同时拥有

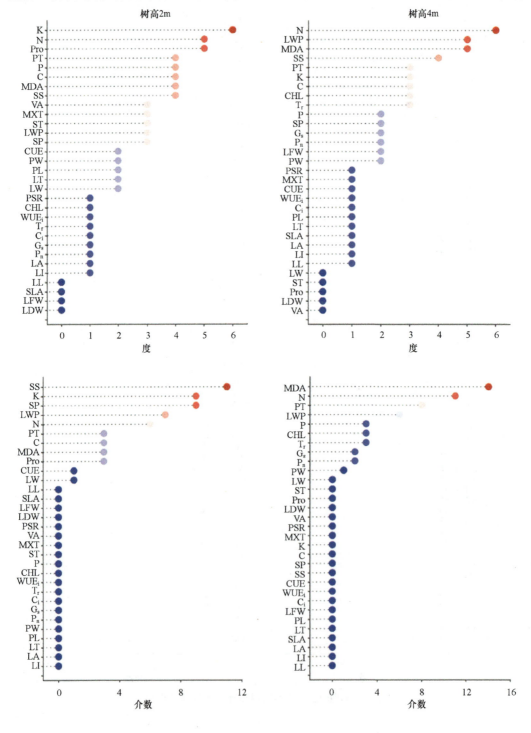

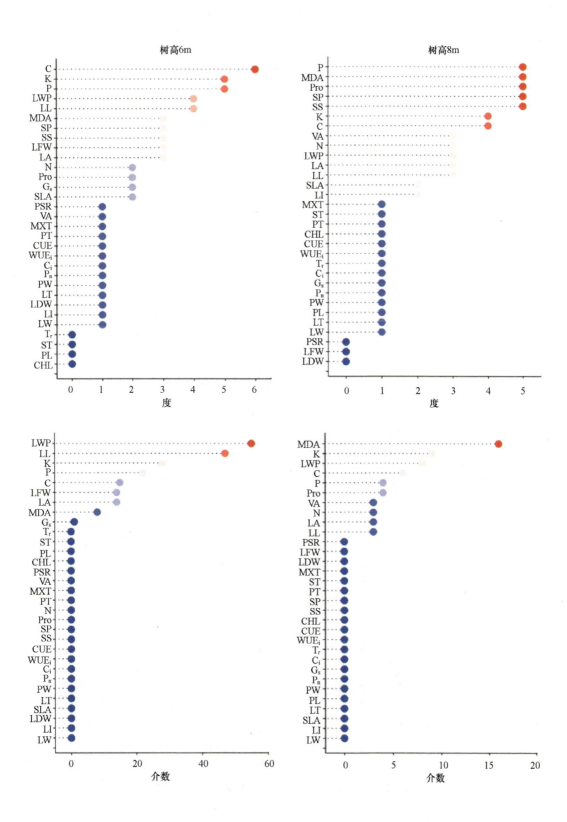

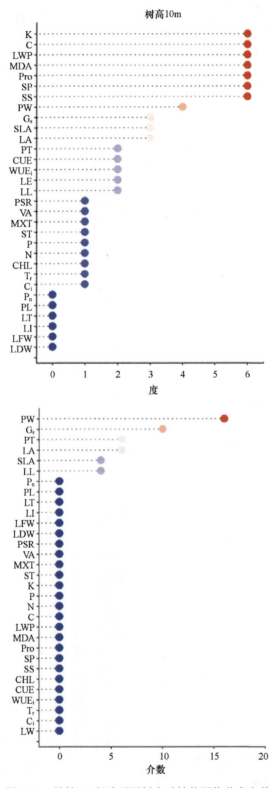

图4-32 雄株16径阶不同树高叶性状网络节点参数

最高的度和介数，导管面积和叶片长度也拥有较高的度；树高 8m 处的叶面积拥有最高的度和较高的介数，胞间 CO_2 浓度的介数最高，度也较高；树高 10m 处的全钾含量拥有最高的度和介数，可溶性蛋白含量同时拥有较高的度和介数，全氮含量、叶水势和丙二醛含量的度也较高；树高 12m 处的蒸腾速率拥有最高的度和介数，胞间 CO_2 浓度、气孔导度、叶面积和叶形指数也拥有较高的度，栅海比和叶柄粗度也拥有较高的介数（图 4-33）。

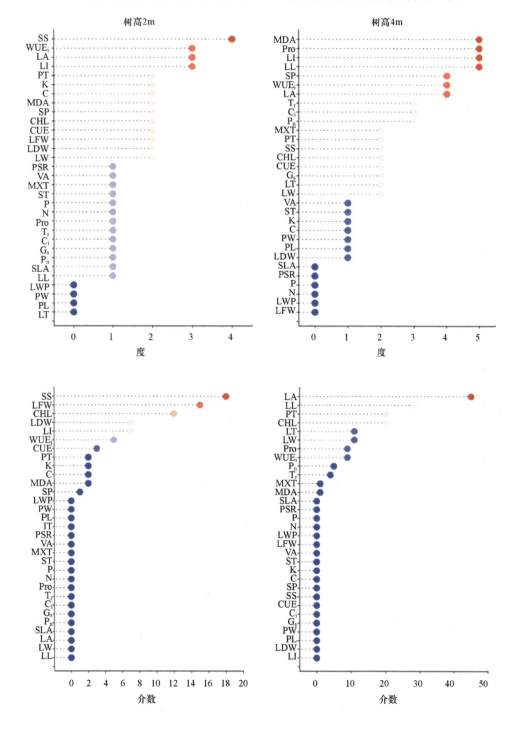

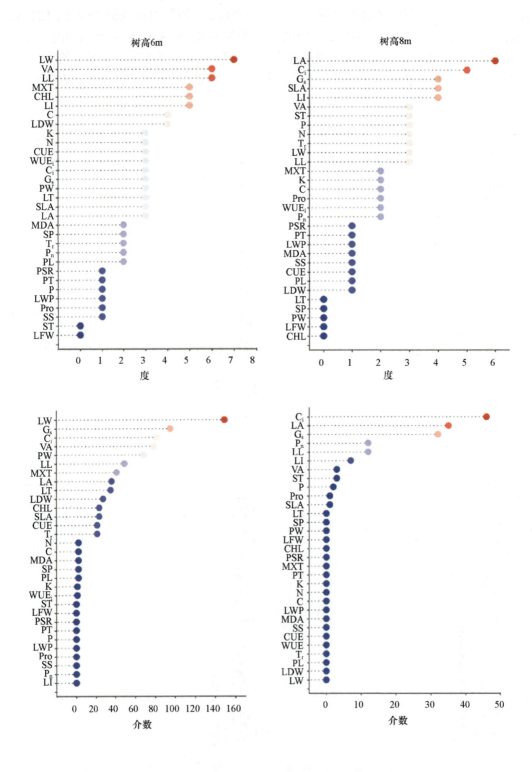

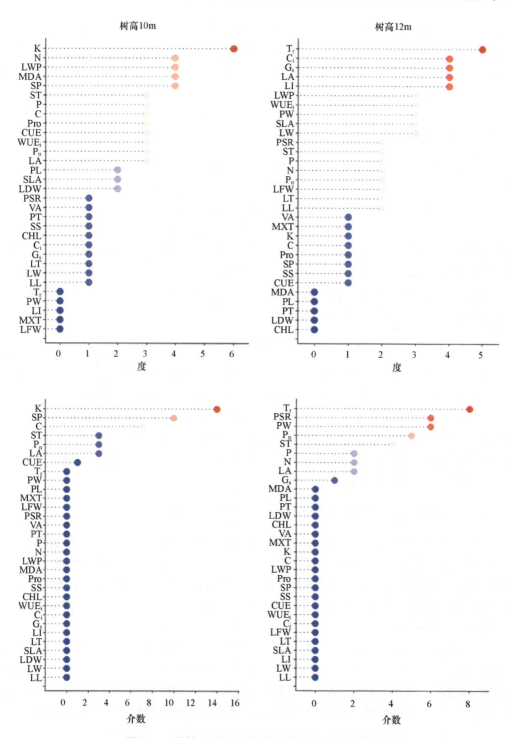

图 4-33 雄株 20 径阶不同树高叶性状网络节点参数

在 20 径阶，不同树高处的叶性状网络结构差异大于其他发育阶段，各树高的中心性状和连接性状展现出独特的功能定位。其中，除树高 4m 外，其他树高的中心性状与连接性状均由同一性状主导，表现出在网络中兼具核心调控和模块连通双重角色，这一现象突显了这些性状在资源整合、信号传递与环境响应中的重要地位。在树高 2m、6m、8m、10m 和 12m 处，这些性状不仅维持叶性状网络稳定，还在环境变化下调节模块间的协调性，体现出对环境胁迫的高适应性与灵活性。这种双重角色的表现说明这些关键性状在特定发育阶段的生理调控中占据核心地位，并推动网络拓扑结构的高效运行。

4.5.4 雌株叶性状网络中心性状和连接性状

雌株不同树高的叶性状网络结构差异不仅体现在整体拓扑特征上，更反映在中心性状与连接性状的调控能力上。尤其是在树高 6m 处，雌株展现出更强的资源利用与整合能力，这与雄株在树高 6m 处资源利用能力最弱的表现形成鲜明对比。这一差异源于雌株各发育阶段不同树高下中心性状与连接性状的动态变化：在特定树高，一些关键性状表现出更高的介数与连接度，成为连接不同功能模块的"枢纽"与"桥梁"，显著提升资源整合效率与网络稳定性，而这些中心节点的调控作用也直接影响着各模块间的协调与适应能力。进一步分析各发育阶段不同树高的中心性状和连接性状的表现，将有助于揭示雌株在复杂环境下资源利用策略的演变机制。

4.5.4.1 雌株 8 径阶随树高变化的叶性状网络特征

雌株在 8 径阶树高 2m 处的叶面积拥有最高的度，叶片宽度拥有最高的介数；树高 4m 处的丙二醛含量和全钾含量拥有较高的度，比叶面积拥有最高的介数；树高 6m 处的丙二醛含量依然保持最高的度，显示出丙二醛含量在该高度的叶性状网络连接中占据着重要位置，而瞬时水分利用效率拥有最高的介数（图 4-34）。这种表现表明，在 8 径阶，丙二醛含量在较高树高处可能承担着胁迫预警的核心作用，充分体现了丙二醛含量在叶性状网络结构中的重要中心性。

4.5.4.2 雌株 12 径阶随树高变化的叶性状网络特征

雌株在 12 径阶树高 2m 处的可溶性糖含量拥有最高的度，丙二醛含量、脯氨酸含量、可溶性蛋白含量也拥有较高的度，栅栏组织厚度、胞间 CO_2 浓度及蒸腾速率拥有较高的介数；树高 4m 处的有机碳含量同时拥有最高的度和最高的介数；树高 6m 处的脯氨酸含量同时拥有最高的度和最高的介数；树高 8m 处的丙二醛含量和叶片鲜重拥有较高的度和介数，并且叶片鲜重有着最高的介数（图 4-35）。

在 12 径阶时，树高 2m、6m、8m 处的叶性状网络参数结构均是渗透调节物质为中心性状，表明这些渗透调节物质在不同树高下具有一定的稳定性，它们通过与其他性状的互联互通来调控网络结构，尤其是丙二醛含量和脯氨酸含量在性状网络中始终保持重要地位，突显出丙二醛含量和脯氨酸含量在 12 径阶对环境胁迫的抵抗及资源整合的关键作用。

4.5.4.3 雌株 16 径阶随树高变化的叶性状网络特征

雌株在 16 径阶树高 2m 处的全磷含量、叶水势、可溶性糖含量拥有较高的度，可溶性糖含量拥有最高的介数；树高 4m 处的全磷含量、可溶性蛋白含量、叶水势、丙二醛含量和脯氨酸含量拥有较高的度，叶片干重拥有最高的介数；树高 6m 处的全氮含量、有机碳含量、叶水势、可溶性糖含量拥有较高的度，同时全氮含量拥有最高的介数；树高 8m 处的全磷含量拥有最高的度，同时叶水势、丙二醛含量、脯氨酸含量、可溶性蛋白含量也有较高的度，气孔导度拥有最高的介数；树高 10m 处的可溶性蛋白含量拥有最高的度，全氮含量、全磷含量、全钾含量和叶水势也拥有较高的度，全氮含量拥有最高的介数（图 4-36）。

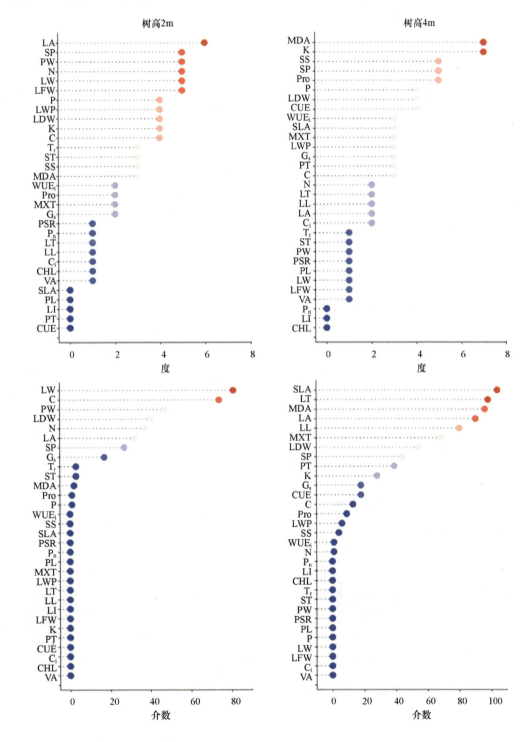

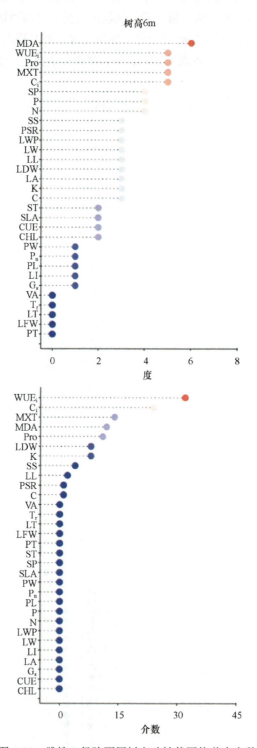

图 4-34　雌株 8 径阶不同树高叶性状网络节点参数

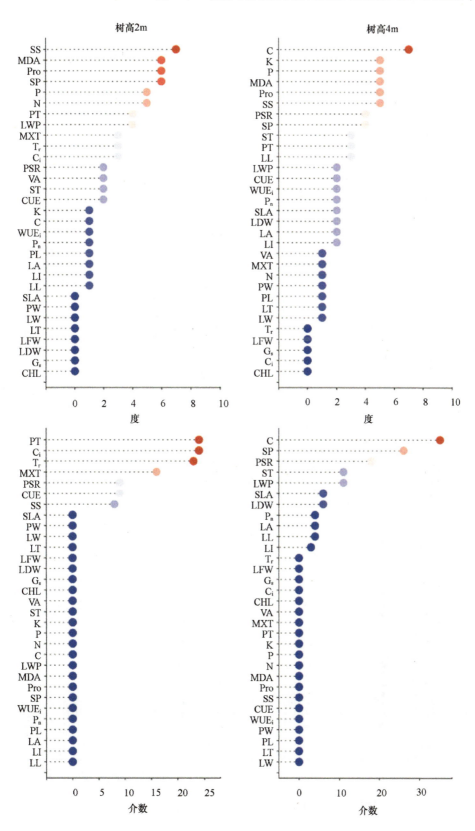

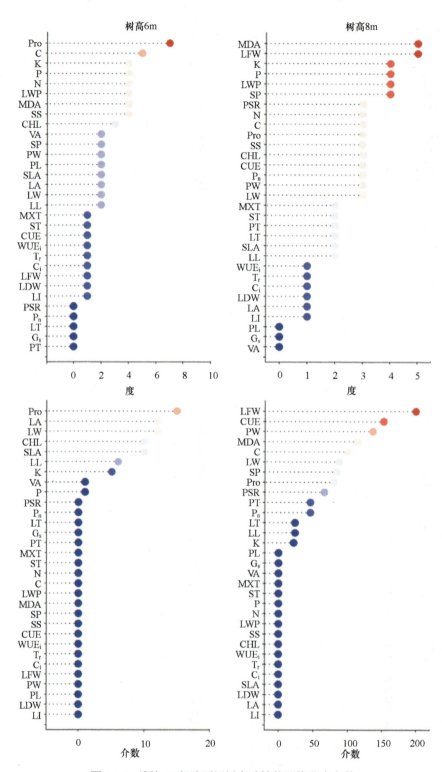

图 4-35　雌株 12 径阶不同树高叶性状网络节点参数

值得注意的是，全磷含量和叶水势在树高 2m、4m 和 8m 处均表现为网络中心性状，展现出较高的稳定性，暗示它们在环境适应与资源整合中的核心调控地位；而全氮含量在树高 6m 处不仅度突出而且介数最高，体现了氮在中间树高的高效利用与网络调控能力。这种中心性与连接性的高度表达，突显了全磷含量、叶水势和全氮含量在特定树高下对资源捕获与环境适应的关键性支持，可能是雌株应对外部环境变化的重要机制。

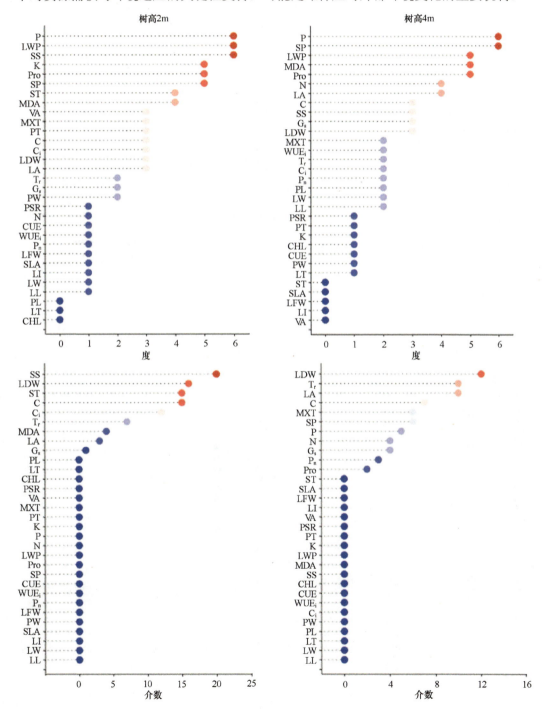

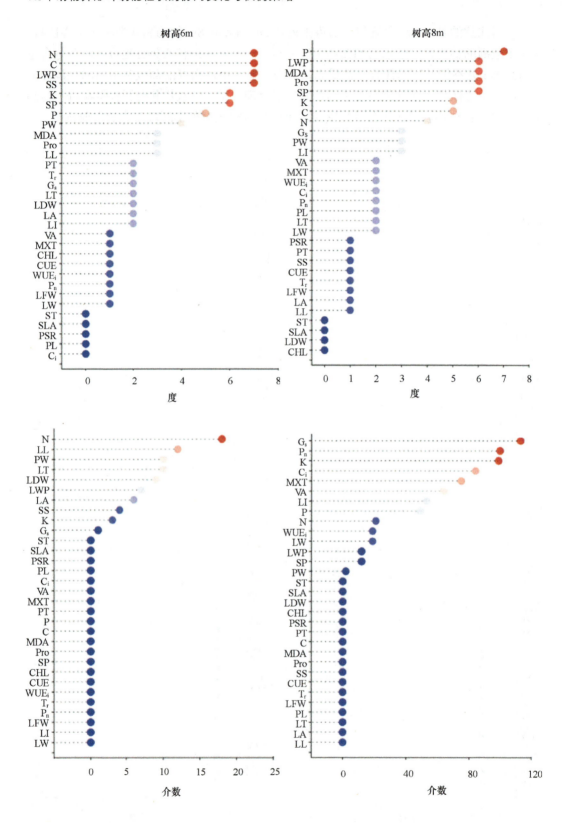

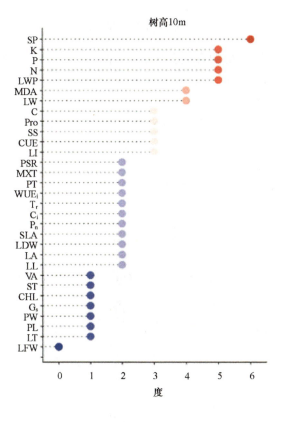

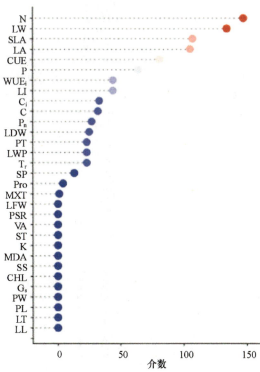

图 4-36　雌株 16 径阶不同树高叶性状网络节点参数

4.5.4.4 雌株 20 径阶随树高变化的叶性状网络特征

雌株在 20 径阶树高 2m 处的有机碳含量、蒸腾速率、气孔导度及净光合速率拥有较高的度，蒸腾速率拥有最高的介数；树高 4m 处的叶片厚度拥有最高的度同时也拥有最高的介数；树高 6m 处的全磷含量和可溶性蛋白含量拥有较高的度，全磷含量、蒸腾速率和气孔导度拥有较高的介数；树高 8m 处的全氮含量、丙二醛含量和脯氨酸含量拥有较高的度，比叶面积拥有最高的介数；树高 10m 处的全磷含量拥有最高的度和较高的介数，全氮含量拥有最高的介数和较高的度；树高 12m 处的全氮含量和可溶性糖含量拥有较高的度，叶片宽度拥有最高的介数（图 4-37）。

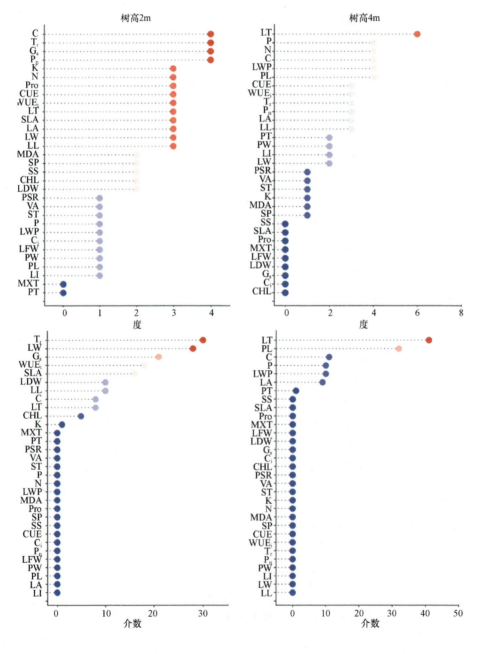

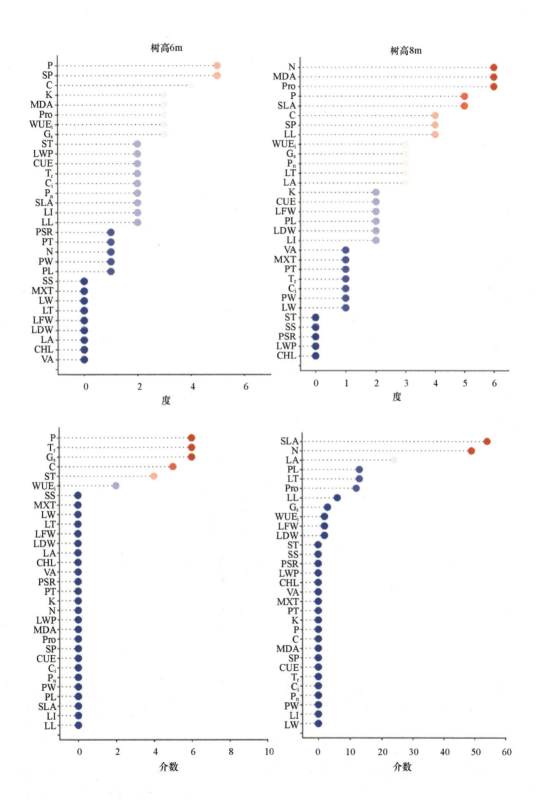

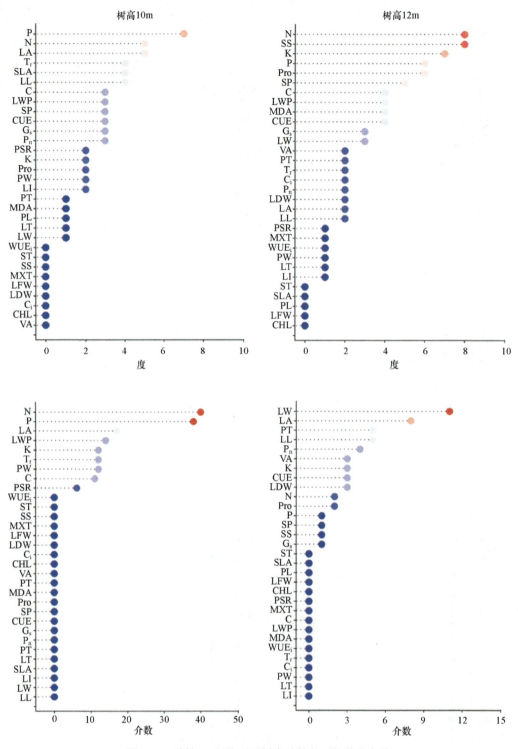

图 4-37　雌株 20 径阶不同树高叶性状网络节点参数

　　总体来看，雌株在 20 径阶不同树高下的中心性状表现出调控差异：低树高（2m 和 4m）处叶更注重水分利用与叶片结构的整合，中高树高（6m、8m、10m、12m）

处叶则突出 P、N 等营养元素的网络连接与胁迫响应，更关注整体营养传递与网络扩展。营养元素的调控可能支持更快的生长和更高的繁殖能力。这种策略体现了雌株在环境压力下通过增强关键营养元素的网络连接与调控，实现对生长和繁殖的优先保障。这些中心性状的动态分布，反映了雌株在不同树高下对资源获取和环境适应的精细调控策略。

4.6 讨　　论

4.6.1 雌雄株异形叶结构性状差异与干旱适应

叶片是植物对环境变化比较敏感的器官，其性状与植物的生长对策及植物利用资源的能力紧密相关，能够反映植物适应环境变化所形成的生存对策（李永华等，2012；Vendramini et al.，2002）。许多研究表明，在逆境环境条件下，雌雄异株植物叶片结构功能性状存在较大的雌雄间差异。例如，在干旱胁迫下，构树（*Broussonetia papyrifera*）雌株通过降低叶片数的方式，雄株采取减小叶片长度、叶片宽度和叶片面积，以及增加叶片上表皮厚度和叶片栅海比的方式减少蒸发量来应对干旱环境（李东胜等，2013；董莉莉，2008）；沙棘在水分条件较差时，雌株比雄株的叶片厚度和栅海比更大，雌株比雄株的叶片旱生结构特征更加突出（付晓玥，2012）。多数植物的雄性个体在干旱环境中具有较高的净光合速率、蒸腾速率、水分利用效率（任红剑等，2018；宝乐和刘艳红，2009），而且也存在雌株比雄株叶片的光合利用效率更高，如北极柳（*Salix arctica*）雌株的净光合速率显著大于雄株，这有利于雌性个体积累更多的光合产物，以满足雌株较高繁殖消耗的需要（Lebrija-Trejos et al.，2010；祁建等，2007）。干旱胁迫下沙棘、蒙古柳等雌株的渗透调节能力强于雄株（Rodriguez et al.，2014；付晓玥，2012），反映出在不同的环境胁迫下雌雄异株植物在形态结构和生理特征等方面存在性别差异（Rozendaal et al.，2006；Cornelissen et al.，2003；Westoby and Wright，2003）。在干旱胁迫条件下，北极柳雄株相比雌株具有更大的叶面积，这有利于维持较高的光合作用（Bahamonde et al.，2018）。雄株通过维持较高的光合作用，获得更多营养物质，以利于自身的营养生长，雌株则将更多的资源用于自身的繁殖需求（张琳敏等，2019），形成了利于减少水分散失的这种叶片大而厚的生长策略，来应对干旱胁迫（苟蓉，2020）。张般般等（2018）研究指出，导管面积越大、导管数越多贮运水分的能力就越强，就越耐旱。郭娇（2018）研究表明，小红柳雌株比雄株具有更大的木质部厚度和导管密度，雌株应对干旱环境的能力强于雄株。

本研究表明，随径阶和树高的增加，胡杨雌雄株异形叶表现出叶面积增大，叶片增厚，叶片干重、叶片鲜重和叶柄粗度增加，叶形指数、每枝叶片数和比叶面积减小的适应改变，有利于提高植株对有限资源的获取和利用，减少水分散失，增强对不利环境的应对能力；随径阶和树高的增加，胡杨雌雄株异形叶均表现出栅栏组织厚度和主脉木质部厚度增加，木质部横切面积和导管面积增大，导管密度减小，表明雌雄株异形叶主脉维管束结构越来越发达，应对干旱环境的能力逐渐提高。相关分析表明，胡杨雌雄株异形叶形态特征、解剖结构特征与径阶和树高有着密切联系，表明径阶和树高可能对胡杨雌雄株的抗旱性产生重要影响，这种影响在雌雄间有差异。

前人研究表明，在植株个体发育过程中，其大小和结构复杂性都会增加，叶片的形态、生理生化特征因光照利用率和蒸发需求随树高的变化而变化（于鸿莹等，2014），高大的乔木树冠层上部高温、高辐射以及高风速的环境条件，使得上层叶片处于遭受高光强和缺水的情况（Hultine et al.，2016），大而厚的叶片能够获得更多的资源、减少蒸腾耗水，有利于抵御强光等不利环境因子的胁迫（Westoby et al.，2002）。本研究结果显示，在同一径阶或同一径阶相同树高下胡杨异形叶形态性状、解剖结构性状在雌雄间存在显著差异，雄株比雌株捕获光资源、贮运水分的能力更强，表现出较高的抗逆性。其中，雄株比雌株具有更大的叶面积、比叶面积、叶片厚度，说明胡杨雄株具有更高的光合能力。在 8 径阶、12 径阶、16 径阶，雄株异形叶主脉木质部厚度、导管面积、导管数、木质部横切面积、栅海比显著大于雌株，而在 20 径阶雌雄株间无明显差异（主脉木质部厚度除外）。主脉木质部厚度、导管密度在 20 径阶中表现为雄株显著小于雌株。此外，在顶部冠层，胡杨雄株比雌株具有更大的导管面积、栅海比，但导管密度较小。胡杨成年雄株平均高度大于成年雌株，在最高冠层胡杨雄株比雌株具有更大的导管面积、栅海比，是对树高增加带来水分胁迫的适应性特征。

荒漠植物在长期进化过程中，为应对不断变化的生存环境，通过各性状间的相互调节与权衡，最终形成了一系列适应逆境的生存和生长策略。本研究中，胡杨雌雄株异形叶叶面积、叶片厚度、叶片干重、叶柄粗度、导管面积、木质部横切面积、栅海比与净光合速率、气孔导度、蒸腾速率、脯氨酸含量、丙二醛含量呈正相关。表明随径阶和树高的增加雌雄株通过增大叶面积、叶片厚度、叶片干重及叶柄粗度，提高光合作用能力，减少水分散失，最大限度地提高有限资源的利用效率，协同增加叶片内部主脉维管束组织中木质部横切面积、增大导管面积和增加导管数，以增强贮运水分的能力，从而形成对干旱胁迫的适应性策略。胡杨雌雄株通过形态结构性状之间的相互调节与权衡，形成了适应径阶和树高变化的生长适应机制。

4.6.2 雌雄株异形叶功能性状差异与干旱适应

光合特性代表植物的光合碳同化能力（Franks and Beerling，2009）。前人研究表明，叶片的光合气体交换特性与植株树高和受干旱胁迫程度有关（Kenzo et al.，2015）。胡杨异形叶的净光合速率、蒸腾速率、气孔导度均随树高的增加而增加（Zhai et al.，2020），通过积累光合产物，植株才能在极端逆境下生存（苏培玺等，2003）。随树高增加引起的水分胁迫可能最终限制叶片扩展和光合作用（李小琴等，2014；Zhang et al.，2009；He et al.，2008）。在高等植物中水分胁迫会引起脯氨酸和丙二醛等渗透调节物质的积累，以帮助植株应对水分亏缺引起的压力（Kishor et al.，2005）。叶水势能够反映植物水分亏缺状况、衡量植物抗旱能力。黎明前植物叶水势的值越低，说明植物遭受的水分胁迫越严重（李小琴等，2014）。植物叶片 $\delta^{13}C$ 的大小能够很好地反映与植物光合强度、蒸腾强度相关联的水分利用效率的高低（王云霓等，2012）。Koch 等（2004）研究表明，叶水势会随树木高度增加而降低，会导致叶片光合作用受抑制，叶片直接通过增加 $\delta^{13}C$ 和间接通过改变结构来适应树高引起的水分胁迫。

本研究表明，胡杨雌雄株异形叶的净光合速率、蒸腾速率、气孔导度和胞间 CO_2 浓度与径阶和树高密切相关，表现为净光合速率、蒸腾速率、气孔导度均随径阶和树高的增加而增加，这表明随径阶和树高的增加，雌雄株光合作用、蒸腾作用均显著提高。有研究表明，多数植物的雄性个体在干旱环境中具有较高的净光合速率、蒸腾速率、水分利用效率（胥晓等，2007），银杏雄株的净光合速率、蒸腾速率显著高于雌株，表明雄株的光合能力强于雌株（蔡汝等，2000）；乳香黄连木雄株比雌株表现出更高的光合作用和气孔导度（Correia and Diaz Barradas，2000）。本研究也得到了相似的结果，即在同一径阶或同一径阶同一树高下胡杨雄株比雌株表现出更高的净光合速率、蒸腾速率及气孔导度。初步表明，在同一径阶或同一径阶同一树高下胡杨雄株比雌株的光合能力更强。

植物叶片 $\delta^{13}C$ 越大，植物水分利用效率越高（王云霓等，2012）。本研究结果表明，随径阶的增加，胡杨雌雄株异形叶叶水势均表现为显著增加，雄株异形叶 $\delta^{13}C$ 呈显著增加趋势，而雌株异形叶 $\delta^{13}C$ 呈显著减小趋势，说明随径阶的增大，胡杨雄株水分利用效率越来越高，而雌株水分利用效率相对较低。随树高的增加，胡杨雌雄株各径阶异形叶黎明前叶水势均表现为减小的趋势，异形叶 $\delta^{13}C$ 均呈增加的趋势，表明随树高的增加，胡杨通过提高冠层顶部异形叶的水分利用效率来应对树高增加带来的水分胁迫（Zhai et al.，2020）。研究结果还显示，径阶和树高的变化对胡杨雌雄株异形叶叶水势和 $\delta^{13}C$ 有显著影响，表现为雄株比雌株具有更小的叶水势、$\delta^{13}C$，表明雄株表现出了更强的吸水能力，而雌株的水分利用效率相对较高。

植物在水分胁迫的生境下通常会在体内积累渗透调节物质以降低渗透势来适应环境，这种渗透调节保护性反应是植物抵御干旱胁迫的一种重要生理机制（Khalil and Grace，1992；Turner et al.，1987）。植物体内重要的渗透调节物质——游离脯氨酸和可溶性糖的含量常作为衡量植物抗旱性的指标。丙二醛含量的高低能反应细胞膜脂质过氧化作用的强弱和质膜损伤的严重与否（李德全等，1992）。Xu 等（2008）研究表明，干旱胁迫下青杨雌雄株叶片丙二醛浓度显著增加。本研究结果表明，随径阶的增加，胡杨雌雄株异形叶的可溶性糖含量、丙二醛含量总体上均表现为增加的趋势，可溶性蛋白含量、脯氨酸含量总体上均表现为先增加后减少的趋势。而随树高的增加，各径阶雌雄株异形叶的脯氨酸含量和丙二醛含量总体上显著增加，可溶性糖含量和可溶性蛋白含量总体上显著减少。说明胡杨雌雄株异形叶的脯氨酸含量、丙二醛含量、可溶性糖含量和可溶性蛋白含量随径阶和树高的变化规律一致，随树高的增加均表现出明显的抗旱性。但同一径阶或同一径阶同一树高下胡杨雄株相比于雌株异形叶累积了更多的脯氨酸、可溶性糖等渗透调节物质，表明随径阶和树高的增加雄株比雌株具有更强的抗旱性。

4.6.3 雌雄株异形叶化学计量性状差异与干旱适应

研究报道，雌雄异株植物在对养分的吸收、代谢等方面存在性别差异（封焕英等，2019；Reich and Oleksyn，2004），这些差异能反映植株对外界环境变化的适应策略（陈美玲等，2018；孙志高等，2009）。本研究中，胡杨雌雄株异形叶全氮含量、全钾含量、全磷含量随径阶和树高的变化规律较一致，均表现为异形叶全氮含量、全磷含量随树高的增加而增加，全钾含量随树高的增加而减小，雌雄株异形叶有机碳含量、全氮含量、全磷含量与全钾含量呈负相关。此外，本研究表明雌雄株异形叶有机碳含量、全氮含量、全磷含量均与净光合速率、蒸腾速率呈显著/极显著正相关，与叶面积、叶片厚度、叶柄粗度、叶柄长度呈极显著正相关。随着树高的增加，光照条件逐渐增强，胡杨雌雄株可能是通过扩大叶面积、增加叶片厚度、叶柄长度和叶柄粗度，来提高光合作用能力，减少水分损耗，从而产生更多的有机碳、氮、磷等物质来满足其自身生长发育的需要（Niinemets，2007）。本研究中，雄株异形叶全氮含量与径阶呈显著正相关，雌株异形叶有机碳含量、全氮含量、全磷含量、全钾含量与径阶无显著相关性。

前人研究表明，雌株在繁殖过程中投入的资源往往比雄株多（Obeso，2002），较高的繁殖投入会增加雌株的生理或生存压力，当资源（如养分等）缺乏时，雌株的存活率会更低（王海珍等，2011）。也有研究表明，由于雌雄株在生殖过程中消耗养分的量不同，造成雌雄株不同的生殖分配策略（Teitel et al.，2016）。在同一径阶或同一径阶同一树高下，胡杨雌株较雄株具有更为丰富的养分。随树高的增加，雌株异形叶全氮含量和全磷含量越高，可溶性蛋白含量和可溶性糖含量越低，叶水势越低。而雄株异形叶全钾含量与可溶性糖含量呈显著正相关，与丙二醛含量呈极显著负相关，表明胡杨雌雄株在应对树高变化时，采取了不同的生理资源分配策略和胁迫响应机制。初步推测，随径阶和树高的增加，胡杨雌株异形叶可能通过积累大量的氮、磷、钾来满足生殖需求，而雄株倾向于通过增加可溶性糖等物质，进而提高对干旱环境的适应能力。

4.6.4 雌雄株异形叶性状网络差异与环境适应策略

较高的边密度和聚类系数表明叶片性状之间的相互关联程度更高，从而促进协同作用和整合，这种相互关联性允许植株对环境变化作出更强有力的反应，因为性状之间可以更有效地协同作用（Yan et al.，2024），高的模块化可以促进多个功能模块的形成，从而增强植株的环境适应能力（Wang et al.，2024）。为了综合分析胡杨雌雄株对环境适应策略的差异，本研究对异形叶的结构性状、功能性状、化学性状、生理性状做了整合分析。通过对比胡杨雌株与雄株叶性状网络的差异，本研究发现胡杨雌株与雄株对资源获取的方式存在差异。胡杨雄株的叶性状网络直径、边密度和聚类系数显著高于雌株，而平均路径长度和模块度则显著低于雌株。这些特征表明，胡杨雄株叶性状网络更紧密，性状间的相互联系更为直接，具有较强的协同性和整合性，有助于雄株在多变的环境下更有效地利用资源。这种结构反映出胡杨雄株通过协调性状间的关系来优化光合效率和水分利用效率，表现出更高的资源利用能力。相比之下，胡杨雌株的叶性状网络表现出更高的模块度和较长的平均路径长度，显示出其叶性状网络更分散和多样化。较高的模块度表明，胡杨雌株在环境适应上更倾向于形成多个功能模块，这可能有助于应对不同的资源条件和环境压力。胡杨雌株通过增加性状的独立性和功能分化来提高自身的生存适应能力，特别是在资源获取和分配的策略上可表现出独特的优势。

研究报道，叶片鲜重和叶柄粗度的增加通常与植物的生长能力和结构支持密切相关（Filartiga et al.，2022），有助于支撑更大的叶面积，增强光合作用的潜力。同时，较大的叶面积不仅有利于更高效地捕获光能和进行光合作用，还可能促进水分的有效运输和利用（Lusk et al.，2019），确保植物在干旱条件下维持自身生理活动和生长。胡杨雌株叶性状网络中，叶片鲜重、叶柄粗度和叶面积显示出较高的重要性，这些性状可能在植株生长及叶片光利用能力和水分运输功能支持方面发挥关键作用。

在胡杨雄株的叶性状网络中，丙二醛和叶形指数等性状的重要性较高，这些性状在适应环境变化和维持生理功能方面发挥着重要作用。在雄株的叶性状网络中，丙二醛作为一个灵敏的指示性状，表现出相对较高的介数。胡杨雄株通过叶片中丙二醛对氧化应激的灵敏反应，来调节其他性状，以发挥抗氧化作用，反映了雄株对环境变化的敏感性以及对环境适应的灵活性。此外，叶形指数在叶片性状网络中的重要性表明，叶片形态特征在雄株的适应策略中具有突出地位。前人研究表明，叶形指数的变化有助于优化植物对光合、温度、水分的调控，提高植物对环境的适应能力（Tsukaya，2018）。胡杨异形叶由大到小的叶形指数反映了叶片形态由条形向阔卵形转变的过程，这有助于优化光捕获和光合作用效率，同时可能减少水分损失，从而在资源有限的条件下提高水分利用效率。胡杨雄株通过增强抗氧化能力和调节叶片形态特征来适应环境变化，维持生理功能并提高资源利用效率。

4.6.5　雌雄株不同发育阶段异形叶性状网络差异与环境适应策略

胡杨雌雄株整体存在资源利用能力差异。我们通过深入探讨胡杨雌雄株在不同发育阶段的性状协同关系，进一步阐明了雌雄株在生长与环境适应之间所体现的权衡策略。有研究表明，在早期生长阶段，树木分配更多的资源用于结构性发展，而不是资源的有效利用，这可能导致资源利用能力的初始下降（Deng et al.，2023）。树木在发育过程中，随着树冠和根系的扩展，逐渐增强了光能捕获能力与水分、养分的吸收能力，从而促进了生长及资源的更高效利用（Rahman et al.，2019）。本研究结果显示，随着径阶的增加，胡杨雌雄株的资源利用能力整体呈现出先下降后上升的趋势，说明胡杨在发育过程中经历了资源配置与整合能力的动态调整。特别是在 20 径阶，平均路径长度、直径及模块度均显著低于其他发育阶段，表明胡杨在成熟阶段形成了更为高效的叶性状网络结构，资源利用能力显著增强。

尽管雌雄株在资源利用趋势上表现出一定的一致性，但在性状协同关系的具体表现上仍存在性别差异。Yu 等（2023）研究表明，胡杨雄株对干旱、盐度有更强的抵抗力，对资源利用能力更强。本研究发现，在12径阶、16径阶及20径阶，雄株的叶性状网络内部连接更为紧密，表现出更强的协调能力。这表明在这些关键发育阶段中，雄株多个性状倾向于形成功能性模块或"小团体"，共同协作以实现特定生理功能，从而提升整体资源利用效率。相比之下，雌株的性状协同程度相对较弱，可能导致雌株在部分阶段的资源整合与适应能力略低于雄株。

在不同发育阶段，雌雄株的叶水势、脯氨酸含量、丙二醛含量均处于网络结构的中心，是网络组成的基本骨架。叶水势、脯氨酸含量和丙二醛含量等生理特征是植物对环境压力，尤其是对干旱反应的关键指标。这些特征与维持细胞动态平衡、保护细胞结构有关，与信号应激反应有关。叶水势是衡量植物内部水分状况的指标，叶水势降低则表明植物组织内的水分供应减少及水分压力增加（单长卷等，2006）；脯氨酸积累是对干旱压力的常见反应，有助于渗透调节和保护细胞结构（Chen and Zhang，2016）；丙二醛是脂质过氧化的副产物，其含量是氧化应激和细胞损伤的指标，可以反映膜损伤的程度（Kumar et al.，2023；Sofo et al.，2004）。

鉴于雌雄株在生理和分子水平存在性别特异性差异，多数研究表明，胡杨雄株在干旱、盐胁迫等逆境条件下，通常表现出更强的适应能力（Melnikova et al.，2017）。随着发育进程的推进，雄株在叶性状协同网络中的抗逆调控能力逐渐增强。8径阶，叶水势呈现最高的度，净光合速率则表现出最高的介数，表明该阶段雄株的水分调节与光合功能处于网络核心位置，且净光合速率可能作为连接多个功能模块的重要枢纽性状，增强了对环境胁迫的响应效率。12径阶，碳利用效率介数最高，联合叶水势、脯氨酸含量、丙二醛含量等高"度"性状，表明雄株通过强化碳资源分配与协同调控抗逆性状，实现了更高水平的资源利用优化。16径阶，全钾含量介数最高，叶水势与脯氨酸含量的网络连通性依然维持较高水平，反映出雄株在矿质营养吸收与水分调节整合方面的调控能力进一步增强。20径阶，丙二醛含量同时具有较高的度与最高的介数，叶形指数的度与丙二醛含量的度一致，说明成熟阶段雄株通过增强抗氧化能力和叶部形态特征的网络整合性，提升了整体表型系统的稳态性与环境适应能力。

有研究表明，在雌雄异株的物种中，资源分配策略中的性别二态性显而易见，雌株通常在繁殖上投入更多资源，随着雌株的成熟，繁殖功能逐渐增加（Zhang et al.，2024）。与雄株相比，胡杨雌株在发育过程中呈现由抗逆向生长功能逐步转移的趋势。在8径阶，脯氨酸含量的度最高，叶水势和叶片鲜重也有较高的连通性，可溶性蛋白含量和有机碳含量则表现出较高的介数，表明该阶段雌株以渗透调节和碳氮代谢相关性状为调控核心，体现出这些核心生理指标在逆境响应中的关键作用。至12径阶和16径阶，叶水势、丙二醛含量等抗逆性状仍保持较高的网络重要性，但与此同时，与结构建成相关的性状（如叶片干重、栅栏组织厚度）介数值变大，提示雌株在中期发育阶段已开始增强对形态建成的投入。进入20径阶，叶片鲜重、叶柄粗度和叶面积等与生长和光合面积扩展相关的性状占据网络核心位置，抗逆性状的重要性相对下降。这一阶段性状功能转变可能反映出雌株在成熟阶段对营养生长投入的增加，这可能与雌株生殖策略密切相关。胡杨雌株承担着种子形成与繁殖结构发育的能量成本，雌株在生长后期更倾向于增强器官建成和能量储备，以保障繁殖成功率并提高后代存活能力。

4.6.6　雌雄株不同树高异形叶性状网络差异与环境适应策略

在明确了胡杨雌雄株在不同发育阶段异形叶性状网络构建及雌雄株对环境适应策略的差异的基础上，我们进一步探究了各发育阶段中不同树高处的叶性状协调关系，这将有助于更全面地理解胡杨对复杂环境条件的结构-功能响应机制。由于垂直方向上光照强度、水分蒸腾、气体交换和风力干扰等微环境因子存在差异，植物常通过在不同树高位置形成特定功能叶片性状（如叶片厚度、气孔密度、净光合速率）以优化整体资源获取与利用效率。

胡杨雄株的叶性状网络表现为随着树高的增加，网络结构由紧密变疏松再到紧密，雄株资源获取能力先减弱后增强，并且在各个发育阶段的树高 6m 处资源利用能力均较弱。顶层树高处的叶片资源利用能力更强，主要是通过增加模块化形成特定的功能模块，以适应资源获取和利用策略。这反映了雄株在较高冠层环境中表现出更强的适应性和灵活性。与雄株不同，胡杨雌株资源获取能力随树高的增加呈先增强后减弱的趋势，并且在树高 6m 处最大。这一结果反映了雌株资源获取能力在树高 6m 处最强，性状间的协调能力最佳，能够更高效地整合各种生理功能，实现资源的最优利用。

前人研究表明，植物通过调节一系列叶性状（水分生理性状、形态结构性状及化学计量性状）来适应外界环境的变化，从而维持其正常的生理功能。丙二醛、脯氨酸和可溶性糖等渗透调节物质是植物在环境胁迫下生理响应的关键物质。可溶性糖和脯氨酸是渗透性溶解物，有助于调节渗透力（Nakhaie et al.，2022；Afzal et al.，2021）。这些物质的积累不仅反映了植物对胁迫的感知与应答能力，也在很大程度上决定了叶片功能的维持与优化。此外，植物通过调整叶片形态特征来适应不同生态条件。植物叶片宽度的增加会显著影响叶片功能的各个方面，包括生长、光合作用、水力特性和抗旱性（Xu et al.，2024）。叶片厚度、蒸腾速率、气孔导度、净光合速率和叶片解剖性状在调节植物叶片的气体交换、蒸腾、保水和光效率方面起着至关重要的作用（Lamont B B and Lamont H C，2022；Ranawana et al.，2023），并且气孔导度是调节气体交换和蒸腾的关键因素。气孔根据环境中光源和水分的可用性等环境线索调整其孔径，直接影响光合作用和水资源利用效率（Chen et al.，2006）。除渗透调节物质外，矿质营养元素也是调控植物叶片功能与生长过程的关键因子。适宜的磷含量能够显著促进分生组织的活性，增强细胞分裂与组织分化能力，从而改善植物的整体生长状态（Chu et al.，2018）。氮含量升高可增强叶绿素含量、酶活性和糖产量，从而提高光合作用效率和促进植物生长（Khator and Shekhawat，2020）。优化氮、磷含量及其比例对于维持植物健康和光合作用效率至关重要（Hao et al.，2023）。这些营养元素通过对光合系统与代谢过程的调节，在维持叶片功能稳定性及应对环境变化方面发挥重要作用。

在 8 径阶，雄株在不同树高处的叶性状网络结构差异较小，雌株相反。雄株整体以抗逆性状为核心，构建起以水分调节与渗透调节物质为主导的协同网络；而雌株在低树高更侧重光合结构的扩展与渗透功能，在中高树高则体现出更为集中的抗逆性状调控。

在 12 径阶和 16 径阶阶段，雌雄株对水碳资源利用的能力呈现出先减弱后增强的趋势。随着树高的增加，雌雄株在叶网络构建的侧重点上表现出明显分化。在这两个阶段，雄株更倾向于整合水碳利用效率与结构建设，而雌株的胁迫调节能力则先减弱后增强，养分利用能力呈相反趋势。这表明，在快速发育阶段，雌雄株在生理稳态与资源配置上展现出更强的防御性适应倾向。总体而言，雄株偏向功能模块的整合与资源效率的提高，而雌株更注重代谢稳态与抗逆功能的持续性，构建缓冲性更强的生理调控网络。

在 20 径阶，雌雄株在不同树高下表现出调控策略的显著差异，雄株更偏向水分利用效率与光合结构协同，雌株则强调矿质营养、抗逆响应与气体交换功能的整合。随着树高增加，雄株由以碳分配与光合结构协同（如可溶性糖含量、叶面积）为主，逐渐转向依赖气体交换与抗逆调控（如胞间 CO_2 浓度、全钾含量）；而雌株则由以水分调控与光合耦合（如蒸腾速率、气孔导度）为核心，转向强化养分调控与结构稳定（如全磷含量、全氮含量、叶片宽度），体现出雄株功能效率导向与雌株代谢稳态导向的差异性调控策略。

综上，雄株策略偏向于快速资源整合与环境响应效率提高，而雌株更倾向于调控网络稳定性与功能冗余性，反映了雌株为支持繁殖成本而构建的高度缓冲型适应系统。这种差异性策略体现了雌雄株在干旱环境中不同的生理权衡与生态适应路径。

第5章　胡杨枝叶性状间异速生长的雌雄差异

胡杨具有异形叶性的生物学特性（李志军等，2020，2021），这种特性与个体发育阶段有关，表现为幼树为条形叶，随着个体发育，树冠上逐渐出现除了条形叶以外的披针形叶、卵形叶及阔卵形叶。这些异形叶着生的枝条长度、形态也存在变化。叶面积最小的条形叶着生在长枝上，叶面积最大的阔卵形叶着生在短枝上，呈现枝、叶形态随发育阶段的变化。这种表型性状的明显变化不但存在于不同发育阶段，还存在于树冠的不同冠层（李志军等，2021；Zhai et al.，2020）。基于胡杨异形叶性的生物学特性，我们推测胡杨枝、叶性状间存在异速生长关系。但目前仅见胡杨叶片发育过程叶性状异速生长关系的研究报道（杨琼等，2016）。关于胡杨枝、叶性状是否存在异速生长关系，以及发育阶段、冠层高度对枝、叶异速生长关系的影响尚不清楚。本章以同一立地条件下不同发育阶段的胡杨雌雄株为研究对象，研究胡杨在不同径阶和不同树高对资源利用方式的转变及雌雄株差异。这一研究将对揭示胡杨随发育阶段投资策略的变化有重要意义。

5.1　材料与方法

5.1.1　研究区概况

研究区概况同 4.1.1 节。

5.1.2　试验方法

在林地内选取生长良好，枝条和叶片无明显病虫害的胡杨植株，对胸径在 2cm 以上的所有胡杨植株进行调查，以胸径 4cm 为阶距进行整化，分为 8 径阶、12 径阶、16 径阶、20 径阶共 4 个径阶，每径阶 3 株重复，雌雄株共 24 株（表 5-1）。各径阶以离基部 2m 为间隔，划分为树高 2m、4m、6m、8m、10m、12m（分别为采样点的冠层高度）。

表 5-1　胡杨雌雄株样本的基本信息

样株	径阶	平均胸径/cm	平均树高/m	平均树龄/a
雌株	8	8.33	7.53	8.10
	12	14.30	9.47	9.30
	16	17.67	11.27	10.37
	20	23.23	12.87	11.17
雄株	8	9.33	7.97	8.37
	12	14.37	10.00	9.70
	16	17.33	10.93	10.13
	20	24.83	12.70	11.10

2021 年,从东、南、西、北 4 个方向在各径阶不同树高采集当年生枝条及其附着的所有叶片。利用围尺测量树木的胸径,用直尺测量枝长,用游标卡尺测量枝条粗度和叶柄粗度。将叶片整齐摆在刻度纸板上拍照,之后利用 ImageJ 测定叶面积。最后,将叶片和枝条进行烘干、打碎,测定枝条和叶片的干重。

5.1.3 数据分析

每种类型枝、叶性状的算术平均值为该种类型枝、叶的性状值。使用 SPSS(IBM SPSS Statistics 27)软件对不同发育阶段的叶片性状进行差异显著性分析,采用异速生长方程 $Y=\beta M^{\alpha}$(其中,Y、M 分别代表因变量和自变量;β 为线性关系的截距;α 为线性关系的斜率,$\alpha=1$ 代表因变量和自变量呈等速关系,$\alpha>1$ 或 $\alpha<1$ 则代表因变量和自变量表现为异速关系)拟合胡杨枝和叶及其对应养分含量之间的关系,将等式两边同时取对数(以 10 为底)使之转化为 $\lg Y=\lg\beta+\alpha\lg M$。将各性状值进行对数(以 10 为底)转换,使之满足正态分布后进行性状间异速生长关系的分析。利用 SMART 软件中的标准化主轴回归分析方法计算各性状指标间的异速指数和常数,通过 Pitman(1939)的方法计算性状回归斜率的置信区间,然后对斜率进行异质性检验,且在斜率同质时计算共同斜率,并用 Origin 9.1 软件作图。

5.2 雌雄株枝叶性状与生物量之间的关系

5.2.1 雌雄株枝叶性状及生物量在径阶、树高间的差异

随着径阶的增加,雌雄株的枝、叶性状及生物量均存在显著变化(表 5-2)。随着径阶的增加,雌雄株枝长、每枝叶片数总体上显著减小,枝粗、叶柄长度、叶柄粗度、每枝总叶面积、叶片干重总体上显著增大。从 8 径阶到 20 径阶,枝长雄株相对雌株减小的更多,而每枝叶片数雌株相对雄株减小的更多;叶柄长度、叶柄粗度、每枝总叶面积、叶片干重雌株分别增加了 29.32%、32.94%、32.52%、78.57%,均分别大于雄株相应指标增加的 23.48%、18.37%、28.17%、64.29%。结果表明,随着径阶的增加,雌株的叶性状和叶生物量变化总体上较雄株更为明显。

表 5-2 枝、叶性状及生物量在径阶间的差异($n=144$)

样株	径阶	枝长/cm	枝粗/mm	叶柄长度/cm	叶柄粗度/mm	每枝总叶面积/cm²	每枝叶片数/片	枝干重/g	叶片干重/g
雌株	8	14.51±4.66a	2.23±0.33b	3.24±0.72c	0.85±0.09c	13.16±2.82c	6.99±0.95a	0.19±0.12a	0.14±0.05c
	12	11.68±3.66b	2.22±0.30b	3.74±0.71b	0.95±0.09b	14.48±2.75b	7.22±0.71a	0.17±0.08a	0.18±0.05b
	16	10.50±4.19b	1.97±0.31c	2.88±0.54d	0.85±0.12c	9.93±1.93d	6.38±1.04b	0.11±0.05b	0.14±0.09c
	20	8.24±2.66c	2.56±0.30a	4.19±0.51a	1.13±0.11a	17.44±2.77a	5.57±0.78c	0.16±0.05a	0.25±0.06a
雄株	8	16.59±4.21a	2.55±0.45b	3.45±0.84c	0.98±0.22b	13.88±4.28b	7.44±1.14a	0.27±0.23a	0.14±0.06c
	12	12.36±4.06b	2.44±0.36b	4.13±0.58ab	1.01±0.17b	13.58±1.65b	7.18±0.91a	0.19±0.07b	0.18±0.05b
	16	8.58±4.17c	2.52±0.43b	3.96±0.72b	0.96±0.13b	13.58±2.82b	7.34±0.97a	0.21±0.10b	0.17±0.06b
	20	6.98±1.23d	2.73±0.30a	4.26±0.48a	1.16±0.11a	17.79±2.60a	6.50±0.77b	0.21±0.06b	0.23±0.05a

注:雌株或雄株同列不含相同小写字母表示不同径阶间差异显著($P<0.05$)。

随着树高的增加，雌雄株叶柄长度、叶柄粗度总体上显著增加，每枝叶片数总体上显著减小（表 5-3）。雌株各径阶枝长随着树高的增加总体上显著减小（8 径阶除外），但雄株仅 8 径阶显著减小；雌雄株各径阶枝粗除雌株 20 径阶无显著变化外，其余径阶总体上均呈增加趋势；雌雄株 8 径阶、16 径阶每枝总叶面积总体上随着树高的增加显著增加，20 径阶的每枝总叶面积总体上无显著差异；雌雄株叶片干重在 8 径阶随着树高的增加无显著变化；除雄株 20 径阶的枝干重无显著变化外，雌雄株其余各径阶总体上均显著增加；20 径阶叶柄长度、叶柄粗度、枝干重及叶片干重从树高 2m 到 12m 处，雌株分别增加了 45.00%、31.00%、38.46% 及 45.00%，雄株分别增加了 25.34%、40.20%、15.79% 及 71.43%。结果表明，雌雄株各径阶枝、叶性状及生物量随着树高的增加总体上差异显著。

表 5-3　枝、叶性状及生物量在树高间的差异（n=612）

样株	径阶	枝长/cm					
		树高 2m	树高 4m	树高 6m	树高 8m	树高 10m	树高 12m
雌株	8	14.86±10.47a	10.70±6.55a	16.81±7.32a	—	—	—
	12	17.38±26.17a	14.03±7.38a	9.69±3.25b	8.94±4.43b	—	—
	16	13.51±2.11a	11.31±4.31ab	10.52±3.93ab	8.73±4.17b	8.46±2.35b	—
	20	9.63±3.91a	9.73±4.10a	8.32±3.67ab	7.69±2.88ab	7.24±2.47b	6.81±2.60b
雄株	8	16.29±5.42a	15.87±4.26a	12.61±4.30b	—	—	—
	12	10.89±4.95a	11.63±3.99a	14.47±12.21a	12.45±4.33a	—	—
	16	10.82±6.82a	8.55±9.95a	6.59±2.11a	7.20±1.66a	10.56±13.79a	—
	20	7.11±2.70a	6.74±1.71a	7.44±2.80a	6.93±2.30a	7.13±1.88a	6.55±2.18a

样株	径阶	枝粗/cm					
		树高 2m	树高 4m	树高 6m	树高 8m	树高 10m	树高 12m
雌株	8	2.06±0.37b	2.12±0.54b	2.55±0.58a	—	—	—
	12	1.99±0.43b	2.08±0.63b	2.20±0.42b	2.61±0.48a	—	—
	16	1.54±0.21c	1.90±0.38b	1.90±0.38b	2.24±0.36a	2.29±0.29a	—
	20	2.22±0.40a	2.54±0.52a	3.07±3.78a	8.83±36.55a	2.69±0.50a	2.59±0.51a
雄株	8	2.33±0.31b	2.24±0.30b	3.08±0.66a	—	—	—
	12	2.10±0.34b	2.25±0.34b	2.68±0.60a	2.74±0.48a	—	—
	16	2.03±0.38c	2.25±0.31c	2.65±0.50b	2.67±0.56b	3.01±0.74a	—
	20	2.35±0.51c	2.77±0.26ab	2.80±0.41ab	2.96±0.43a	2.61±0.42b	2.89±0.52a

样株	径阶	叶柄长度/cm					
		树高 2m	树高 4m	树高 6m	树高 8m	树高 10m	树高 12m
雌株	8	2.71±0.61b	3.18±0.71ab	4.01±0.75a	—	—	—
	12	2.95±1.02c	3.73±1.25b	4.02±0.89ab	4.27±0.86a	—	—
	16	1.86±0.49b	2.02±0.12b	3.01±0.51a	3.30±0.39a	3.53±0.22a	—
	20	3.60±0.21c	3.89±0.54bc	4.11±0.26b	4.21±0.06b	4.22±0.20b	5.22±2.00a
雄株	8	3.11±0.89b	3.43±0.11ab	4.48±0.62a	—	—	—
	12	3.75±0.51b	3.96±0.60b	4.38±1.05a	4.43±0.74a	—	—
	16	3.14±0.85b	3.99±0.40ab	3.99±0.68ab	4.26±0.70ab	4.64±0.50a	—
	20	3.67±0.33b	4.31±0.66ab	4.53±0.38a	4.45±0.38a	4.66±0.21a	4.60±0.33a

续表

样株	径阶	叶柄粗度/mm					
		树高2m	树高4m	树高6m	树高8m	树高10m	树高12m
雌株	8	0.78±0.04b	0.83±0.03b	0.94±0.14a	—	—	—
	12	0.85±0.03c	0.92±0.08bc	1.01±0.03ab	1.06±0.08a	—	—
	16	0.67±0.08b	0.81±0.13ab	0.86±0.07ab	0.98±0.20a	0.93±0.06a	—
	20	1.00±0.08d	1.07±0.06cd	1.18±0.06bc	1.19±0.08b	1.21±0.01ab	1.31±0.06a
雄株	8	0.81±0.11b	0.90±0.13b	1.22±0.19a	—	—	—
	12	0.91±0.05c	0.94±0.07bc	1.07±0.04b	1.39±0.09a	—	—
	16	0.90±0.04c	0.92±0.04c	0.98±0.06bc	1.08±0.07b	1.48±0.06a	—
	20	1.02±0.05c	1.12±0.07bc	1.20±0.10b	1.21±0.10b	1.24±0.07b	1.43±0.05a

样株	径阶	每枝总叶面积/cm²					
		树高2m	树高4m	树高6m	树高8m	树高10m	树高12m
雌株	8	11.98±5.28b	11.68±3.48b	15.82±5.06a	—	—	—
	12	12.69±6.40b	14.17±8.01b	13.44±4.12b	17.62±6.08a	—	—
	16	7.00±1.98b	10.03±3.40a	10.66±2.76a	10.88±3.36a	11.10±2.78a	—
	20	17.11±6.56ab	19.95±6.21a	17.01±5.58ab	17.49±5.98ab	16.67±7.81ab	16.42±5.97b
雄株	8	9.95±3.20c	12.52±5.12b	19.17±5.34a	—	—	—
	12	14.02±4.82a	12.70±3.33a	13.84±3.11a	13.76±2.66a	—	—
	16	9.93±3.38c	13.06±3.32b	15.56±3.92a	13.23±3.72b	16.13±4.34a	—
	20	16.77±4.16a	17.76±5.74a	18.67±4.75a	19.43±6.36a	17.16±5.33a	16.93±6.07a

样株	径阶	每枝叶片数/片					
		树高2m	树高4m	树高6m	树高8m	树高10m	树高12m
雌株	8	8.47±0.49a	6.47±0.92b	6.44±0.39b	—	—	—
	12	7.94±1.33a	6.97±0.69ab	6.69±0.81ab	6.42±0.73b	—	—
	16	7.89±0.61a	6.89±0.46ab	6.42±0.46b	6.19±0.80b	5.86±0.38b	—
	20	5.53±0.21a	5.31±0.27ab	5.61±0.41a	5.56±0.05a	5.33±0.22ab	4.78±0.54b
雄株	8	8.86±0.79a	7.17±0.33b	6.94±0.67b	—	—	—
	12	7.11±0.13a	6.86±0.84ab	6.64±0.49ab	6.11±0.13b	—	—
	16	7.64±0.68a	6.97±0.38ab	6.81±0.34ab	6.67±0.80ab	6.28±0.41b	—
	20	7.00±0.68a	6.31±0.90ab	6.19±0.69ab	6.14±0.47ab	6.00±0.73ab	5.67±0.22b

样株	径阶	枝干重/g					
		树高2m	树高4m	树高6m	树高8m	树高10m	树高12m
雌株	8	0.13±0.09b	0.14±0.09b	0.29±0.21a	—	—	—
	12	0.12±0.09b	0.13±0.11b	0.29±0.21a	0.26±0.14a	—	—
	16	0.07±0.07b	0.09±0.05b	0.09±0.04b	0.14±0.08a	0.17±0.08a	—
	20	0.13±0.07c	0.16±0.09abc	0.14±0.07bc	0.19±0.09a	0.17±0.10abc	0.18±0.08ab
雄株	8	0.11±0.05c	0.21±0.06b	0.50±0.31a	—	—	—
	12	0.13±0.06b	0.14±0.05b	0.22±0.12a	0.25±0.13a	—	—
	16	0.12±0.09c	0.18±0.17b	0.19±0.09b	0.23±0.08b	0.33±0.17a	—
	20	0.19±0.18a	0.21±0.13a	0.22±0.08a	0.23±0.08a	0.20±0.08a	0.22±0.12a

样株	径阶	叶片干重/g					
		树高 2m	树高 4m	树高 6m	树高 8m	树高 10m	树高 12m
雌株	8	0.10±0.03a	0.13±0.04a	0.18±0.07a	—	—	—
	12	0.12±0.01d	0.13±0.01c	0.16±0.00b	0.18±0.01a	—	—
	16	0.10±0.05b	0.12±0.06ab	0.17±0.04ab	0.17±0.03ab	0.19±0.01a	—
	20	0.20±0.06b	0.23±0.05ab	0.26±0.04ab	0.25±0.02ab	0.27±0.01ab	0.29±0.01a
雄株	8	0.09±0.05a	0.12±0.05a	0.20±0.07a	—	—	—
	12	0.13±0.03b	0.18±0.08a	0.20±0.01a	0.20±0.01a	—	—
	16	0.09±0.05c	0.16±0.02b	0.19±0.04ab	0.20±0.01ab	0.23±0.01a	—
	20	0.21±0.07b	0.24±0.07ab	0.24±0.05ab	0.26±0.09ab	0.31±0.02ab	0.36±0.02a

注：同一行不含相同小写字母表示同一径阶不同树高间差异显著（$P<0.05$）。

5.2.2　雌雄株异形叶结构性状间的关系

雌株异形叶结构性状指标间的相关性分析（表 5-4）表明，叶片长度与叶片厚度、海绵组织厚度及栅海比呈极显著负相关；叶片宽度与叶形指数、比叶面积、每枝叶片数呈极显著负相关，与叶面积、叶片干重、叶片鲜重、叶柄长度、叶柄粗度、每枝总叶面积、栅栏组织厚度、海绵组织厚度、主脉木质部厚度、导管面积、导管数、木质部横切面积、栅海比呈显著/极显著正相关；叶形指数、比叶面积与叶片厚度、叶片干重、叶片鲜重、叶柄长度、叶柄粗度、每枝总叶面积、栅栏组织厚度、海绵组织厚度、主脉木质部厚度、导管面积、栅海比呈显著/极显著负相关，与每枝叶片数呈极显著正相关；叶面积、叶片厚度、叶片鲜重、叶柄长度、叶柄粗度与每枝总叶面积、栅栏组织厚度、海绵组织厚度、主脉木质部厚度、导管面积、导管数、木质部横切面积、栅海比呈显著/极显著正相关，与每枝叶片数呈极显著负相关；每枝叶片数与栅栏组织厚度、海绵组织厚度、主脉木质部厚度、导管面积、导管数、木质部横切面积、栅海比呈显著/极显著负相关；栅栏组织厚度与海绵组织厚度、主脉木质部厚度、导管面积、导管数、木质部横切面积、栅海比呈显著/极显著正相关；海绵组织厚度、主脉木质部厚度与导管面积、导管数、木质部横切面积、栅海比呈显著/极显著正相关；导管面积、导管数与木质部横切面积、栅海比呈极显著正相关；木质部横切面积与栅海比呈极显著正相关；导管密度与叶片厚度、每枝总叶面积、导管面积、导管数、木质部横切面积、栅海比呈显著/极显著负相关。

上述结果表明，胡杨雌株异形叶结构性状指标间的相关性绝大多数达显著/极显著水平，说明雌株通过叶结构性状间的相互协同或权衡，形成了适应特定环境的形态生长特征。

雄株异形叶结构性状指标间的相关性分析见表 5-5。由表 5-5 可以看出，叶片长度与叶片厚度、海绵组织厚度、导管数、栅海比呈显著/极显著负相关；叶片宽度与叶形指数、比叶面积、每枝叶片数呈极显著负相关，与叶面积、叶片厚度、叶片干重、叶片鲜重、叶柄长度、叶柄粗度、每枝总叶面积、海绵组织厚度、导管面积、导管数、木质部

表 5-4 雌株异形叶结构性状指标间的相关性 (n=54)

指标	叶片长度	叶片宽度	叶形指数	叶面积	比叶面积	叶片厚度	叶片干重	叶片鲜重	叶柄长度	叶柄粗度	每枝叶片数	每枝总叶面积	栅栏组织厚度	海绵组织厚度	主脉木质部厚度	导管面积	导管数	木质部横切面积	栅海比	导管密度
叶片长度	1.00																			
叶片宽度	-0.07	1.00																		
叶形指数	0.44	-0.84**	1.00																	
叶面积	0.11	0.80**	-0.65**	1.00																
比叶面积	0.06	-0.69**	0.68**	-0.93**	1.00															
叶片厚度	-0.61**	0.46	-0.59**	0.59**	-0.71**	1.00														
叶片干重	0.04	0.83**	-0.66**	0.96**	-0.87**	0.60**	1.00													
叶片鲜重	0.10	0.85**	-0.64**	0.95**	-0.84**	0.56**	0.94**	1.00												
叶柄长度	0.13	0.83**	-0.60**	0.89**	-0.80**	0.45	0.82**	0.90**	1.00											
叶柄粗度	0.20	0.80**	-0.61**	0.98**	-0.89**	0.52*	0.95**	0.95**	0.91**	1.00										
每枝叶片数	0.11	-0.80**	0.78**	-0.88**	0.84**	-0.58**	-0.91**	-0.80**	-0.74**	-0.84**	1.00									
每枝总叶面积	-0.21	0.56*	-0.50*	0.53*	-0.54*	0.52*	0.41	0.62*	0.74**	0.53*	-0.31	1.00								
栅栏组织厚度	-0.02	0.85**	-0.76**	0.79**	-0.74**	0.46*	0.76**	0.72**	0.72**	0.74**	-0.80**	0.46*	1.00							
海绵组织厚度	-0.60**	0.55*	-0.72**	0.54*	-0.62**	0.76**	0.55*	0.58**	0.51*	0.46*	-0.65**	0.61**	0.50*	1.00						
主脉木质部厚度	-0.02	0.61**	-0.59**	0.86**	-0.92**	0.69**	0.83**	0.82**	0.67**	0.85**	-0.75**	0.45	0.60**	0.55*	1.00					
导管面积	0.07	0.64**	-0.49*	0.84**	-0.86**	0.59**	0.75**	0.84**	0.84**	0.84**	-0.61**	0.71**	0.57	0.52	0.85**	1.00				
导管数	-0.07	0.49*	-0.42	0.71**	-0.79**	0.66**	0.68**	0.72**	0.63**	0.72**	-0.58**	0.54*	0.48	0.57	0.88**	0.84**	1.00			
木质部横切面积	-0.17	0.49*	-0.45	0.73**	-0.82**	0.70**	0.68**	0.70**	0.72**	0.73**	-0.63**	0.63**	0.47	0.63**	0.81**	0.86**	0.91**	1.00		
栅海比	-0.60**	0.59**	-0.73**	0.55**	-0.69**	0.82**	0.51*	0.52*	0.55**	0.48*	-0.55**	0.65**	0.54*	0.70**	0.62**	0.62**	0.60**	0.70**	1.00	
导管密度	0.35	-0.24	0.34	-0.25	0.44	-0.46*	-0.18	-0.30	-0.41	-0.28	0.15	-0.67**	-0.20	-0.44	-0.40	-0.49**	-0.54**	-0.67**	-0.73**	1.00

*表示差异显著 ($P<0.05$)；**表示差异极显著 ($P<0.01$)。

表 5-5　雄株异形叶形结构性状指标间的相关性（$n=54$）

指标	叶片长度	叶片宽度	叶形指数	叶面积	比叶面积	叶片厚度	叶片干重	叶片鲜重	叶柄长度	叶柄粗度	每枝叶片数	每枝总叶面积	栅栏组织厚度	海绵组织厚度	主脉木质部厚度	导管面积	导管数	木质部横切面积	栅海比	导管密度
叶片长度	1.00																			
叶片宽度	-0.27	1.00																		
叶形指数	0.48*	-0.86**	1.00																	
叶面积	0.05	0.73**	-0.72**	1.00																
比叶面积	-0.02	-0.74**	0.72**	-0.97**	1.00															
叶片厚度	-0.57*	0.65**	-0.87**	0.59**	-0.60**	1.00														
叶片干重	0.15	0.78**	-0.67**	0.94**	-0.92**	0.50**	1.00													
叶片鲜重	-0.03	0.82**	-0.78**	0.98**	-0.96**	0.63**	0.93**	1.00												
叶柄长度	-0.12	0.83**	-0.76**	0.85**	-0.88**	0.56**	0.84**	0.87**	1.00											
叶柄粗度	-0.16	0.70**	-0.78**	0.83**	-0.84**	0.71**	0.78**	0.82**	0.84**	1.00										
每枝叶片数	-0.11	-0.71**	0.63**	-0.84**	0.88**	-0.43	-0.87**	-0.84**	-0.88**	-0.79**	1.00									
每枝总叶面积	-0.09	0.73**	-0.72**	0.79**	-0.76**	0.70**	0.81**	0.78**	0.59**	0.63**	-0.54*	1.00								
栅栏组织厚度	-0.24	0.10	-0.32	0.08	-0.01	0.33	-0.03	0.12	0.18	0.25	-0.09	0.03	1.00							
海绵组织厚度	-0.58**	0.50**	-0.73**	0.46**	-0.42	0.87**	0.34	0.48**	0.50**	0.58**	-0.31	0.45**	0.40	1.00						
主脉木质部厚度	-0.44	0.38	-0.44	0.36	-0.37	0.47*	0.34	0.37	0.55**	0.55**	-0.46**	0.11	0.14	0.59**	1.00					
导管面积	-0.37	0.63**	-0.58**	0.62**	-0.63**	0.61**	0.62**	0.63**	0.71**	0.80**	-0.62**	0.50**	0.15	0.57**	0.73**	1.00				
导管数	-0.49**	0.47*	-0.49**	0.53**	-0.53**	0.59**	0.51**	0.53**	0.58**	0.55**	-0.46**	0.42	0.15	0.60**	0.76**	0.81**	1.00			
木质部横切面积	-0.36	0.69**	-0.65**	0.65**	-0.67**	0.63**	0.71**	0.64**	0.76**	0.82**	-0.70**	0.57**	0.02	0.54**	0.73**	0.93**	0.78**	1.00		
栅海比	-0.82**	0.30	-0.42	0.10	-0.13	0.58**	-0.01	0.17	0.29	0.33	-0.11	0.03	0.34	0.65**	0.65**	0.62**	0.71**	0.51*	1.00	
导管密度	0.16	-0.43	0.53**	-0.42	0.49**	-0.56**	-0.50**	-0.37	-0.47*	-0.61**	0.54**	-0.40	0.14	-0.48**	-0.47**	-0.48**	-0.39	-0.68**	-0.26	1.00

*表示差异显著（$P<0.05$）；**表示差异极显著（$P<0.01$）。

横切面积呈显著/极显著正相关；叶形指数、比叶面积与叶片厚度、叶片干重、叶片鲜重、叶柄长度、叶柄粗度、每枝总叶面积、导管面积、导管数、木质部横切面积呈显著/极显著负相关，与每枝叶片数呈显著/极显著正相关；叶面积、叶片厚度、叶片干重、叶片鲜重、叶柄长度、叶柄粗度与每枝总叶面积、导管面积、导管数、木质部横切面积呈显著/极显著正相关，同时，叶片干重、叶片鲜重、叶柄长度、叶柄粗度与每枝叶片数呈极显著负相关；每枝叶片数与每枝总叶面积、主脉木质部厚度、导管面积、导管数、木质部横切面积呈显著/极显著负相关；每枝总叶面积与导管面积、木质部横切面积呈显著正相关；海绵组织厚度、主脉木质部厚度与导管面积、导管数、木质部横切面积、栅海比呈显著/极显著正相关；导管面积、导管数与木质部横切面积、栅海比呈极显著正相关；木质部横切面积与栅海比呈显著正相关；导管密度与叶片厚度、叶片干重、叶柄长度、叶柄粗度、海绵组织厚度、主脉木质部厚度、导管面积、木质部横切面积呈显著/极显著负相关，与叶形指数、比叶面积、每枝叶片数呈显著正相关。

结果表明，胡杨雄株异形叶结构性状间的相关性绝大多数达显著/极显著水平，说明雄株通过叶结构性状间的相互协同或权衡，形成了适应特定环境的形态生长特征。

综合分析可知，胡杨雌雄株异形叶结构性状间有着密切联系，异形叶结构性状间的相互关系在雌雄间有差异。

5.2.3　雌雄株异形叶功能性状与结构性状间的关系

雌株异形叶结构性状指标与功能性状指标间的相关性见表 5-6。由表 5-6 可以看出，叶片长度与蒸腾速率、脯氨酸含量、$\delta^{13}C$ 呈显著负相关，与可溶性蛋白含量、可溶性糖含量呈显著/极显著正相关；叶片宽度与净光合速率、蒸腾速率、丙二醛含量呈极显著正相关，与胞间 CO_2 浓度、可溶性蛋白含量呈显著负相关；叶形指数与净光合速率、蒸腾速率、脯氨酸含量、$\delta^{13}C$ 呈显著/极显著负相关，与胞间 CO_2 浓度、可溶性蛋白含量呈显著/极显著正相关；叶面积、叶片厚度、叶片干重、叶片鲜重、叶柄长度、叶柄粗度、每枝总叶面积、海绵组织厚度、主脉木质部厚度、导管面积、导管数、木质部横切面积、栅海比均与净光合速率、蒸腾速率、脯氨酸含量、丙二醛含量呈显著/极显著正相关，与胞间 CO_2 浓度呈极显著负相关；比叶面积、每枝叶片数、导管密度均与净光合速率、蒸腾速率、脯氨酸含量、丙二醛含量呈显著/极显著负相关；叶面积、叶片厚度、叶片干重、叶柄粗度、海绵组织厚度、主脉木质部厚度、导管面积、导管数、木质部横切面积、栅海比均与气孔导度呈显著或极显著正相关，比叶面积、每枝叶片数与气孔导度呈极显著负相关；叶片厚度、每枝总叶面积、海绵组织厚度、主脉木质部厚度、导管数、木质部横切面积、栅海比与可溶性蛋白含量呈显著/极显著负相关；每枝总叶面积、栅海比与可溶性糖含量呈显著/极显著负相关；叶片厚度、叶柄长度、每枝总叶面积、海绵组织厚度、导管面积、木质部横切面积、栅海比与 $\delta^{13}C$ 呈显著/极显著正相关，比叶面积与 $\delta^{13}C$ 呈显著负相关；叶面积、叶片干重、叶柄粗度、导管密度与叶水势呈显著/极显著正相关；每枝叶片数与叶水势呈显著负相关。

结果表明，胡杨雌株异形叶功能性状指标与结构性状指标间的相关性绝大多数达显著/极显著水平,说明雌株通过叶功能性状与结构性状间的相互协同或权衡,形成了适应特定环境的形态生存策略。

表 5-6　雌株异形叶结构性状指标与功能性状指标间的相关性（$n=54$）

指标	净光合速率	气孔导度	胞间CO_2浓度	蒸腾速率	瞬时水分利用效率	脯氨酸含量	丙二醛含量	可溶性蛋白含量	可溶性糖含量	$\delta^{13}C$	叶水势
叶片长度	−0.44	−0.41	0.29	−0.52*	0.38	−0.55*	0.14	0.74**	0.51*	−0.47*	0.40
叶片宽度	0.61**	0.33	−0.49*	0.61**	0.29	0.45	0.61**	−0.47*	−0.40	0.35	0.28
叶形指数	−0.72**	−0.42	0.54*	−0.73**	−0.24	−0.55*	−0.41	0.68**	0.43	−0.51*	−0.07
叶面积	0.78**	0.57*	−0.68**	0.69**	0.62**	0.52*	0.81**	−0.37	−0.11	0.36	0.48*
比叶面积	−0.90**	−0.74**	0.81**	−0.84**	−0.56*	−0.67**	−0.81**	0.46*	0.05	−0.49*	−0.30
叶片厚度	0.90**	0.77**	−0.75**	0.90**	0.09	0.76**	0.58**	−0.76**	−0.41	0.57**	0.04
叶片干重	0.77**	0.58**	−0.59**	0.68**	0.55*	0.52*	0.77**	−0.43	−0.11	0.22	0.60**
叶片鲜重	0.69**	0.43	−0.67**	0.64**	0.42	0.48*	0.84**	−0.44	−0.30	0.36	0.43
叶柄长度	0.61**	0.39	−0.71**	0.59**	0.48*	0.50*	0.82**	−0.34	−0.33	0.53*	0.19
叶柄粗度	0.70**	0.49*	−0.64**	0.62**	0.61**	0.47*	0.87**	−0.35	−0.13	0.29	0.50*
每枝叶片数	−0.79**	−0.62**	0.57*	−0.70**	−0.61**	−0.55*	−0.61**	0.44	0.05	−0.27	−0.53*
每枝总叶面积	0.49*	0.26	−0.77**	0.59**	−0.06	0.55*	0.65**	−0.54*	−0.71**	0.81**	−0.39
栅栏组织厚度	0.67**	0.44	−0.51*	0.63**	0.43	0.45	0.54*	−0.31	−0.17	0.33	0.28
海绵组织厚度	0.75**	0.56*	−0.77**	0.78**	0.04	0.73**	0.48*	−0.73**	−0.46*	0.66**	−0.06
主脉木质部厚度	0.84**	0.68**	−0.75**	0.81**	0.41	0.59**	0.84**	−0.49*	−0.04	0.36	0.36
导管面积	0.74**	0.60**	−0.86**	0.75**	0.37	0.66**	0.88**	−0.40	−0.20	0.57*	0.10
导管数	0.77**	0.69**	−0.85**	0.77**	0.26	0.70**	0.88**	−0.51*	−0.17	0.44	0.16
木质部横切面积	0.82**	0.79**	−0.92**	0.81**	0.34	0.84**	0.87**	−0.51*	−0.22	0.57*	0.07
栅海比	0.83**	0.69**	−0.77**	0.90**	0.00	0.78**	0.51*	−0.70**	−0.48*	0.75**	−0.26
导管密度	−0.48*	−0.45	0.69**	−0.58**	0.17	−0.63**	−0.53*	0.44	0.40	−0.68**	0.49*

*表示差异显著（$P<0.05$）；**表示差异极显著（$P<0.01$）。

雄株异形叶结构性状指标与功能性状指标间的相关性见表 5-7。由表 5-7 可以看出,叶片长度与胞间CO_2浓度、可溶性蛋白含量、可溶性糖含量、叶水势呈显著/极显著正相关；叶片宽度与净光合速率、蒸腾速率、脯氨酸含量、丙二醛含量、$\delta^{13}C$呈显著/极显著正相关,与胞间CO_2浓度呈显著负相关；叶形指数、比叶面积、每枝叶片数与净光合速率、蒸腾速率、气孔导度、脯氨酸含量、丙二醛含量、$\delta^{13}C$呈显著/极显著负相关；叶面积、叶片厚度、叶片干重、叶片鲜重、叶柄长度、叶柄粗度与净光合速率、蒸腾速率、气孔导度、脯氨酸含量、丙二醛含量、$\delta^{13}C$呈显著/极显著正相关,与胞间CO_2浓度呈极显著负相关；每枝总叶面积与净光合速率、蒸腾速率、气孔导度、瞬时水分利用效率、丙二醛含量、$\delta^{13}C$呈显著/极显著正相关,与胞间CO_2浓度、可溶性蛋白含量呈显著/极显著负相关；海绵组织厚度、主脉木质部厚度、导管面积、导管数、木质部横切面积与净光合速率、蒸腾速率、气孔导度、脯氨酸含量、丙二醛含量呈显著/极显著正相关,与胞间CO_2浓度、可溶性糖含量呈显著/极显著负相关；栅海比与净光合速率、蒸腾速率、脯氨酸含量呈显著/极显著正相关,与胞间CO_2浓度、可溶性糖含量、可溶性蛋白含量、叶水势呈显著/极显著负相关；导管密度与净光合速率、蒸腾速率、脯氨酸含量、丙二醛含量呈显著/极显著负相关,与胞间CO_2浓度呈显著正相关。

表 5-7 雄株异形叶结构性状指标与功能性状指标间的相关性（$n=54$）

指标	净光合速率	气孔导度	胞间 CO_2 浓度	蒸腾速率	瞬时水分利用效率	脯氨酸含量	丙二醛含量	可溶性蛋白含量	可溶性糖含量	$\delta^{13}C$	叶水势
叶片长度	−0.30	0.04	0.47*	−0.27	−0.11	−0.37	−0.03	0.69**	0.89**	−0.25	0.87**
叶片宽度	0.59**	0.40	−0.53*	0.54*	0.37	0.49*	0.70**	−0.44	−0.34	0.77**	0.07
叶形指数	−0.70**	−0.52*	0.62**	−0.70**	−0.39	−0.53*	−0.74**	0.65**	0.47*	−0.76**	0.10
叶面积	0.78**	0.73**	−0.63**	0.73**	0.52*	0.57*	0.88**	−0.40	−0.02	0.87**	0.40
比叶面积	−0.76**	−0.66**	0.68**	−0.73**	−0.42	−0.58**	−0.85**	0.39	0.06	−0.92**	−0.37
叶片厚度	0.70**	0.62**	−0.67**	0.75**	0.30	0.61**	0.73**	−0.76**	−0.59**	0.61**	−0.29
叶片干重	0.69**	0.68**	−0.58**	0.62**	0.44	0.57*	0.87**	−0.22	0.06	0.82**	0.48*
叶片鲜重	0.78**	0.70**	−0.61**	0.72**	0.54*	0.56*	0.86**	−0.44	−0.08	0.89**	0.34
叶柄长度	0.75**	0.58**	−0.73**	0.75**	0.24	0.66**	0.71**	−0.30	−0.21	0.85**	0.15
叶柄粗度	0.78**	0.67**	−0.80**	0.85**	0.15	0.76**	0.73**	−0.39	−0.31	0.83**	0.07
每枝叶片数	−0.66**	−0.58**	0.64**	−0.66**	−0.21	−0.59**	−0.71**	0.08	−0.04	−0.79**	−0.37
每枝总叶面积	0.53*	0.53*	−0.49*	0.47*	0.50*	0.39	0.88**	−0.58**	−0.22	0.71**	0.28
栅栏组织厚度	0.23	0.32	−0.19	0.33	0.03	0.06	0.15	−0.32	−0.22	−0.02	−0.26
海绵组织厚度	0.72**	0.66**	−0.61**	0.76**	0.28	0.63**	0.55*	−0.64**	−0.56*	0.39	−0.39
主脉木质部厚度	0.81**	0.57**	−0.77**	0.77**	0.16	0.87**	0.35	−0.28	−0.48*	0.44	−0.45
导管面积	0.75**	0.57**	−0.89**	0.72**	0.18	0.92**	0.53*	−0.40	−0.54*	0.73**	−0.27
导管数	0.80**	0.62**	−0.85**	0.71**	0.36	0.80**	0.57*	−0.51*	−0.52*	0.62**	−0.38
木质部横切面积	0.73**	0.54**	−0.91**	0.73**	0.09	0.91**	0.62**	−0.34	−0.50*	0.78**	−0.20
栅海比	0.50*	0.26	−0.62**	0.51*	0.06	0.60**	0.13	−0.57*	−0.74**	0.31	−0.79**
导管密度	−0.46*	−0.43	0.57*	−0.57*	0.14	−0.59**	−0.54*	0.12	0.15	−0.43	0.00

*表示差异显著（$P<0.05$）；**表示差异极显著（$P<0.01$）。

结果表明，胡杨雄株异形叶功能性状指标与结构性状指标间的相关性绝大多数达显著/极显著水平，说明雄株通过叶功能性状与结构性状间的相互协同或权衡，形成了适应特定环境的形态生存策略。

上述结果表明，胡杨雌雄株异形叶结构性状与生理性状间有着密切联系，异形叶结构性状与生理性状间的关系在雌雄间存在差异。

5.3 雌雄株枝叶形态性状间的异速生长关系

5.3.1 枝叶形态性状间异速生长关系在不同径阶的雌雄差异

在不同发育阶段，胡杨雌雄株枝、叶性状间存在极显著的相关关系［除了在 12 径阶和 16 径阶，雄株枝粗与叶柄粗度的斜率分别为 0.99（95%置信区间为 0.87～1.12）和 0.99（95%置信区间为 0.91～1.08），均与 1.0 无显著差异（说明雄株在这两个径阶上存在等速权衡关系）外］，说明雌雄株枝长、枝粗与每枝总叶面积、叶柄长度、叶柄粗度、每枝叶片数存在异速生长关系（图 5-1）。

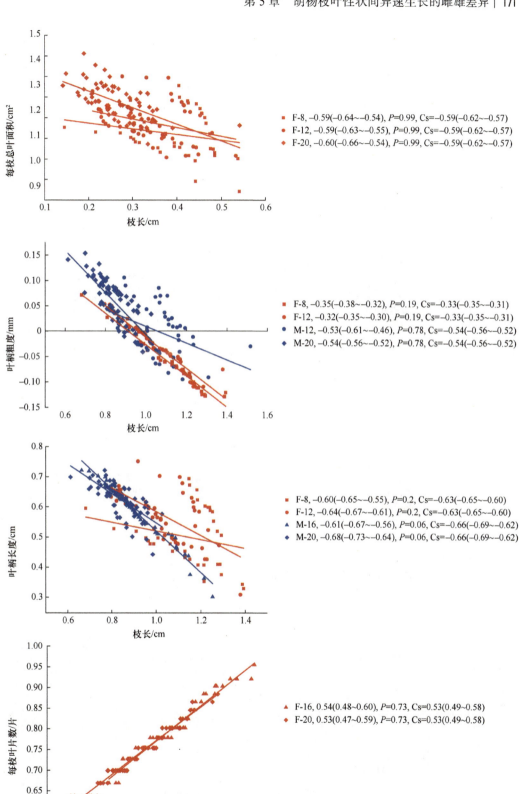

F-8, −0.59(−0.64~−0.54), *P*=0.99, Cs=−0.59(−0.62~−0.57)
F-12, −0.59(−0.63~−0.55), *P*=0.99, Cs=−0.59(−0.62~−0.57)
F-20, −0.60(−0.66~−0.54), *P*=0.99, Cs=−0.59(−0.62~−0.57)

F-8, −0.35(−0.38~−0.32), *P*=0.19, Cs=−0.33(−0.35~−0.31)
F-12, −0.32(−0.35~−0.30), *P*=0.19, Cs=−0.33(−0.35~−0.31)
M-12, −0.53(−0.61~−0.46), *P*=0.78, Cs=−0.54(−0.56~−0.52)
M-20, −0.54(−0.56~−0.52), *P*=0.78, Cs=−0.54(−0.56~−0.52)

F-8, −0.60(−0.65~−0.55), *P*=0.2, Cs=−0.63(−0.65~−0.60)
F-12, −0.64(−0.67~−0.61), *P*=0.2, Cs=−0.63(−0.65~−0.60)
M-16, −0.61(−0.67~−0.56), *P*=0.06, Cs=−0.66(−0.69~−0.62)
M-20, −0.68(−0.73~−0.64), *P*=0.06, Cs=−0.66(−0.69~−0.62)

F-16, 0.54(0.48~0.60), *P*=0.73, Cs=0.53(0.49~0.58)
F-20, 0.53(0.47~0.59), *P*=0.73, Cs=0.53(0.49~0.58)

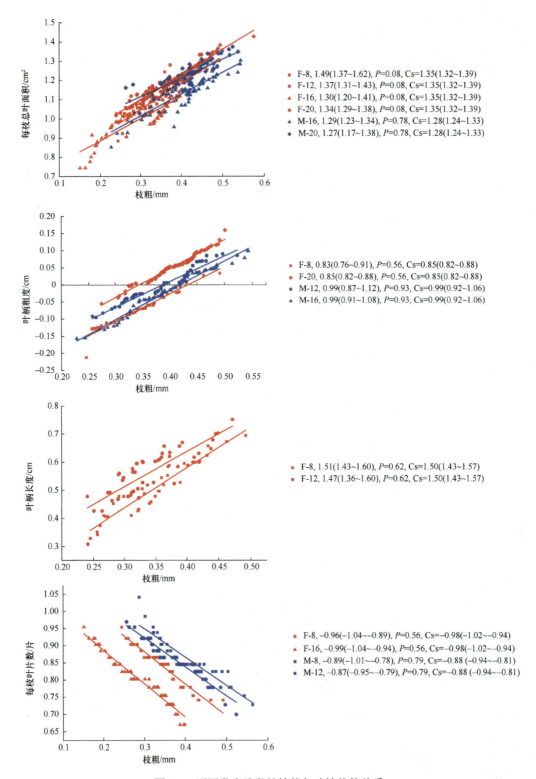

图例中各曲线说明：

每枝总叶面积/cm² 与 枝粗/mm
- F-8, 1.49(1.37~1.62), P=0.08, Cs=1.35(1.32~1.39)
- F-12, 1.37(1.31~1.43), P=0.08, Cs=1.35(1.32~1.39)
- F-16, 1.30(1.20~1.41), P=0.08, Cs=1.35(1.32~1.39)
- F-20, 1.34(1.29~1.38), P=0.08, Cs=1.35(1.32~1.39)
- M-16, 1.29(1.23~1.34), P=0.78, Cs=1.28(1.24~1.33)
- M-20, 1.27(1.17~1.38), P=0.78, Cs=1.28(1.24~1.33)

叶柄粗度/cm 与 枝粗/mm
- F-8, 0.83(0.76~0.91), P=0.56, Cs=0.85(0.82~0.88)
- F-20, 0.85(0.82~0.88), P=0.56, Cs=0.85(0.82~0.88)
- M-12, 0.99(0.87~1.12), P=0.93, Cs=0.99(0.92~1.06)
- M-16, 0.99(0.91~1.08), P=0.93, Cs=0.99(0.92~1.06)

叶柄长度/cm 与 枝粗/mm
- F-8, 1.51(1.43~1.60), P=0.62, Cs=1.50(1.43~1.57)
- F-12, 1.47(1.36~1.60), P=0.62, Cs=1.50(1.43~1.57)

每枝叶片数/片 与 枝粗/mm
- F-8, −0.96(−1.04~−0.89), P=0.56, Cs=−0.98(−1.02~−0.94)
- F-16, −0.99(−1.04~−0.94), P=0.56, Cs=−0.98(−1.02~−0.94)
- M-8, −0.89(−1.01~−0.78), P=0.79, Cs=−0.88(−0.94~−0.81)
- M-12, −0.87(−0.95~−0.79), P=0.79, Cs=−0.88(−0.94~−0.81)

图 5-1 不同发育阶段枝性状与叶性状的关系

图例中"字母-数字"代表雄株（M）或雌株（F）-径阶。图例字母-数字后面的数值为斜率（95%置信区间）。P 表示统计检验的 P 值，显著性水平设为 α=0.05（P＜0.05）；Cs 代表共同斜率从共同斜率分析可以看出，雌株 8 径阶、12 径阶、20 径阶枝长、枝粗均与每枝总叶面积存在异速生长关系，斜率分别为-0.59（95%置信区间为-0.62～-0.57）和 1.35（95%置信区间为 1.32～1.39）；雄株 16 径阶、20 径阶枝粗与每枝总叶面积存在共同斜率，为 1.28（95%置信区间为 1.24～1.33）。说明雌株枝长减小的速度大于每枝总叶面积增加的速度，枝粗增加的速度大于每枝总叶面积增加的速度，雄株大径阶（16 径阶、20 径阶）的枝粗增加的速度大于每枝总叶面积增加的速度。雌株 8 径阶、12 径阶枝长、枝粗与叶柄长度均存在着共同斜率，分别为-0.63（95%置信区间为-0.65～-0.60）和 1.50（95%置信区间为 1.43～1.57）；雄株 16 径阶、20 径阶枝长与叶柄长度存在共同斜率，为-0.66（95%置信区间为-0.69～-0.62）。表明雌株小径阶（8 径阶、12 径阶）枝粗增加速度大于叶柄长度增加的速度，雌株小径阶（8 径阶、12 径阶）和雄株大径阶（16 径阶、20 径阶）枝长减小速度大于叶柄长度增加的速度。雌雄株小径阶（8 径阶、12 径阶）枝长、枝粗与叶柄粗度在不同径阶上的共同斜率，雄株为-0.54（95%置信区间为-0.56～-0.52）和 0.99（95%置信区间为 0.92～1.06）相对分别大于雌株的-0.33（95%置信区间为-0.35～-0.31）和 0.85（95%置信区间为 0.82～0.88），表明雄株小径阶枝长、枝粗与叶柄粗度的变化速度大于雌株小径阶。雌株中枝长、枝粗与每枝叶片数在不同径阶上的共同斜率分别为 0.53（95%置信区间为 0.49～0.58）和-0.98（95%置信区间为-1.02～-0.94），而雄株仅有枝粗与每枝叶片数存在共同斜率，为-0.88（95%置信区间为-0.94～-0.81）。整体上，不同径阶的雌雄株枝长、枝粗与每枝总叶面积、叶柄长度、叶柄粗度、每枝叶片数存在共同异速生长关系。

5.3.2　枝叶形态性状间异速生长关系在同一径阶不同树高间的雌雄差异

同一径阶不同树高，胡杨雌雄株枝、叶性状间存在显著相关性，枝长、枝粗与每枝总叶面积、叶柄长度、叶柄粗度、每枝叶片数间存在异速生长关系（表 5-8）。16 径阶雌株各树高和雄株树高 8m 处枝长与每枝叶片数的斜率与 1.0 无显著差异，存在等速生长关系。在 8 径阶的不同树高，雄株枝、叶性状的异速生长斜率相对数目（$n=15$）显著高于雌株（$n=9$）；在 12 径阶和 16 径阶，雌株的枝、叶性状斜率数目（12 径阶：枝 $n=18$，叶 $n=25$；16 径阶：枝 $n=18$，叶 $n=25$）均高于雄株（12 径阶：枝 $n=14$，叶 $n=15$；16 径阶：枝 $n=14$，叶 $n=15$）；20 径阶时，雌雄株的枝、叶性状斜率数目相同（雌株 $n=24$，雄株 $n=24$），说明胡杨雌雄株枝、叶性状对应的生长速度在不同树高存在差异，且在发育阶段的后期，雌雄株枝、叶发育相对成熟，生长斜率趋于稳定。

同一径阶不同树高枝长、枝粗与每枝总叶面积、叶柄长度、叶柄粗度、每枝叶片数间存在着共同异速生长斜率（表 5-9，图 5-2～图 5-5）。其中，8 径阶、12 径阶、16 径阶、20 径阶不同树高，雌雄株的枝长与叶性状间存在共同异速生长斜率，且斜率大部分小于 1.0，而雌雄株的枝粗与叶性状间存在共同异速生长斜率，且斜率大部分大于 1.0，说明不同径阶各树高枝长的缩短趋势大于叶性状的变化速度，枝粗的增加趋势小于叶性状的变化速度。

表 5-8 不同树高枝、叶性状间的标准主轴回归分析参数

径阶	样株	树高/m	枝长-每枝总叶面积 斜率(95%置信区间)	R²	枝长-叶柄长度 斜率(95%置信区间)	R²	枝长-叶柄粗度 斜率(95%置信区间)	R²	枝长-每枝叶片数 斜率(95%置信区间)	R²	枝粗-每枝总叶面积 斜率(95%置信区间)	R²	枝粗-叶柄长度 斜率(95%置信区间)	R²	枝粗-叶柄粗度 斜率(95%置信区间)	R²	枝粗-每枝叶片数 斜率(95%置信区间)	R²
8	雌株	2	-0.60 (-0.82~-0.44)	0.80**	-0.44 (-0.52~-0.37)	0.94**	-0.29 (-0.41~-0.21)	0.77**	0.35 (0.30~0.41)	0.95**	2.04 (1.40~2.97)	0.70**	1.47 (1.14~1.91)	0.86**	0.98 (0.70~1.39)	0.75**	-1.18 (-1.45~-0.95)	0.91**
		4	-0.37 (-0.50~-0.27)	0.79**	-0.39 (-0.47~-0.33)	0.93**	-0.28 (-0.35~-0.23)	0.91**	0.40 (0.29~0.55)	0.79**	1.24 (0.89~1.72)	0.77**	1.33 (1.00~1.77)	0.83**	0.95 (0.73~1.24)	0.86**	-1.35 (-1.84~-0.99)	0.8**
		6	-1.49 (-1.98~-1.12)	0.83**	-1.22 (-1.45~-1.02)	0.94**	-0.77 (-0.90~-0.65)	0.95**	0.94 (0.72~1.23)	0.85**	1.41 (1.11~1.80)	0.88**	1.16 (0.96~1.40)	0.93**	0.73 (0.60~0.89)	0.92**	-0.89 (-1.19~-0.67)	0.83**
	雄株	2	-1.05 (-1.22~-0.91)	0.96**	-1.42 (-1.63~-1.24)	0.96**	-0.83 (-1.11~-0.61)	0.82**	0.97 (0.77~1.23)	0.89**	1.57 (1.43~1.73)	0.98**	2.12 (1.82~2.48)	0.95**	1.24 (0.97~1.58)	0.88**	-1.45 (-1.71~-1.24)	0.95**
		4	-0.84 (-1.20~-0.59)	0.73**	-0.70 (-0.87~-0.56)	0.9**	-0.69 (-0.87~-0.54)	0.88**	0.54 (0.34~0.87)	0.52**	1.85 (1.42~2.41)	0.86**	1.54 (1.29~1.83)	0.94**	1.51 (1.22~1.88)	0.91**	-1.20 (-1.60~-0.90)	0.83**
		6	-0.45 (-0.58~-0.36)	0.88**	-0.31 (-0.39~-0.25)	0.9**	-0.62 (-0.93~-0.42)	0.66**	0.39 (0.31~0.48)	0.90**	0.94 (0.82~1.09)	0.96**	0.66 (0.54~0.80)	0.92**	1.29 (0.87~1.92)	0.67**	-0.81 (-0.98~-0.67)	0.93**
12	雌株	2	-0.49 (-0.64~-0.38)	0.86**	-0.54 (-0.66~-0.45)	0.93**	-0.34 (-0.44~-0.26)	0.85**	0.29 (0.23~0.37)	0.89**	1.67 (1.35~2.06)	0.91**	1.84 (1.37~2.47)	0.82**	1.13 (0.90~1.43)	0.89**	-0.97 (-1.14~-0.83)	0.95**
		4	-0.71 (-0.91~-0.55)	0.87**	-0.60 (-0.88~-0.41)	0.70**	-0.35 (-0.50~-0.24)	0.72**	0.43 (0.32~0.57)	0.83**	1.50 (1.17~1.93)	0.87**	1.27 (1.01~1.60)	0.89**	0.73 (0.57~0.95)	0.87**	-0.91 (-1.27~-0.65)	0.76**
		6	-0.46 (-0.56~-0.38)	0.93**	-0.43 (-0.56~-0.32)	0.85**	-0.39 (-0.51~-0.30)	0.85**	0.34 (0.27~0.43)	0.89**	1.49 (1.16~1.92)	0.87**	1.38 (1.13~1.68)	0.92**	1.26 (1.00~1.59)	0.89**	-1.10 (-1.37~-0.88)	0.9**
		8	-0.71 (-0.95~-0.53)	0.82**	-0.82 (-1.06~-0.64)	0.86**	-0.45 (-0.65~-0.31)	0.72**	0.27 (0.20~0.37)	0.79**	1.72 (1.35~2.18)	0.88**	2.00 (1.70~2.34)	0.95**	1.09 (0.97~1.24)	0.97**	-0.65 (-0.87~-0.49)	0.84**
	雄株	2	-0.56 (-0.72~-0.43)	0.87**	-0.49 (-0.61~-0.40)	0.91**	-0.27 (-0.36~-0.21)	0.84**	0.51 (0.37~0.70)	0.78**	1.63 (1.44~1.84)	0.97**	1.43 (1.11~1.84)	0.87**	0.79 (0.58~0.92)	0.95**	-1.48 (-1.69~-1.31)	0.97**
		4	-0.86 (-1.08~-0.69)	0.90**	-1.17 (-1.37~-1.01)	0.95**	-0.62 (-0.84~-0.46)	0.81**	0.71 (0.57~0.87)	0.91**	1.16 (1.03~1.30)	0.97**	1.58 (1.36~1.84)	0.95**	0.83 (0.69~1.00)	0.93**	-0.95 (-1.17~-0.77)	0.91**

续表

径阶	样株	树高/m	枝长-每枝总叶面积 斜率(95%置信区间)	R²	枝长-叶柄长度 斜率(95%置信区间)	R²	枝长-叶柄粗度 斜率(95%置信区间)	R²	枝长-每枝叶片数 斜率(95%置信区间)	R²	枝粗-每枝总叶面积 斜率(95%置信区间)	R²	枝粗-叶柄长度 斜率(95%置信区间)	R²	枝粗-叶柄粗度 斜率(95%置信区间)	R²	枝粗-每枝叶片数 斜率(95%置信区间)	R²
12	雄株	6	-0.32 (-0.42~-0.24)	0.84**	-0.31 (-0.38~-0.25)	0.91**	-0.22 (-0.30~-0.16)	0.82**	0.24 (0.18~0.31)	0.84**	0.95 (0.78~1.16)	0.92**	0.92 (0.74~1.14)	0.91**	0.67 (0.55~0.80)	0.93**	-0.72 (-0.85~-0.60)	0.94**
		8	-0.35 (-0.47~-0.26)	0.83**	-0.48 (-0.65~-0.35)	0.80**	-0.91 (-1.29~-0.64)	0.74**	0.43 (0.27~0.69)	0.53**	1.18 (0.90~1.54)	0.85**	1.60 (1.16~2.21)	0.79**	1.73 (1.33~2.26)	0.86**	-1.44 (-2.07~-1.00)	0.73**
16	雌株	2	-0.62 (-0.82~-0.47)	0.84**	-0.77 (-0.98~-0.61)	0.88**	-0.31 (-0.40~-0.24)	0.87**	0.88 (0.70~1.11)	0.89**	3.22 (2.64~3.93)	0.92**	3.97 (3.20~4.94)	0.90**	1.62 (1.27~2.05)	0.88**	-2.67 (-3.08~-2.31)	0.96**
		4	-0.30 (-0.43~-0.20)	0.71**	-0.35 (-0.51~-0.24)	0.68**	-0.37 (-0.53~-0.25)	0.71**	1.11 (0.93~1.32)	0.94**	0.75 (0.62~0.92)	0.92**	0.88 (0.76~1.01)	0.96**	0.93 (0.80~1.07)	0.96**	-1.43 (-2.08~-0.99)	0.71**
		6	-0.99 (-1.21~-0.81)	0.92**	-1.29 (-1.48~-1.12)	0.96**	-0.56 (-0.72~-0.44)	0.87**	0.79 (0.59~1.07)	0.82**	1.16 (1.04~1.29)	0.98**	1.51 (1.21~1.89)	0.90**	0.66 (0.53~0.82)	0.91**	-1.23 (-1.49~-1.02)	0.93**
		8	-0.80 (-1.09~-0.59)	0.80**	-0.59 (-0.76~-0.45)	0.86**	-0.34 (-0.49~-0.23)	0.70**	0.84 (0.64~1.11)	0.85**	2.10 (1.68~2.62)	0.90**	1.54 (1.10~2.14)	0.77**	0.88 (0.64~1.22)	0.78**	-1.64 (-2.12~-1.27)	0.86**
		10	-0.42 (-0.49~-0.35)	0.94**	-0.44 (-0.52~-0.37)	0.72**	-0.29 (-0.37~-0.24)	0.90**	1.07 (0.86~1.34)	0.90**	2.11 (1.90~2.35)	0.98**	2.22 (1.97~2.51)	0.97**	1.50 (1.22~1.84)	0.91**	-3.29 (-4.08~-2.66)	0.91**
	雄株	2	-0.58 (-0.81~-0.41)	0.76**	-0.69 (-0.95~-0.50)	0.78**	-0.33 (-0.42~-0.27)	0.90**	0.42 (0.35~0.51)	0.93**	1.39 (1.12~1.72)	0.90**	1.66 (1.33~2.07)	0.90**	0.80 (0.61~1.06)	0.84**	-1.02 (-1.26~-0.82)	0.91**
		4	-0.42 (-0.63~-0.28)	0.65**	-0.47 (-0.65~-0.34)	0.79**	-0.28 (-0.40~-0.20)	0.73**	0.33 (0.20~0.55)	0.47**	1.44 (1.28~1.61)	0.97**	1.62 (1.27~2.06)	0.88**	0.96 (0.78~1.19)	0.91**	-1.14 (-1.55~-0.84)	0.80**
		6	-0.54 (-0.65~-0.45)	0.94**	-0.65 (-0.75~-0.55)	0.95**	-0.51 (-0.60~-0.42)	0.94**	0.54 (0.47~0.63)	0.96**	0.78 (0.59~1.02)	0.85**	0.93 (0.72~1.20)	0.86**	0.73 (0.62~0.85)	0.95**	-0.78 (-1.00~-0.61)	0.87**
		8	-1.60 (-2.03~-1.27)	0.89**	-0.82 (-1.04~-0.64)	0.88**	-0.85 (-1.13~-0.65)	0.84**	0.86 (0.71~1.03)	0.93**	2.82 (2.39~3.33)	0.94**	1.44 (1.23~1.68)	0.95**	1.50 (1.20~1.87)	0.90**	-1.50 (-2.06~-1.10)	0.79**
		10	-0.46 (-0.59~-0.36)	0.52**	-0.15 (-0.24~-0.09)	0.50**	-0.30 (-0.35~-0.27)	0.77**	0.37 (0.31~0.43)	0.94**	1.03 (0.78~1.36)	0.84**	0.58 (0.44~0.78)	0.82**	0.68 (0.58~0.80)	0.95**	-0.82 (-0.97~-0.69)	0.94**

续表

经阶	样株	树高/m	枝长-每枝总叶面积 斜率(95%置信区间)	R^2	枝长-叶柄长度 斜率(95%置信区间)	R^2	枝长-叶柄粗度 斜率(95%置信区间)	R^2	枝长-每枝叶片数 斜率(95%置信区间)	R^2	枝粗-每枝总叶面积 斜率(95%置信区间)	R^2	枝粗-叶柄长度 斜率(95%置信区间)	R^2	枝粗-叶柄粗度 斜率(95%置信区间)	R^2	枝粗-每枝叶片数 斜率(95%置信区间)	R^2
20	雌株	2	-0.69 (-0.90~-0.53)	0.59**	-0.84 (-1.17~-0.61)	0.78**	-0.41 (-0.50~-0.33)	0.92**	0.60 (0.45~0.81)	0.49**	1.27 (1.01~1.58)	0.90**	1.59 (1.35~1.86)	0.95**	0.74 (0.65~0.85)	0.96**	-1.10 (-1.45~-0.83)	0.84**
		4	-0.81 (-0.95~-0.70)	0.95**	-0.65 (-0.90~-0.47)	0.79**	-0.55 (-0.72~-0.42)	0.85**	0.58 (0.44~0.77)	0.84**	1.84 (1.38~2.45)	0.83**	1.48 (1.06~2.07)	0.77**	1.24 (0.94~1.66)	0.83**	-1.33 (-1.89~-0.93)	0.74**
		6	-1.04 (-1.32~-0.83)	0.89**	-0.78 (-1.09~-0.55)	0.76**	-0.58 (-0.68~-0.50)	0.95**	0.83 (0.66~1.04)	0.89**	1.72 (1.39~2.12)	0.91**	1.54 (1.14~2.07)	0.82**	1.18 (0.98~1.41)	0.93**	-1.69 (-2.23~-1.28)	0.84**
		8	-0.62 (-0.90~-0.42)	0.71**	-0.43 (-0.59~-0.32)	0.81**	-0.26 (-0.30~-0.22)	0.95**	0.70 (0.54~0.92)	0.85**	1.48 (1.29~1.71)	0.96**	1.04 (0.70~1.55)	0.67**	0.46 (0.35~0.60)	0.86**	-1.25 (-1.61~-0.97)	0.87**
		10	-0.58 (-0.69~-0.49)	0.94**	-0.52 (-0.62~-0.43)	0.93**	-0.53 (-0.64~-0.44)	0.92**	0.70 (0.57~0.86)	0.91**	1.52 (1.28~1.80)	0.94**	1.34 (1.08~1.67)	0.90**	1.38 (1.05~1.81)	0.85**	-1.81 (-2.30~-1.42)	0.88**
		12	-0.69 (-0.84~-0.56)	0.92**	-0.67 (-0.87~-0.51)	0.85**	-0.21 (-0.25~-0.18)	0.95**	0.53 (0.46~0.62)	0.95**	1.77 (1.35~2.32)	0.85**	1.40 (1.00~1.96)	0.76**	0.55 (0.39~0.75)	0.78**	-1.37 (-1.99~-0.94)	0.71**
	雄株	2	-0.61 (-0.81~-0.46)	0.83**	-0.81 (-0.97~-0.68)	0.94**	-0.45 (-0.53~-0.38)	0.95**	0.61 (0.48~0.78)	0.88**	0.87 (0.65~1.16)	0.82**	1.15 (0.96~1.38)	0.93**	0.64 (0.53~0.77)	0.93**	-0.87 (-1.14~-0.66)	0.85**
		4	-0.83 (-0.99~-0.70)	0.94**	-0.70 (-0.82~-0.59)	0.94**	-0.51 (-0.63~-0.41)	0.91**	0.73 (0.57~0.95)	0.87**	2.51 (2.07~3.06)	0.92**	2.10 (1.59~2.76)	0.85**	1.53 (1.24~1.89)	0.91**	-2.21 (-2.66~-1.83)	0.93**
		6	-0.59 (-0.68~-0.51)	0.96**	-0.58 (-0.70~-0.48)	0.93**	-0.36 (-0.45~-0.29)	0.89**	0.68 (0.52~0.89)	0.85**	2.06 (1.59~2.68)	0.86**	2.02 (1.66~2.46)	0.92**	1.26 (1.05~1.51)	0.93**	-2.37 (-3.03~-1.85)	0.87**
		8	-0.82 (-1.01~-0.66)	0.91**	-0.37 (-0.46~-0.30)	0.91**	-0.38 (-0.46~-0.32)	0.93**	0.47 (0.35~0.62)	0.84**	1.70 (1.30~2.24)	0.84**	0.77 (0.59~0.99)	0.87**	0.79 (0.62~1.01)	0.88**	-0.97 (-1.38~-0.68)	0.74**
		10	-1.49 (-1.73~-1.29)	0.96**	-0.61 (-0.79~-0.47)	0.86**	-0.83 (-1.02~-0.68)	0.92**	0.65 (0.51~0.82)	0.89**	1.67 (1.42~1.97)	0.95**	0.68 (0.52~0.89)	0.85**	0.93 (0.76~1.14)	0.92**	-0.72 (-0.86~-0.61)	0.94**
		12	-0.77 (-0.90~-0.66)	0.95**	-0.42 (-0.51~-0.34)	0.92**	-0.40 (-0.53~-0.30)	0.82**	0.50 (0.44~0.58)	0.96**	1.92 (1.64~2.25)	0.95**	1.04 (0.79~1.38)	0.84**	0.99 (0.70~1.40)	0.75**	-1.26 (-1.49~-1.06)	0.94**

注：R^2 为拟合度。**表示差异极显著（$P<0.01$）。

表 5-9　不同树高枝、叶性状间的异质性检验及共同斜率

枝性状	叶性状	斜率组 [径阶-树高（m）]	斜率异质性	斜率 （95%置信区间）	P 值	截距
枝长（雄）	每枝总叶面积（雄）	8-2, 4	0.22	−1.02（−1.16～−0.88）	0.00	na
枝长（雌）	叶柄长度（雌）	8-2, 4	0.38	−0.42（−0.47～−0.37）	0.00	na
枝长（雌）	叶柄粗度（雌）	8-2, 4	0.86	−0.28（−0.34～−0.24）	0.02	na
枝长（雄）	叶柄粗度（雄）	8-2, 4, 6	0.43	−0.71（−0.85～−0.60）	0.00	na
枝长（雌）	每枝叶片数（雌）	8-2, 4	0.34	−0.36（−0.42～−0.32）	0.00	na
枝长（雄）	每枝叶片数（雄）	8-4, 6	0.18	0.41（0.34～0.51）	0.07	0.39
枝粗（雌）	每枝总叶面积（雌）	8-2, 4, 6	0.12	1.45（1.22～1.75）	0.63	0.61
枝粗（雄）	每枝总叶面积（雄）	8-2, 4	0.23	1.60（1.47～1.76）	0.00	na
枝粗（雌）	叶柄长度（雌）	8-2, 4, 6	0.27	1.27（1.11～1.48）	0.00	na
枝粗（雌）	叶柄粗度（雌）	8-2, 4, 6	0.12	0.84（0.71～0.99）	0.00	na
枝粗（雄）	叶柄粗度（雄）	8-2, 6	0.81	1.25（1.02～1.53）	0.26	−0.59
枝粗（雌）	每枝叶片数（雌）	8-2, 4, 6	0.13	−1.14（−1.34～−0.97）	0.00	na
枝粗（雄）	每枝叶片数（雄）	8-2, 4	0.23	−1.39（−1.60～−1.19）	0.00	na
枝长（雌）	每枝总叶面积（雌）	12-2, 6, 8	0.05	−0.50（−0.59～−0.44）	0.00	na
枝长（雄）	每枝总叶面积（雄）	12-6, 8	0.55	−0.33（−0.41～−0.27）	0.09	1.50
枝长（雌）	叶柄长度（雌）	12-2, 4, 6	0.20	−0.52（−0.60～−0.45）	0.00	na
枝长（雄）	叶柄长度（雄）	12-2, 8	0.87	−0.49（−0.58～−0.41）	0.00	na
枝长（雌）	叶柄粗度（雌）	12-2, 4, 6, 8	0.53	−0.37（−0.44～−0.32）	0.00	na
枝长（雄）	叶柄粗度（雄）	12-2, 6	0.30	−0.25（−0.30～−0.20）	0.00	na
枝长（雄）	叶柄粗度（雄）	12-4, 8	0.08	−0.72（−0.95～−0.56）	0.00	na
枝长（雌）	每枝叶片数（雌）	12-2, 4, 6, 8	0.10	0.32（0.28～0.37）	0.00	na
枝长（雄）	每枝叶片数（雄）	12-2, 4, 8	0.05	0.61（0.49～0.73）	0.01	na
枝粗（雌）	每枝总叶面积（雌）	12-2, 4, 6, 8	0.75	1.60（1.43～1.79）	0.00	na
枝粗（雄）	每枝总叶面积（雄）	12-4, 6, 8	0.21	1.12（1.01～1.23）	0.00	na
枝粗（雌）	叶柄长度（雌）	12-2, 8	0.61	1.96（1.70～2.24）	0.00	na
枝粗（雌）	叶柄长度（雌）	12-4, 6	0.56	1.33（1.15～1.54）	0.82	0.15
枝粗（雄）	叶柄长度（雄）	12-2, 4, 8	0.75	1.55（1.38～1.74）	0.00	na
枝粗（雌）	叶柄粗度（雌）	12-2, 6, 8	0.49	1.13（1.03～1.25）	0.00	na
枝粗（雄）	叶柄粗度（雄）	12-2, 4, 6	0.17	0.77（0.69～0.85）	0.01	na
枝粗（雌）	每枝叶片数（雌）	12-2, 4, 6	0.51	−1.00（−1.12～−0.89）	0.00	na
枝粗（雄）	每枝叶片数（雄）	12-2, 8	0.87	−1.48（−1.67～−1.31）	0.00	na
枝长（雌）	每枝总叶面积（雌）	16-2, 8	0.19	−0.70（−0.87～−0.56）	0.00	na
枝长（雌）	每枝总叶面积（雌）	16-4, 10	0.69	−0.28（−0.36～−0.22）	0.00	na
枝长（雄）	每枝总叶面积（雄）	16-2, 4, 6, 10	0.41	−0.51（−0.58～−0.45）	0.00	na
枝长（雌）	叶柄长度（雌）	16-4, 10	0.233	−0.42（−0.49～−0.35）	0.00	na
枝长（雌）	叶柄长度（雌）	16-2, 8	0.10	−0.68（−0.83～−0.56）	0.00	na

枝性状	叶性状	斜率组 ［径阶-树高（m）］	斜率异质性	斜率 （95%置信区间）	P 值	截距
枝长（雄）	叶柄长度（雄）	16-2, 4, 6	0.17	−0.63（−0.71～−0.55）	0.01	na
枝长（雌）	叶柄粗度（雌）	16-2, 4, 8, 10	0.76	−0.32（−0.36～−0.28）	0.00	na
枝长（雄）	叶柄粗度（雄）	16-2, 4, 10	0.65	−0.31（−0.34～−0.28）	0.00	na
枝长（雌）	每枝叶片数（雌）	16-2, 4, 6, 8, 10	0.13	0.97（0.86～1.09）	0.00	na
枝长（雄）	每枝叶片数（雄）	16-2, 4, 10	0.42	0.39（−0.44～−0.34）	0.00	na
枝粗（雌）	每枝总叶面积（雌）	16-8, 10	0.96	2.11（1.92～2.31）	0.12	0.29
枝粗（雄）	每枝总叶面积（雄）	16-2, 4	0.76	1.43（1.29～1.57）	0.00	na
枝粗（雄）	每枝总叶面积（雄）	16-6, 10	0.13	0.89（0.72～1.10）	0.00	na
枝粗（雌）	叶柄长度（雌）	16-6, 8	0.94	1.52（1.27～1.82）	0.00	na
枝粗（雄）	叶柄长度（雄）	16-2, 4, 8	0.45	1.53（1.37～1.73）	0.00	na
枝粗（雌）	叶柄粗度（雌）	16-2, 10	0.58	1.55（1.33～1.80）	0.00	na
枝粗（雌）	叶柄粗度（雌）	16-4, 8	0.78	0.92（0.81～1.04）	0.01	na
枝粗（雄）	叶柄粗度（雄）	16-2, 4	0.24	0.90（0.75～1.07）	0.00	na
枝粗（雄）	叶柄粗度（雄）	16-6, 10	0.49	0.70（0.63～0.78）	0.00	na
枝粗（雌）	每枝叶片数（雌）	16-2, 10	0.09	−2.83（−3.27～−2.50）	0.00	na
枝粗（雌）	每枝叶片数（雌）	16-4, 6, 8	0.19	−1.37（−1.62～−1.18）	0.00	na
枝粗（雄）	每枝叶片数（雄）	16-2, 6, 10	0.20	−0.85（−0.97～−0.76）	0.00	na
枝粗（雄）	每枝叶片数（雄）	16-4, 8	0.17	−1.30（−1.65～−1.03）	0.00	na
枝长（雌）	每枝总叶面积（雌）	20-2, 4, 8, 12	0.36	−0.73（−0.82～−0.65）	0.00	na
枝长（雄）	每枝总叶面积（雄）	20-2, 6	0.79	−0.59（−0.68～−0.53）	0.00	na
枝长（雄）	每枝总叶面积（雄）	20-4, 8, 12	0.75	−0.80（−0.89～−0.73）	0.00	na
枝长（雌）	叶柄长度（雌）	20-2, 4, 6, 12	0.58	−0.72（−0.84～−0.62）	0.00	na
枝长（雌）	叶柄长度（雌）	20-8, 10	0.30	−0.49（−0.58～−0.42）	0.00	na
枝长（雄）	叶柄长度（雄）	20-2, 4, 6	0.14	−0.72（−0.81～−0.64）	0.00	na
枝长（雄）	叶柄长度（雄）	20-8, 12	0.34	−0.39（−0.46～−0.34）	0.00	na
枝长（雌）	叶柄粗度（雌）	20-8, 12	0.07	−0.24（−0.27～−0.21）	0.00	na
枝长（雌）	叶柄粗度（雌）	20-4, 6, 10	0.68	−0.56（−0.62～−0.50）	0.00	na
枝长（雄）	叶柄粗度（雄）	20-2, 4, 12	0.32	−0.46（−0.52～−0.41）	0.00	na
枝长（雄）	叶柄粗度（雄）	20-6, 8	0.68	−0.37（−0.43～−0.33）	0.01	na
枝长（雌）	每枝叶片数（雌）	20-2, 4, 6, 8, 10	0.28	0.69（−0.78～−0.61）	0.00	na
枝长（雄）	每枝叶片数（雄）	20-2, 6, 8, 10, 12	0.08	0.56（0.50～0.63）	0.00	na
枝粗（雌）	每枝总叶面积（雌）	20-2, 4, 6, 8, 10, 12	0.16	1.55（−1.69～−0.42）	0.00	na
枝粗（雄）	每枝总叶面积（雄）	20-6, 8, 10, 12	0.41	1.82（1.64～2.01）	0.00	na
枝粗（雌）	叶柄长度（雌）	20-2, 4, 6, 8, 10, 12	0.45	1.46（−1.62～−1.31）	0.00	na
枝粗（雄）	叶柄长度（雄）	20-2, 12	0.51	1.12（0.96～1.29）	0.00	na
枝粗（雄）	叶柄长度（雄）	20-4, 6	0.83	2.05（1.76～2.39）	0.09	−0.28

续表

枝性状	叶性状	斜率组 ［径阶-树高（m）］	斜率异质性	斜率 （95%置信区间）	P 值	截距
枝粗（雄）	叶柄长度（雄）	20-8, 10	0.51	0.73（0.60～0.87）	0.00	na
枝粗（雌）	叶柄粗度（雌）	20-2, 12	0.08	0.71（0.61～0.81）	0.00	na
枝粗（雌）	叶柄粗度（雄）	20-4, 6, 10	0.60	1.24（1.09～1.42）	0.00	na
枝粗（雄）	叶柄粗度（雄）	20-4, 6	0.16	1.37（1.18～1.60）	0.00	na
枝粗（雄）	叶柄粗度（雄）	20-8, 10, 12	0.46	0.89（0.77～1.03）	0.06	−0.32
枝粗（雌）	每枝叶片数（雌）	20-2, 4, 6, 8, 10, 12	0.07	−1.41（−1.63～−1.23）	0.00	na
枝粗（雄）	每枝叶片数（雄）	20-2, 8, 10	0.21	−0.79（−0.93～−0.69）	0.00	na
枝粗（雄）	每枝叶片数（雄）	20-4, 6	0.61	−2.26（−2.62～−1.96）	0.00	na

注：na 表示无数据。

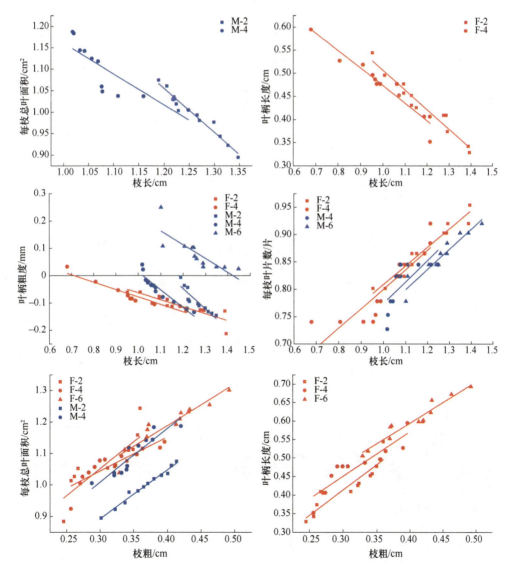

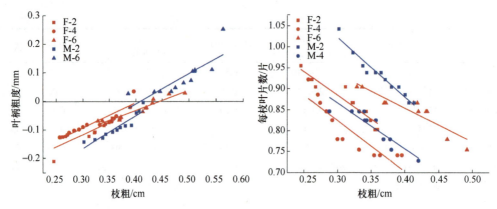

图 5-2　8 径阶不同树高的枝长、枝粗与叶性状的异速生长关系

图例中字母-数字代表雄株（M）或雌株（F）-树高，树高单位为 m

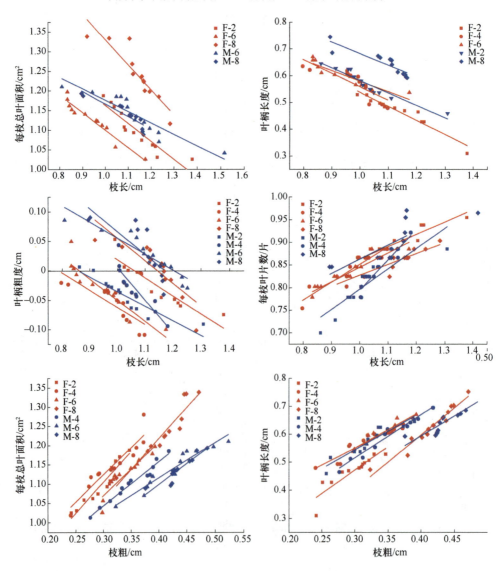

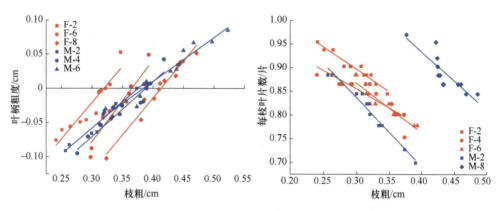

图 5-3　12 径阶不同树高的枝长、枝粗与叶性状的异速生长关系

图例中字母-数字代表雄株（M）或雌株（F）-树高，树高单位为 m

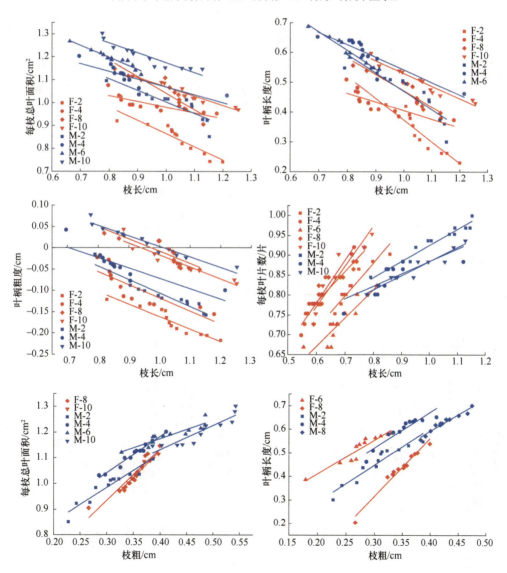

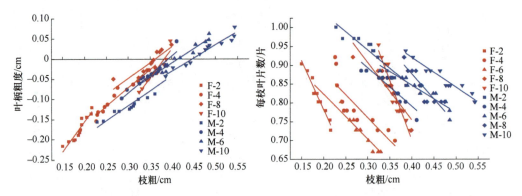

图 5-4　16 径阶不同树高的枝长、枝粗与叶性状的异速生长关系

图例中字母-数字代表雄株（M）或雌株（F）-树高，树高单位为 m

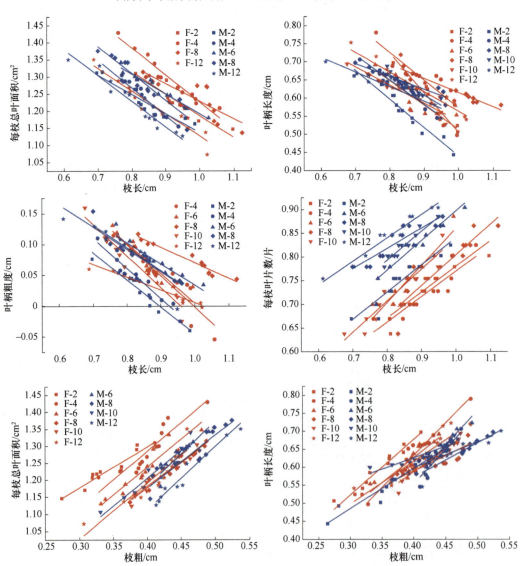

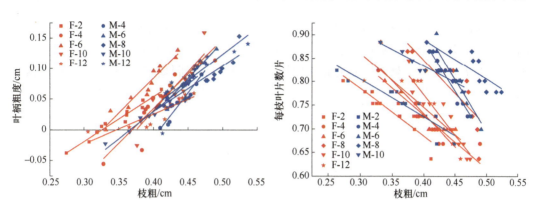

图 5-5　20 径阶不同树高的枝长、枝粗与叶性状的异速生长关系

图例中字母-数字代表雄株（M）或雌株（F）-树高，树高单位为 m

5.4　雌雄株枝叶干重间的异速生长关系

5.4.1　枝叶干重间异速生长关系在不同径阶的雌雄差异

胡杨雌雄株在不同发育阶段，枝干重与叶片干重间存在异速生长关系（图 5-6）。雌株枝干重与叶片干重间的异速相对数目相对大于雄株，雌株 8 径阶、20 径阶枝干重与叶片干重的斜率大于雄株，即雌株枝干重与叶片干重变化速度大于雄株。

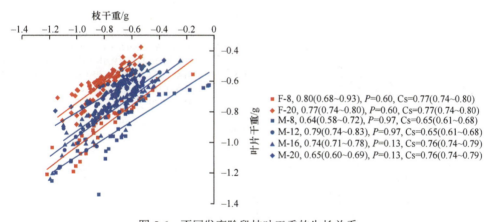

图 5-6　不同发育阶段枝叶干重的生长关系

图例中字母-数字代表雄株（M）或雌株（F）-径阶。图例字母-数字后的数值是斜率（95%置信区间）；
P 表示统计检验的 P 值，显著性水平设为 $\alpha=0.05$（$P<0.05$）；Cs 代表共同斜率

胡杨雌株枝干重与叶片干重在 8 径阶和 20 径阶存在共同斜率，雄株在 8 径阶和 12 径阶、16 径阶和 20 径阶存在共同斜率。总体上，胡杨雌雄株枝干重与叶片干重在不同径阶的共同斜率均小于 1.0，说明枝干重的增加速度大于叶片干重的增加速度。

5.4.2　枝叶干重间异速生长关系在同一径阶不同树高间的雌雄差异

雌雄株枝干重与叶片干重在同一径阶不同树高处的共同斜率均小于 1.0（12 径阶雄株树

高 4m、6m 和 8m，20 径阶雌株树高 2m 和 8m、雄株树高 6m 和 10m 除外）（图 5-7），表明此时枝干重每单位的增加量大于叶片干重的增加量。其中，8 径阶雌株枝干重与叶片干重在树高 4m、6m 处存在共同异速生长关系；12 径阶雌株枝干重与叶片干重在树高 4m、6m、8m 处均存在共同异速生长关系，而雄株枝干重与叶片干重在树高 4m、6m、

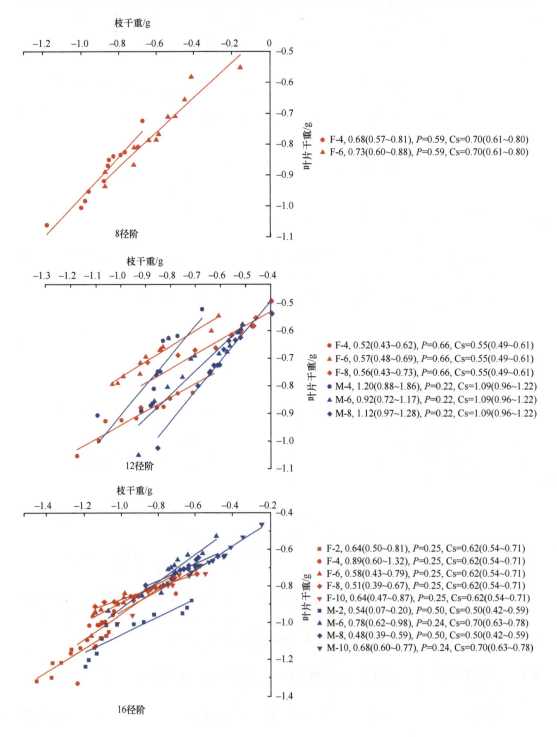

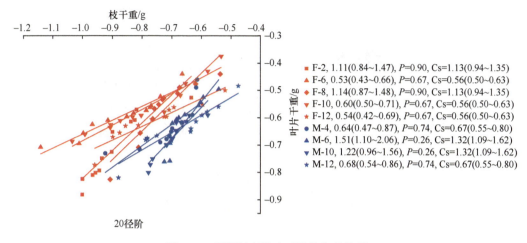

图 5-7　不同树高枝叶干重的生长关系

图例中字母-数字代表雄株（M）或雌株（F）-树高，树高单位为 m。图例字母-数字后的数值是斜率（95%置信区间）；P 表示统计检验的 P 值，显著性水平设为 $\alpha=0.05$（$P<0.05$）；Cs 代表共同斜率

8m 处均存在共同等速生长关系；16 径阶雌株枝干重与叶片干重在不同树高处均存在共同异速生长关系，而雄株枝干重与叶片干重在除树高 4m 外的其余树高处存在共同异速生长关系；20 径阶雌株枝干重与叶片干重在树高 2m、8m 处存在共同等速生长关系，而在树高 6m、10m、12m 处存在共同异速生长关系，而雄株枝干重与叶片干重在树高 4m 和 12m 处存在共同异速生长关系，在树高 6m 和 10m 处存在共同等速生长关系。

5.5　雌雄株枝干重与叶性状间的异速生长关系

5.5.1　枝干重与叶性状间异速生长关系在不同径阶的雌雄差异

不同径阶下雌雄株枝干重与叶性状间存在显著的相关关系，且雌雄株枝干重与叶相关性状间存在显著的异速生长关系（图 5-8）。

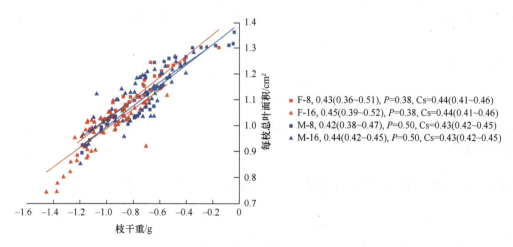

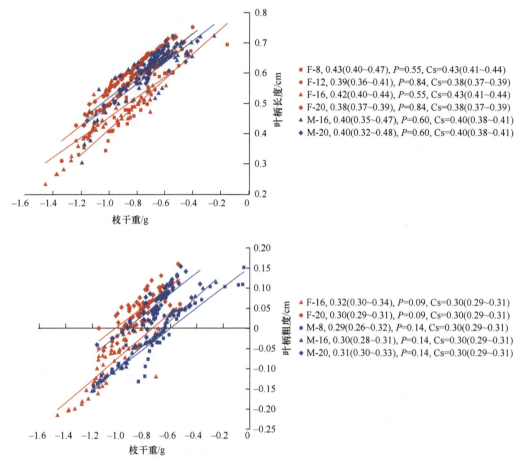

图 5-8　不同径阶雌雄株枝干重与叶性状间的生长关系

图例中字母-数字代表雄株（M）或雌株（F）-径阶。图例字母-数字后的数值是斜率（95%置信区间）；
P 表示统计检验的 P 值，显著性水平设为 α=0.05（P<0.05）；Cs 代表共同斜率

从图 5-8 可以看出，雌雄株枝干重与每枝总叶面积在 8 径阶和 16 径阶均存在共同异速生长斜率，分别为 0.44（95%置信区间为 0.41～0.46）和 0.43（95%置信区间为 0.42～0.45）。雌株枝干重与叶柄长度在 8 径阶和 16 径阶、12 径阶和 20 径阶存在共同异速生长斜率，而雄株仅在 16 径阶和 20 径阶存在共同异速生长斜率。雌株枝干重与叶柄粗度在 16 径阶和 20 径阶存在共同异速生长斜率，为 0.30（95%置信区间为 0.29～0.31），而雄株枝干重与叶柄粗度在 8 径阶、16 径阶和 20 径阶存在共同异速生长斜率，为 0.30（95%置信区间为 0.29～0.31）。整体上，雌雄株枝干重与叶性状在不同径阶的共同异速生长斜率均小于 1.0，说明雌雄株枝干重的增加速度大于每枝总叶面积、叶柄长度、叶柄粗度的增加速度。

5.5.2　枝干重与叶性状间异速生长关系在同一径阶不同树高间的雌雄差异

同一发育阶段不同树高雌雄株枝干重与叶性状间存在显著的相关关系（表 5-10）。其中，在 20 径阶树高 6m 和 10m 处，雄株枝干重与每枝总叶面积斜率分别为 0.79（95%

表5-10　同一发育阶段不同树高枝干重与叶性状间的标准主轴回归分析参数

径阶	树高/m	枝干重-每枝总叶面积（雌）斜率（95%置信区间）	R²	枝干重-叶柄长度（雌）斜率（95%置信区间）	R²	枝干重-叶柄粗度（雌）斜率（95%置信区间）	R²	枝干重-每枝叶片数（雌）斜率（95%置信区间）	R²	枝干重-每枝总叶面积（雄）斜率（95%置信区间）	R²	枝干重-叶柄长度（雄）斜率（95%置信区间）	R²	枝干重-叶柄粗度（雄）斜率（95%置信区间）	R²	枝干重-每枝叶片数（雄）斜率（95%置信区间）	R²
8	2	0.57 (0.48~0.69)	0.93**	0.41 (0.34~0.50)	0.92**	0.28 (0.23~0.33)	0.95**	-0.33 (-0.39~-0.28)	0.95**	0.32 (0.24~0.43)	0.82**	0.43 (0.31~0.58)	0.80**	0.25 (0.20~0.31)	0.91**	-0.29 (-0.42~-0.20)	0.73**
8	4	0.42 (0.37~0.47)	0.97**	0.45 (0.37~0.54)	0.93**	0.26 (0.20~0.35)	0.83**	-0.46 (-0.57~-0.36)	0.89**	0.64 (0.54~0.75)	0.95**	0.53 (0.40~0.70)	0.85**	0.52 (0.43~0.63)	0.92**	-0.41 (-0.50~-0.34)	0.92**
8	6	0.34 (0.27~0.44)	0.88**	0.28 (0.24~0.34)	0.93**	0.22 (0.17~0.28)	0.87**	-0.22 (-0.28~-0.17)	0.87**	0.19 (0.15~0.25)	0.86**	0.13 (0.11~0.17)	0.90**	0.27 (0.18~0.39)	0.67**	-0.17 (-0.22~-0.13)	0.84**
12	2	0.24 (0.21~0.27)	0.97**	0.26 (0.19~0.36)	0.78**	0.16 (0.13~0.20)	0.88**	-0.14 (-0.17~-0.11)	0.89**	0.55 (0.46~0.65)	0.94**	0.48 (0.36~0.63)	0.84**	0.26 (0.21~0.33)	0.88**	-0.50 (-0.62~-0.40)	0.90**
12	4	0.39 (0.32~0.49)	0.91**	0.33 (0.28~0.40)	0.93**	0.19 (0.16~0.23)	0.92**	-0.24 (-0.33~-0.17)	0.77**	0.52 (0.39~0.68)	0.84**	0.71 (0.52~0.96)	0.80**	0.37 (0.30~0.46)	0.92**	-0.42 (-0.54~-0.33)	0.87**
12	6	0.36 (0.27~0.48)	0.83**	0.33 (0.26~0.43)	0.86**	0.30 (0.24~0.39)	0.88**	-0.26 (-0.35~-0.20)	0.84**	0.38 (0.35~0.41)	0.99**	0.36 (0.30~0.45)	0.91**	0.26 (0.22~0.31)	0.88**	-0.28 (-0.35~-0.23)	0.92**
12	8	0.39 (0.29~0.53)	0.81**	0.46 (0.37~0.55)	0.92**	0.25 (0.20~0.31)	0.91**	-0.15 (-0.20~-0.11)	0.80**	0.31 (0.23~0.41)	0.82**	0.42 (0.31~0.57)	0.79**	0.79 (0.57~1.12)	0.91**	-0.38 (-0.52~-0.27)	0.79**
16	2	0.32 (0.22~0.46)	0.71**	0.39 (0.30~0.51)	0.85**	0.16 (0.12~0.21)	0.85**	-0.26 (-0.36~-0.19)	0.81**	0.30 (0.21~0.44)	0.71**	0.36 (0.26~0.50)	0.79**	2.16 (1.22~3.84)	0.27**	-0.22 (-0.26~-0.19)	0.94**
16	4	0.26 (0.21~0.33)	0.88**	0.30 (0.23~0.40)	0.90**	0.32 (0.23~0.45)	0.75**	-0.50 (-0.76~-0.33)	0.62**	0.25 (0.20~0.32)	0.88**	0.29 (0.19~0.43)	0.65**	0.17 (0.13~0.22)	0.86**	-0.20 (-0.25~-0.16)	0.91**
16	6	0.56 (0.38~0.83)	0.67**	0.73 (0.56~0.95)	0.85**	0.32 (0.16~0.21)	0.69**	-0.59 (-0.80~-0.44)	0.82**	0.26 (0.22~0.31)	0.94**	0.31 (0.22~0.42)	0.79**	0.24 (0.18~0.32)	0.84**	-0.26 (-0.34~-0.20)	0.84**
16	8	0.43 (0.37~0.51)	0.95**	0.32 (0.26~0.38)	0.93**	0.18	0.95**	-0.34 (-0.39~-0.29)	0.96**	0.83 (0.71~0.97)	0.95**	0.42 (0.34~0.52)	0.92**	0.44 (0.35~0.56)	0.88**	-0.44 (-0.60~-0.33)	0.80**
16	10	0.37 (0.31~0.44)	0.94**	0.39 (0.34~0.45)	0.96**	0.26 (0.22~0.31)	0.93**	-0.57 (-0.71~-0.46)	0.91**	0.45 (0.40~0.51)	0.98**	0.26 (0.21~0.31)	0.92**	0.30 (0.24~0.37)	0.90**	-0.36 (-0.47~-0.27)	0.84**

续表

径阶	树高/m	枝干重-每枝总叶面积（雌）斜率（95%置信区间）	R²	枝干重-叶柄长度（雌）斜率（95%置信区间）	R²	枝干重-叶柄粗度（雌）斜率（95%置信区间）	R²	枝干重-每枝叶片数（雌）斜率（95%置信区间）	R²	枝干重-每枝总叶面积（雄）斜率（95%置信区间）	R²	枝干重-叶柄长度（雄）斜率（95%置信区间）	R²	枝干重-叶柄粗度（雄）斜率（95%置信区间）	R²	枝干重-每枝叶片数（雄）斜率（95%置信区间）	R²
20	2	0.48 (0.34~0.66)	0.78**	0.60 (0.45~0.79)	0.84**	0.28 (0.22~0.36)	0.86**	-0.42 (-0.50~-0.35)	0.93**	0.21 (0.17~0.26)	0.92**	0.28 (0.24~0.33)	0.95**	0.15 (0.12~0.19)	0.91**	-0.21 (-0.25~-0.18)	0.95**
	4	0.46 (0.35~0.61)	0.84**	0.37 (0.29~0.48)	0.86**	0.31 (0.29~0.34)	0.99**	-0.33 (-0.39~-0.28)	0.94**	0.40 (0.27~0.60)	0.68**	0.34 (0.26~0.44)	0.85**	0.25 (0.19~0.33)	0.84**	-0.35 (-0.51~-0.25)	0.72**
	6	0.50 (0.39~0.65)	0.87**	0.37 (0.29~0.48)	0.87**	0.28 (0.25~0.31)	0.98**	-0.40 (-0.51~-0.31)	0.88**	0.79 (0.56~1.10)	0.76**	0.77 (0.56~1.06)	0.79**	0.48 (0.38~0.60)	0.90**	-0.90 (-1.17~-0.70)	0.87**
	8	0.62 (0.46~0.84)	0.82**	0.44 (0.35~0.56)	0.88**	0.26 (0.21~0.34)	0.88**	-0.71 (-0.90~-0.57)	0.89**	0.76 (0.61~0.95)	0.90**	0.34 (0.28~0.41)	0.92**	0.35 (0.28~0.46)	0.87**	-0.43 (-0.60~-0.31)	0.79**
	10	0.33 (0.27~0.39)	0.94**	0.29 (0.23~0.35)	0.91**	0.30 (0.24~0.36)	0.92**	-0.39 (-0.45~-0.33)	0.95**	1.17 (0.98~1.41)	0.93**	0.48 (0.41~0.56)	0.95**	0.65 (0.53~0.81)	0.91**	-0.51 (-0.66~-0.39)	0.87**
	12	0.59 (0.51~0.69)	0.95**	0.54 (0.45~0.65)	0.93**	0.18 (0.15~0.23)	0.90**	-0.46 (-0.55~-0.38)	0.94**	0.62 (0.50~0.77)	0.90**	0.34 (0.27~0.42)	0.91**	0.32 (0.25~0.41)	0.87**	-0.41 (-0.50~-0.33)	0.91**

注：R^2为拟合优度。**表示差异极显著（$P<0.01$）。

置信区间为 0.56～1.10）和 1.17（95%置信区间为 0.98～1.41），与 1.0 无显著差异，表明在这两个树高处，雄株枝干重的增加速度与每枝总叶面积的增加速度接近；树高 6m 处，雄株枝干重与叶柄长度的斜率为 0.77（95%置信区间为 0.56～1.06），与 1.0 无显著差异，表明此树高雄株枝干重的增加速度与叶柄长度的增加速度接近。雌雄株各径阶其余树高处枝干重与叶性状间均存在异速生长关系。

由表 5-11 和图 5-9 可知，8 径阶雌雄株枝干重与每枝总叶面积、叶柄长度、叶柄粗度在较低冠层（树高 2m、4m、6m）存在共同异速生长斜率。12 径阶雌株枝干重与每枝总叶面积在树高 4m、6m、8m 处存在共同异速生长关系，而雄株在树高 2m 和 4m 与 6m 和 8m 处存在共同异速生长关系；雌株枝干重与叶柄粗度在树高 2m、4m 处存在共同异速生长关系，而雄株在树高 6m、8m 处存在共同异速生长关系。16 径阶雌株枝干重与叶柄粗度和每枝叶片数在 3 个不同冠层中存在共同异速生长斜率，而雄株枝干重与每枝总叶面积、叶柄长度和每枝叶片数在 3 个及以上不同冠层中存在共同异速生长斜率。20 径阶雌株枝干重与每枝总叶面积、叶柄长度（20 径阶树高 4m、6m 和 10m 除外）、叶柄粗度、每枝叶片数在 3 个及以上不同冠层中存在共同异速生长斜率，而雄株枝干重与每枝总叶面积、叶柄长度、每枝叶片数在 3 个及以上不同冠层中存在共同异速生长斜率，枝干重与叶柄粗度在 2 个不同冠层中存在共同异速生长斜率。总的来说，在同一径阶不同冠层下，雌雄株枝干重与每枝总叶面积、叶柄长度（雌株 20 径阶树高 4m、6m 和 10m 除外）、叶柄粗度和每枝叶片数的共同异速生长斜率均小于 1.0，说明雌雄株枝干重的增加速度大于每枝总叶面积、叶柄长度、叶柄粗度的增加速度和每枝叶片数的下降速度。

表 5-11　同一径阶不同树高枝干重与叶性状间的异质性检验及共同斜率

枝性状	叶性状	斜率组 [径阶-树高（m）]	斜率异质性	斜率（95%置信区间）	P 值	截距
枝干重（雌）	每枝总叶面积（雌）	8-4, 6	0.15	0.40（0.36～0.45）	0.15	1.43
枝干重（雌）	叶柄长度（雌）	8-2, 4	0.54	0.43（0.38～0.49）	0.00	na
枝干重（雄）	叶柄长度（雄）	8-2, 4	0.27	0.48（0.39～0.59）	0.00	na
枝干重（雌）	叶柄粗度（雌）	8-2, 6	0.12	0.26（0.22～0.30）	0.73	0.13
枝干重（雄）	叶柄粗度（雄）	8-2, 6	0.74	0.25（0.21～0.30）	0.46	0.17
枝干重（雄）	每枝叶片数（雄）	8-2, 4	0.08	−0.39（−0.46～−0.31）	0.67	0.54
枝干重（雌）	每枝总叶面积（雌）	12-4, 6, 8	0.86	0.38（0.33～0.44）	0.00	na
枝干重（雄）	每枝总叶面积（雄）	12-2, 4	0.73	0.54（0.47～0.62）	0.00	na
枝干重（雄）	每枝总叶面积（雄）	12-6, 8	0.17	0.37（0.35～0.40）	0.00	na
枝干重（雌）	叶柄长度（雌）	12-2, 4, 6	0.35	0.32（0.28～0.36）	0.00	na
枝干重（雄）	叶柄长度（雄）	12-2, 6, 8	0.24	0.40（0.35～0.48）	0.00	na
枝干重（雌）	叶柄粗度（雌）	12-2, 4	0.23	0.18（0.15～0.21）	0.00	na
枝干重（雌）	叶柄粗度（雌）	12-6, 8	0.19	0.27（0.23～0.32）	0.00	na
枝干重（雄）	叶柄粗度（雄）	12-2, 6	0.99	0.26（0.23～0.30）	0.04	na
枝干重（雌）	每枝叶片数（雌）	12-4, 6	0.59	−0.25（−0.31～−0.20）	0.27	0.61

续表

枝性状	叶性状	斜率组 [径阶-树高（m）]	斜率异质性	斜率（95%置信区间）	P 值	截距
枝干重（雌）	每枝叶片数（雌）	12-2, 8	0.66	−0.14（−0.17~−0.12）	0.09	0.70
枝干重（雄）	每枝叶片数（雄）	12-2, 4, 8	0.29	−0.44（−0.51~−0.38）	0.00	na
枝干重（雌）	每枝总叶面积（雌）	16-2, 4	0.36	0.28（0.23~0.34）	0.00	na
枝干重（雌）	每枝总叶面积（雌）	16-6, 8	0.22	0.45（0.39~0.53）	0.00	na
枝干重（雄）	每枝总叶面积（雄）	16-2, 4, 6	0.67	0.26（0.23~0.30）	0.00	na
枝干重（雌）	叶柄长度（雌）	16-2, 4, 8	0.22	0.32（0.28~0.37）	0.00	na
枝干重（雄）	叶柄长度（雄）	16-2, 4, 6, 8	0.18	0.37（0.31~0.43）	0.00	na
枝干重（雌）	叶柄粗度（雌）	16-2, 8	0.35	0.18（0.15~0.20）	0.00	na
枝干重（雌）	叶柄粗度（雌）	16-4, 6, 10	0.37	0.28（0.24~0.33）	0.00	na
枝干重（雄）	叶柄粗度（雄）	16-6, 10	0.23	0.28（0.23~0.33）	0.00	na
枝干重（雌）	每枝叶片数（雌）	16-2, 8	0.12	−0.33（−0.37~−0.28）	0.00	na
枝干重（雌）	每枝叶片数（雌）	16-4, 6, 10	0.76	−0.57（−0.66~−0.49）	0.00	na
枝干重（雄）	每枝叶片数（雄）	16-2, 4, 6	0.28	−0.22（−0.25~−0.20）	0.00	na
枝干重（雄）	每枝叶片数（雄）	16-8, 10	0.27	−0.39（−0.49~−0.32）	0.00	na
枝干重（雌）	每枝总叶面积（雌）	20-2, 4, 6, 8, 12	0.28	0.55（0.49~0.61）	0.00	na
枝干重（雄）	每枝总叶面积（雄）	20-6, 8, 12	0.28	0.71（0.61~0.82）	0.00	na
枝干重（雌）	叶柄长度（雌）	20-2, 8, 12	0.20	0.53（0.46~0.60）	0.00	na
枝干重（雌）	叶柄长度（雌）	20-4, 6, 10	0.14	1.34（0.29~0.39）	0.00	na
枝干重（雄）	叶柄长度（雄）	20-2, 4, 8, 12	0.27	0.32（0.28~0.35）	0.00	na
枝干重（雌）	叶柄粗度（雌）	20-2, 4, 6, 8, 10	0.46	0.30（0.28~0.31）	0.00	na
枝干重（雄）	叶柄粗度（雄）	20-4, 12	0.13	0.29（0.23~0.35）	0.00	na
枝干重（雄）	叶柄粗度（雄）	20-6, 8	0.05	0.42（0.34~0.51）	0.34	0.35
枝干重（雌）	每枝叶片数（雌）	20-2, 4, 6, 10	0.28	−0.38（−0.42~−0.35）	0.00	na
枝干重（雄）	每枝叶片数（雄）	20-4, 8, 10, 12	0.34	−0.43（−0.49~−0.37）	0.00	na

注：na 表示无数据。

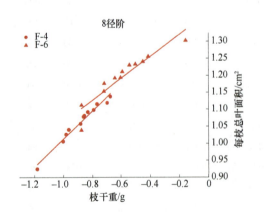

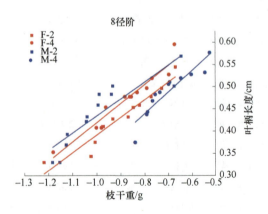

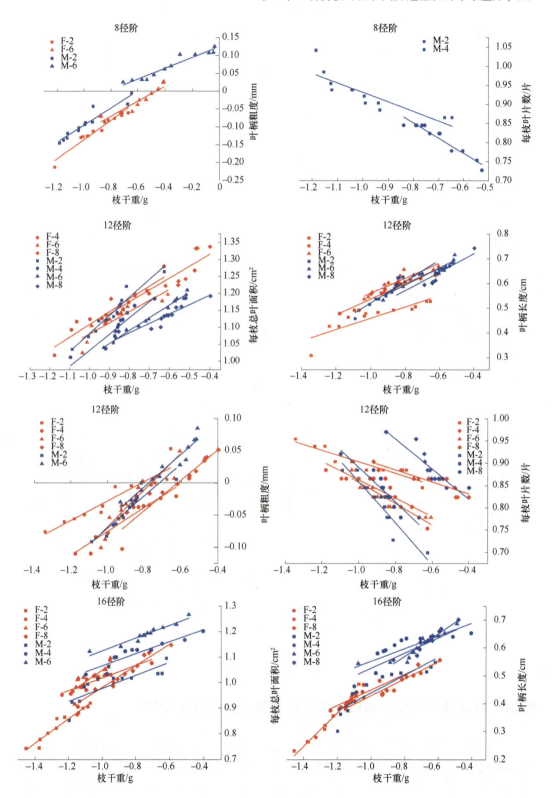

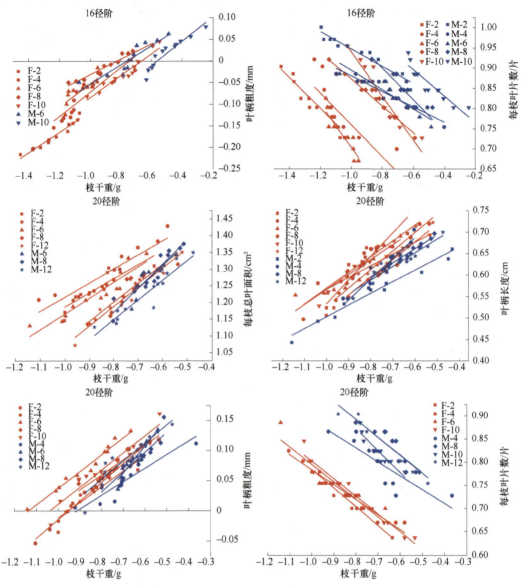

图 5-9 不同径阶不同树高枝干重与叶性状的生长关系

图例中字母-数字代表雄株（M）或雌株（F）-树高

5.6 讨 论

5.6.1 雌雄株不同径阶和树高枝叶性状及干重的变化特征

植物不同构件间的生长存在差异是被普遍承认的生长规律（Sun et al.，2006；Westoby et al.，2002），也是植物体在特定生境下所采取的生态对策方式，反映了植物体各性状间的相关程度（Midgley and Bond，1989）。当然叶片面积增大的同时，叶柄长度也会发生相应变化，以提供与叶片相适应的支持能力和疏导能力，同时叶片面积的增大也需要更长的叶柄来减少个体内部对光的相互遮挡（祝介东等，2011；Li et al.，2008；Takenaka，1994）。前人对胡杨的研究发现，随着径阶的增加，胡杨出现了由条形叶向阔卵形叶的转变，叶面积沿树冠基部向顶部方向逐渐增大（赵鹏宇等，2016；冯梅等，2014）。本研究表明，随着径阶的增加，雌雄株枝长、每枝叶片数显著减小，枝粗、叶柄长度、叶柄粗度、每枝总叶面积、叶片干重显著增大，且雌株叶性状和叶片干重的变化较雄株更为明显。雌株各径阶枝长随着树高的增加显著减小（8径阶除外）。较大的叶子为了更多地暴露于阳光下和更有效地将水分运输到叶肉细胞，将会投资更多的生物量用于维管组织和厚壁组织的建设。胡杨的成熟伴随着光合能力的增强，叶面积的增大增加了光合面积，这时胡杨投资更多的生物量给叶柄长度、叶柄粗度等支撑结构，同时枝长减小，缩短了水分运输路程。

5.6.2　雌雄株不同径阶和树高枝、叶资源利用策略

由于水力和机械两方面的原因，枝的相关性状与其上面的附属物在植物生长的过程中保持了一定的协调性。例如，粗的枝上有着更大的叶片（Westoby and Wright，2003；Corner，1949）。本研究表明，随着不同径阶或者同一径阶不同树高的增加，胡杨雌雄株枝长和枝粗均与叶柄长度和叶柄粗度存在异速生长关系，可能的原因是植物通过增加叶柄的长度来减少叶片之间的相互遮阴，有效地提高叶片的光拦截效率，为促进光合作用奠定了基础，同时叶柄粗度的增加也提高了枝向叶片运输水分和养分的效率（Brites and Valladares，2005）。枝粗与叶面积间存在异速生长的关系，小枝直径与单叶面积之间为异速生长关系（Brites and Valladares，2005；White，1983），其他物种中也显示出小枝的横截面积与叶面积之间存在异速生长关系（Sun et al.，2006；Westoby et al.，2002）。本研究结果显示，胡杨雌雄株枝长和枝粗均与每枝总叶面积存在异速生长关系。随着胡杨径阶的增加，植株需要光合作用生产更多的有机物来满足自身生存的需要，因此，枝、叶相关性状发生快速的变化以有效地提高植物的光合作用，如枝变短、加粗加快了养分和水分运输到叶片的速度，每枝总叶面积的增加增加了植株捕获光照的有效面积，这些为植物在单位时间内积累更多的有机物奠定了基础。

枝生物量的分配不仅体现在枝、叶大小的权衡上，也体现在枝、叶水平生物量的分配上（刘志国等，2008；Sun et al.，2006；Westoby and Wright，2003），研究枝条生物量的分配有利于揭示不同植物对环境的适应策略。本研究对胡杨的研究结果显示，在不同径阶，枝干重与叶片干重间雌株相对占优势的生长斜率数目（$n=3$）大于雄株（$n=1$），枝干重与叶性状间雌株相对占优势的生长斜率数目（$n=9$）大于雄株（$n=6$），而在同一径阶不同树高，枝干重与叶片干重间雌株相对占优势的生长斜率数目（$n=8$）小于雄株（$n=10$），枝干重与叶性状间雌株相对占优势的生长斜率数目（$n=35$）小于雄株（$n=37$），这表明在不同径阶上雌株枝干重与叶片干重、叶性状间生物量的转变速度较快，而在同一径阶不同树高上雄株枝干重与叶片干重、叶性状间生物量的转变速度较快，其雌雄株异速生长斜率数目差异不显著，然而，雌雄株枝干重与叶片干重、叶性状在不同径阶上

或同一径阶不同树高上均存在普遍的异速生长关系。West 等（1997）认为产生异速生长的原因是植物体的输导组织网络的限制，植物在漫长的进化过程中形成了不同等级的输导网络组织，营养选择的压力必然使之向最优化的方向进化，使得新陈代谢效率和与外界环境的交换面积最大化并使营养物质运输距离和时间最小化。本研究中雌雄株枝干重与叶片干重、叶性状间存在着少数的等速生长关系，这表明随着不同发育阶段或不同树高的变化，胡杨雌雄株生长存在着等速生长与异速生长间的转变，为胡杨利用环境资源更好地合成能量物质奠定了基础。

5.6.3 雌雄株枝、叶资源利用的差异

本研究发现，在不同径阶上，胡杨雄株枝、叶性状间占优势的生长斜率数目（$n=18$）相对大于雌株（$n=14$），表明在不同径阶雄株枝、叶性状间的转变速度较快，而在同一径阶不同树高上，胡杨雌株枝、叶性状间占优势的生长斜率数目（$n=76$）相对大于雄株（$n=68$），表明胡杨在同一径阶不同树高上雌株枝、叶性状间的转变速度较快。胡杨雌雄株枝、叶相关性状在不同径阶或不同树高出现生长差异的原因可能是胡杨为了对枝、叶不同器官间的物质和能量进行协调分配，来最大化地利用环境资源，进而达到雌雄株最适生长状态。

主要参考文献

白书农. 2003. 植物发育生物学. 北京: 北京大学出版社: 72-73.

白雪, 张淑静, 郑彩霞, 等. 2011. 胡杨多态叶光合和水分生理的比较. 北京林业大学学报, 33(6): 47-52.

白岩松, 张雨鉴, 秦倩倩, 等. 2024. 大兴安岭典型灌木叶片功能性状对环境因子的响应. 生态学杂志, 43(1): 131-139.

宝乐, 刘艳红. 2009. 东灵山地区不同森林群落叶功能性状比较. 生态学报, 29(7): 3692-3703.

蔡汝, 陶俊, 陈鹏. 2000. 银杏雌雄株叶片光合特性、蒸腾速率及产量的比较研究. 落叶果树, 28(1): 14-15.

常国华, 陈映全, 高天鹏, 等. 2015. 膜果麻黄(*Ephedra przewalskii*)和白刺(*Nitraria tangutorum*)幼枝水势及影响因素. 中国沙漠, 35(2): 385-392.

晁鑫艳, 卫玺玺, 郑景明, 等. 2023. 贺兰山西坡不同生活型植物叶片化学计量特征及其环境影响因子分析. 植物资源与环境学报, 32(6): 22-33.

陈林, 杨新国, 宋乃平, 等. 2014. 宁夏中部干旱带主要植物叶性状变异特征研究. 草业学报, 23(1): 41-49.

陈美玲, 崔君滕, 邓蕾, 等. 2018. 黄土高原两种针叶树种不同器官水碳氮磷分配格局及其生态化学计量特征. 地球环境学报, 9(1): 54-63.

陈奕吟, 陈玉珍. 2007. 低温锻炼对胡杨愈伤组织抗寒性、可溶性蛋白、脯氨酸含量及抗氧化酶活性的影响. 山东农业科学, 39(3): 46-49.

陈豫梅, 陈厚彬, 陈国菊, 等. 2001. 香蕉叶片形态结构与抗旱性关系的研究. 热带农业科学, 21(4): 14-16.

程雯, 喻阳华, 熊康宁, 等. 2019. 喀斯特高原峡谷优势种叶片功能性状分析. 广西植物, 39(8): 1039-1049.

程徐冰, 韩士杰, 张忠辉, 等. 2011. 蒙古栎不同冠层部位叶片养分动态. 应用生态学报, 22(9): 2272-2278.

丁伟, 杨振华, 张世彪, 等. 2010. 青海柴达木地区野生胡杨叶的形态解剖学研究. 中国沙漠, 30(6): 1411-1415.

董芳宇, 王文娟, 崔盼杰, 等. 2016. 胡杨叶片解剖特征及其可塑性对土壤条件响应. 西北植物学报, 36(10): 2047-2057.

董莉莉. 2008. 中国南北样带栎属植物叶功能性状及其与环境因子的关系. 北京: 中国林业科学研究院硕士学位论文.

封焕英, 杜满义, 辛学兵, 等. 2019. 华北石质山地侧柏人工林 C、N、P 生态化学计量特征的季节变化. 生态学报, 39(5): 1572-1582.

冯梅. 2014. 胡杨叶形变化与个体发育阶段的关系研究. 阿拉尔: 塔里木大学硕士学位论文.

冯梅, 黄文娟, 李志军. 2014. 胡杨叶形变化与叶片养分间的关系. 生态学杂志, 33(6): 1467-1473.

冯美利, 李杰, 孙程旭, 等. 2012. 不同树龄油棕营养元素含量及其年变化研究. 热带农业科学, 32(10): 6-9.

付晓玥. 2012. 阿拉善荒漠植物叶片性状研究. 呼和浩特: 内蒙古大学硕士学位论文.

高钿惠, 尚佳州, 宋立婷, 等. 2021. 小叶杨叶片光合特性与解剖结构对干旱及复水的响应. 中国水土保持科学(中英文), 19(6): 18-26.

苟蓉. 2020. 干旱对构树幼苗生长发育及生理代谢影响的性别差异. 南充: 西华师范大学硕士学位论文.

顾亚亚, 张世卿, 李先勇, 等. 2013. 濒危物种胡杨胸径与树龄关系研究. 塔里木大学学报, 25(2): 66-69.

郭娇. 2018. 小红柳雌雄植株解剖学及抗旱性差异性研究. 呼和浩特: 内蒙古农业大学硕士学位论文.

胡清, 吕军, 李水冰, 等. 2014. 旱季云南松松针水势变化规律. 云南大学学报(自然科学版), 36(3): 433-438.

胡耀升, 么旭阳, 刘艳红. 2015. 长白山森林不同演替阶段比叶面积及其影响因子. 生态学报, 35(5): 1480-1487.

黄文娟, 李志军, 杨赵平, 等. 2010a. 胡杨异形叶结构型性状及其与胸径关系. 生态学杂志, 29(12): 2347-2352.

黄文娟, 李志军, 杨赵平, 等. 2010b. 胡杨异形叶结构型性状及其相互关系. 生态学报, 30(17): 4636-4642.

姜玉东, 张军民, 熊佑清, 等. 2021. 荆条和多花胡枝子叶片形态和光合生理特性的耐阴适应性研究. 中国农学通报, 37(31): 49-60.

李德全, 邹琦, 程炳嵩. 1992. 土壤干旱下不同抗旱性小麦品种的渗透调节和渗透调节物质. 植物生理与分子生物学学报, 18(1): 37-44.

李东胜, 史作民, 刘世荣, 等. 2013. 南北样带温带区栎属树种幼苗功能性状的变异研究. 林业科学研究, 26(2): 156-162.

李加好. 2015. 胡杨阶段转变过程枝、叶和花芽形态数量变化及生理特征研究. 阿拉尔: 塔里木大学硕士学位论文.

李加好, 刘帅飞, 李志军. 2015. 胡杨枝、叶和花芽形态数量变化与个体发育阶段的关系. 生态学杂志, 34(4): 941-946.

李靖, 马永禄, 罗杰, 等. 2013. 黄土丘陵沟壑区不同林龄刺槐林养分特征与生物量研究. 西北林学院学报, 28(3): 7-12.

李小琴, 张小由, 刘晓晴, 等. 2014. 额济纳绿洲河岸胡杨(*Populus euphratica*)叶水势变化特征. 中国沙漠, 34(3): 712-717.

李艳, 马子龙, 王必尊, 等. 2008. 油棕不同叶序五种营养元素含量的测定及变化规律研究. 中国油料作物学报, 30(4): 464-468.

李耀琪, 王志恒. 2021. 植物叶片形态的生态功能、地理分布与成因. 植物生态学报, 45(10): 1154-1172.

李耀琪, 王志恒. 2023. 植物功能生物地理学的研究进展与展望. 植物生态学报, 47(2): 145-169.

李永华, 卢琦, 吴波, 等. 2012. 干旱区叶片形态特征与植物响应和适应的关系. 植物生态学报, 36(1): 88-98.

李永华, 罗天祥, 卢琦, 等. 2005. 青海省沙珠玉治沙站 17 种主要植物叶性因子的比较. 生态学报, 25(5): 994-999.

李志军, 等. 2019. 胡杨和灰杨繁殖生物学. 北京: 科学出版社: 9-12.

李志军, 等. 2020. 新疆胡杨林. 北京: 中国林业出版社: 12-13.

李志军, 等. 2021. 胡杨和灰杨的异形叶性及生长适应策略. 北京: 科学出版社: 16-29.

李志军, 吕春霞, 段黄金. 1996. 胡杨和灰叶胡杨营养器官的解剖学研究. 塔里木农垦大学学报, 8(2): 21-25, 33.

李宗杰, 田青, 宋玲玲. 2018. 甘肃省摩天岭北坡木本植物叶性状变异及关联. 中国沙漠, 38(1): 149-156.

廖建雄, 王根轩. 2002. 干旱、CO_2 和温度升高对春小麦光合、蒸发蒸腾及水分利用效率的影响. 应用生态学报, 13(5): 547-550.

刘明虎, 辛智鸣, 徐军, 等. 2013. 干旱区植物叶片大小对叶表面蒸腾及叶温的影响. 植物生态学报, 37(5): 436-442.

刘波, 王力华, 阴黎明, 等. 2010. 两种林龄文冠果叶 N、P、K 的季节变化及再吸收特征. 生态学杂志, 29(7): 1270-1276.

刘晓娟, 马克平. 2015. 植物功能性状研究进展. 中国科学: 生命科学, 45(4): 325-339.

刘志国, 蔡永立, 李恺. 2008. 亚热带常绿阔叶林植物叶-小枝的异速生长. 植物生态学报, 32(2): 363-369.

吕建魁. 2023. 模拟干旱对北京地区典型乔木不同物候期生理生态特征的影响机制. 沈阳: 沈阳农业大学硕士学位论文.

吕爽, 张现慧, 张楠, 等. 2015. 胡杨幼苗根系生长与构型对土壤水分的响应. 西北植物学报, 35(5): 1005-1012.

马剑英, 孙惠玲, 夏敦胜, 等. 2007. 塔里木盆地胡杨两种形态叶片碳同位素特征研究. 兰州大学学报 (自然科学版), 43(4): 51-55.

马万飞, 何奕成, 王寅, 等. 2020. 极端干旱区绿洲胡杨叶片性状及其对水分条件的响应. 林业调查规划, 45(3): 152-157.

毛伟, 李玉霖, 张铜会, 等. 2012. 不同尺度生态学中植物叶性状研究概述. 中国沙漠, 32(1): 33-41.

祁建, 马克明, 张育新. 2007. 辽东栎(*Quercus liaotungensis*)叶特性沿海拔梯度的变化及其环境解释. 生态学报, 27(3): 930-937.

覃鑫浩. 2015. 辽东栎冠层叶建成消耗与比叶面积的空间异质性. 林业资源管理, (4): 145-150, 178.

邱箭. 2005. 胡杨多态叶气孔与光合作用特性研究. 北京: 北京林业大学硕士学位论文.

邱箭, 郑彩霞, 于文鹏. 2005. 胡杨多态叶光合速率与荧光特性的比较研究. 吉林林业科技, 34(3): 19-21.

任红剑, 丰震, 乔谦, 等. 2018. 元宝枫叶片形态特征的地理变异. 西北林学院学报, 33(1): 113-119.

单长卷, 汤菊香, 郝文芳. 2006. 水分胁迫对洛麦 9133 幼苗叶片生理特性的影响. 江苏农业学报, (3): 229-232.

石匡正, 杨晴, 郭学民. 2017. 杜仲雌雄株叶片的解剖结构比较. 河北科技师范学院学报, 31(2): 24-27, 80.

史军辉, 王新英, 刘茂秀, 等. 2017. 不同林龄胡杨林叶片与土壤的化学计量特征. 干旱区研究, 34(4): 815-822.

司建华, 冯起, 张小由. 2005. 极端干旱区胡杨水势及影响因子研究. 中国沙漠, 25(4): 505-510.

苏培玺, 张立新, 杜明武, 等. 2003. 胡杨不同叶形光合特性、水分利用效率及其对加富 CO_2 的响应. 植物生态学报, 27(1): 34-40.

孙梅, 田昆, 张赟, 等. 2017. 植物叶片功能性状及其环境适应研究. 植物科学学报, 35(6): 940-949.

孙志高, 刘景双, 于君宝, 等. 2009. 三江平原小叶章钾、钙、镁含量与累积的季节变化. 应用生态学报, 20(5): 1051-1059.

孙志虎, 王庆成. 2003. 应用 PV 技术对北方 4 种阔叶树抗旱性的研究. 林业科学, 39(2): 33-38.

汤章城. 1984. 逆境条件下植物脯氨酸的累积及其可能的意义. 植物生理学通讯, 20(1): 15-21.

王超, 卢杰, 姚慧芳, 等. 2022. 急尖长苞冷杉叶功能性状特征及其环境响应. 森林与环境学报, 42(2): 123-130.

王丹丹. 2013. 盐胁迫下樱桃砧木生长、生理生化及解剖结构的研究. 天津: 天津农学院硕士学位论文.

王海珍, 韩路, 李志军. 2009. 胡杨、灰叶胡杨蒸腾耗水规律初步研究. 干旱区资源与环境, 23(8): 186-189.

王海珍, 韩路, 徐雅丽, 等. 2011. 胡杨异形叶叶绿素荧光特性对高温的响应. 生态学报, 31(9): 2444-2453.

王海珍, 韩路, 徐雅丽, 等. 2014. 胡杨异形叶光合作用对光强与 CO_2 浓度的响应. 植物生态学报, 38(10): 1099-1109.

王晶, 邱尚志, 杨青霄, 等. 2014. 水分胁迫下新西伯利亚银白杨光合能力变化. 森林工程, 30(2): 1-5.

王俊英, 尹伟伦, 夏新莉. 2005. 胡杨锌指蛋白基因克隆及其结构分析. 遗传, 27(2): 245-248.

王三根. 2000. 细胞分裂素在植物抗逆和延衰中的作用. 植物学通报, 35(2): 121-126, 167.

王云霓, 熊伟, 王彦辉, 等. 2012. 六盘山主要树种叶片稳定性碳同位素组成的时空变化特征. 水土保持研究, 19(3): 42-47.

文军, 赵成章, 李群, 等. 2021. 黑河中游湿地胡杨蒸腾速率与叶性状的关联性分析. 干旱区研究, 38(2): 429-437.

吴陶红, 龙翠玲, 熊玲, 等. 2023. 喀斯特森林不同生长型植物叶片功能性状变异及其适应特征. 应用与环境生物学报, 29(5): 1043-1049.

向旭, 傅家瑞. 1998. 脱落酸应答基因的表达调控及其与逆境胁迫的关系. 植物学通报, 33(3): 11-16.

胥晓, 杨帆, 尹春英, 等. 2007. 雌雄异株植物对环境胁迫响应的性别差异研究进展. 应用生态学报, 18(11): 2626-2631.

徐满厚, 薛娴. 2013. 青藏高原高寒草甸夏季植被特征及对模拟增温的短期响应. 生态学报, 33(7): 2071-2083.

许洺山, 黄海侠, 史青茹, 等. 2015. 浙东常绿阔叶林植物功能性状对土壤含水量变化的响应. 植物生态学报, 39(9): 857-866.

燕玲, 李红, 贺晓, 等. 2000. 阿拉善地区9种珍稀濒危植物营养器官生态解剖观察. 内蒙古农业大学学报(自然科学版), 21(3): 65-71.

杨灵丽. 2006. 胡杨阔叶与狭叶的生理生态学研究. 呼和浩特: 内蒙古农业大学硕士学位论文.

杨琼, 李征珍, 傅强, 等. 2016. 胡杨(Populus euphratica)叶异速生长随发育的变化. 中国沙漠, 36(3): 659-665.

杨树德, 陈国仓, 张承烈, 等. 2004. 胡杨披针形叶与宽卵形叶的渗透调节能力的差异. 西北植物学报, 24(9): 1583-1588.

杨彦东, 马静利, 马红彬, 等. 2023. 封育对荒漠草原优势植物根系性状特征的影响. 草业科学, 40(6): 1507-1517.

游文娟, 张庆费, 夏檑. 2008. 城市绿化植物叶片结构对光强的响应. 西北林学院学报, 23(5): 22-25, 33.

于鸿莹, 陈莹婷, 许振柱, 等. 2014. 内蒙古荒漠草原植物叶片功能性状关系及其经济谱分析. 植物生态学报, 38(10): 1029-1040.

于文英, 高燕, 逄玉娟, 等. 2019. 山东银莲花叶片形态结构对异质生境和海拔变化的响应. 生态学报, 39(12): 4413-4420.

岳宁. 2009. 胡杨异形叶生态适应的解剖及生理学研究. 北京: 北京林业大学博士学位论文.

翟军团. 2020. 不同土壤水分条件下胡杨异形叶结构型和功能型性状的比较研究. 阿拉尔: 塔里木大学硕士学位论文.

张般般, 刘婷, 杨静慧, 等. 2018. 4个树莓品种茎解剖结构与抗旱性的关系. 西南大学学报(自然科学版), 40(5): 53-58.

张慧文, 马剑英, 孙伟, 等. 2010. 不同海拔天山云杉叶功能性状及其与土壤因子的关系. 生态学报, 30(21): 5747-5758.

张建玲, 于明含, 孙慧媛, 等. 2024. 毛乌素沙地不同龄级黑沙蒿(Artemisia ordosica)枝叶功能性状对干旱的响应. 中国沙漠, 44(2): 1-9.

张琳敏, 陈坚, 沈文涛, 等. 2019. 雌雄组合模式下青杨形态和生理特征对干旱的响应差异. 西华师范大学学报(自然科学版), 40(4): 325-331.

赵良田, 孙金根. 1989. 异形叶性与植物识别. 生物学通报, 24(11): 8-9, 41.

赵鹏宇, 冯梅, 焦培培, 等. 2016. 胡杨不同发育阶段叶片形态解剖学特征及其与胸径的关系. 干旱区研究, 33(5): 1071-1080.

赵琦琳, 田文斌, 郑忠, 等. 2020. 浙江天童木本植物水力结构与树高的关联性. 生态学报, 40(19): 6905-6911.

赵夏纬, 王一峰, 马文梅. 2019. 高寒草地不同坡向披针叶黄华蒸腾速率与叶性状的关系. 生态学报, 39(7): 2494-2500.

郑彩霞, 邱箭, 姜春宁, 等. 2006. 胡杨多形叶气孔特征及光合特性的比较. 林业科学, 42(8): 19-24, 147.

钟悦鸣, 董芳宇, 王文娟, 等. 2017. 不同生境胡杨叶片解剖特征及其适应可塑性. 北京林业大学学报, 39(10): 53-61.

朱济友, 于强, 刘亚培, 等. 2018. 植物功能性状及其叶经济谱对城市热环境的响应. 北京林业大学学报, 40(9): 72-81.

朱建林, 郭景唐, 欧国菁. 1992. 油松树冠营养元素浓度空间变异的研究. 北京林业大学学报, 14(S5): 43-49.

祝介东, 孟婷婷, 倪健, 等. 2011. 不同气候带间成熟林植物叶性状间异速生长关系随功能型的变异. 植物生态学报, 35(7): 687-698.

Acuña-Acosta D M, Castellanos A E, Liano-Sotelo J M, et al. 2024. Higher phosphorus and water use efficiencies and leaf stoichiometry contribute to legume success in drylands. Functional Ecology, 38(10): 2271-2285.

Afzal S, Chaudhary N, Singh N K. 2021. Role of soluble sugars in metabolism and sensing under abiotic stress // Aftab T, Hakeem K R. Plant Growth Regulators: Signalling under stress Conditions. Allahabad: Springer International Publishing: 305-334.

Ågren G I, Weih M. 2012. Plant stoichiometry at different scales: element concentration patterns reflect environment more than genotype. New Phytologist, 194(4): 944-952.

Amist N, Singh N B. 2020. Chapter 19 - The role of sugars in the regulation of environmental stress. Plant Life Under Changing Environment: 497-512.

Anil Kumar S, Kaniganti S, Hima Kumari P, et al. 2022. Functional and biotechnological cues of potassium homeostasis for stress tolerance and plant development. Biotechnology and Genetic Engineering Reviews, DOI: 10.1080/02648725.2022.2143317.

Apel K, Hirt H. 2004. Reactive oxygen species: metabolism, oxidative stress, and signal transduction. Annual Review of Plant Biology, 55: 373-399.

Arora R L, Tripathi S, Singh R. 1999. Effect of nitrogen on leaf mineral nutrient status, growth and fruiting in peach. Indian Journal of Horticulture, 56(4): 286-294.

Atkinson L J, Campbell C D, Zaragoza-Castells J, et al. 2010. Impact of growth temperature on scaling relationships linking photosynthetic metabolism to leaf functional traits. Functional Ecology, 24(6): 1181-1191.

Bahamonde H A, Gil L, Fernández V. 2018. Surface properties and permeability to calcium chloride of *Fagus sylvatica* and *Quercus petraea* leaves of different canopy heights. Frontiers in Plant Science, 9: 494.

Barton K E, Koricheva J. 2010. The ontogeny of plant defense and herbivory: characterizing general patterns using meta-analysis. The American Naturalist, 175(4): 481-493.

Bjorkman A D, Elmendorf S C, Beamish A L, et al. 2015. Contrasting effects of warming and increased snowfall on Arctic tundra plant phenology over the past two decades. Global Change Biology, 21(12): 4651-4661.

Brahmesh Reddy B R, Kiran B O, Somanagouda B P, et al. 2022. Canopy temperature in Sorghum under drought stress: influence of gas-exchange parameters. Journal of Cereal Research, 14(spl2): 81-85.

Brites D, Valladares F. 2005. Implications of opposite phyllotaxis for light interception efficiency of Mediterranean woody plants. Trees, 19(6): 671-679.

Bucci S J, Carbonell Silletta L M, Garré A, et al. 2019. Functional relationships between hydraulic traits and the timing of diurnal depression of photosynthesis. Plant, Cell & Environment, 42(5): 1603-1614.

Cakmak I. 2005. The role of potassium in alleviating detrimental effects of abiotic stresses in plants. Journal of Plant Nutrition and Soil Science, 168(4): 521-530.

Carlquist S. 2018. Living cells in wood 3. Living cells in wood 3. Overview; functional anatomy of the parenchyma network. Botanical Review, 84: 242-294.

Carvalho E C D, Souza B C, Silva M S, et al. 2023. Xylem anatomical traits determine the variation in wood density and water storage of plants in tropical semiarid climate. Flora, 298: 152185.

Chave J, Coomes D, Jansen S, et al. 2009. Towards a worldwide wood economics spectrum. Ecology Letters,

12(4): 351-366.

Chen H C, Hwang S G, Chen S M, et al. 2011. ABA-mediated heterophylly is regulated by differential expression of 9-*cis*-epoxycarotenoid dioxygenase 3 in lilies. Plant & Cell Physiology, 52(10): 1806-1821.

Chen T Z, Zhang B L. 2016. Measurements of proline and malondialdehyde content and antioxidant enzyme activities in leaves of drought stressed cotton. Bio-Protocol, 6(17): e1913.

Chen Y P, Chen Y N, Li W H, et al. 2006. Characterization of photosynthesis of *Populus euphratica* grown in the arid region. Photosynthetica, 44(4): 622-626.

Chu S S, Li H Y, Zhang X Q, et al. 2018. Physiological and proteomics analyses reveal low-phosphorus stress affected the regulation of photosynthesis in soybean. International Journal of Molecular Sciences, 19(6): 1688.

Cornelissen J H C, Lavorel S, Garnier E, et al. 2003. A handbook of protocols for standardised and easy measurement of plant functional traits worldwide. Australian Journal of Botany, 51(4): 335-380.

Corner E J H. 1949. The durian theory or the origin of the modern tree. Annals of Botany, 13(4): 367-414.

Correia O, Diaz Barradas M C. 2000. Ecophysiological differences between male and female plants of *Pistacia lentiscus* L. Plant Ecology, 149(2): 131-142.

Creek D, Blackman C J, Brodribb T J, et al. 2018. Coordination between leaf, stem, and root hydraulics and gas exchange in three arid‑zone angiosperms during severe drought and recovery. Plant, Cell & Environment, 41(12): 2869-2881.

Dawson T E, Ehleringer J R. 1993. Gender-specific physiology, carbon isotope discrimination, and habitat distribution in boxelder, *Acer negundo*. Ecology, 74(3): 798-815.

Deng C, Ma F F, Xu X J, et al. 2023. Allocation patterns and temporal dynamics of Chinese fir biomass in Hunan Province, China. Forests, 14(2): 286.

Deng Y, Jiang Y H, Yang Y F, et al. 2012. Molecular ecological network analyses. BMC Bioinformatics, 13: 113.

Díaz S, Kattge J, Cornelissen J H C, et al. 2016. The global spectrum of plant form and function. Nature, 529(7585): 167-171.

Dong N, Prentice I C, Wright I J, et al. 2020. Components of leaf-trait variation along environmental gradients. New Phytologist, 228(1): 82-94.

Dong X J, Zhang X S. 2001. Some observations of the adaptations of sandy shrubs to the arid environment in the Mu Us Sandland: leaf water relations and anatomic features. Journal of Arid Environments, 48(1): 41-48.

Donovan L A, Maherali H, Caruso C M, et al. 2011. The evolution of the worldwide leaf economics spectrum. Trends in Ecology & Evolution, 26(2): 88-95.

Durand M, Brendel O, Buré C, et al. 2019. Altered stomatal dynamics induced by changes in irradiance and vapour-pressure deficit under drought: impacts on the whole-plant transpiration efficiency of poplar genotypes. New Phytologist, 222(4): 1789-1802.

Durand N C, Shamim M S, Machol I, et al. 2016. Juicer provides a one-click system for analyzing loop-resolution Hi-C experiments. Cell Systems, 3(1): 95-98.

Eller C B, de V Barros F, Bittencourt P R L, et al. 2018. Xylem hydraulic safety and construction costs determine tropical tree growth. Plant Cell Environment, 41(3): 548-562.

England J R, Attiwill P M. 2006. Changes in leaf morphology and anatomy with tree age and height in the broadleaved evergreen species, *Eucalyptus regnans* F. Muell. Trees, 20(1): 79-90.

Fajardo A, Siefert A. 2018. Intraspecific trait variation and the leaf economics spectrum across resource gradients and levels of organization. Ecology, 99(5): 1024-1030.

Fang J Y, Fei S L, Fan Y J, et al. 2000. Ecological patterns in anatomic characters of leaves and woods of *Fagus* lucida and their climatic control in mountain Fanjingshan, Guizhou, China. Acta Botanica Sinica, 42(6): 636-642.

Filartiga A L, Klimeš A, Altman J, et al. 2022. Comparative anatomy of leaf petioles in temperate trees and shrubs: the role of plant size, environment and phylogeny. Annals of Botany, 129(5): 567-582.

Flores-Moreno H, Fazayeli F, Banerjee A, et al. 2019. Robustness of trait connections across environmental gradients and growth forms. Global Ecology and Biogeography, 28(12): 1806-1826.

Franks P J, Beerling D J. 2009. Maximum leaf conductance driven by CO_2 effects on stomatal size and density over geologic time. Proceedings of the National Academy of Sciences of the United States of America, 106(25): 10343-10347.

Freschet G T, Cornelissen J H C, Van Logtestijn R S P, et al. 2010. Evidence of the 'plant economics spectrum' in a subarctic flora. Journal of Ecology, 98(2): 362-373.

Freschet G T, Kichenin E, Wardle D A. 2015. Explaining within-community variation in plant biomass allocation: a balance between organ biomass and morphology above vs below ground? Journal of Vegetation Science, 26(3): 431-440.

Fu Y Y, Win P, Zhang H J, et al. 2019. PtrARF2.1 is involved in regulation of leaf development and lignin biosynthesis in poplar trees. International Journal of Molecular Sciences, 20(17): 4141.

Goliber T E, Feldman L J. 1990. Developmental analysis of leaf plasticity in the heterophyllous aquatic plant *Hippuris vulgaris*. American Journal of Botany, 77(3): 399-412.

Gómez-del-Campo M, Ruiz C, Lissarrague J R. 2002. Effect of water stress on leaf area development, photosynthesis, and productivity in chardonnay and airén grapevines. American Journal of Enology and Viticulture, 53(2): 138-143.

Gonzalez-Paleo L, Ravetta D A. 2018. Relationship between photosynthetic rate, water use and leaf structure in desert annual and perennial forbs differing in their growth. Photosynthetica, 56(4): 1177-1187.

Gratani L, Pesoli P, Crescente M F, et al. 2000. Photosynthesis as a temperature indicator in *Quercus ilex* L. Global and Planetary Change, 24(2): 153-163.

Hao J H, Han H K, Liu Y, et al. 2023. Phosphorus addition alleviates the inhibition of nitrogen deposition on photosynthesis of *Potentilla tanacetifolia*. Frontiers in Environmental Science, 11: 1099203.

Hayat F, Silwal A, Seeger S, et al. 2024. Understanding the plant water status of different forest tree species under drought. European Geosciences Union General Assembly 2024 (EGU24), DOI: 10.5194/egusphere-egu24-12595.

He C X, Li J Y, Zhou P, et al. 2008. Changes of leaf morphological, anatomical structure and carbon isotope ratio with the eight of the Wangtian Tree (*Parashorea chinensis*) in Xishuangbanna, China. Journal of Integrative Plant Biology, 50(2): 168-173.

He P C, Gleason S M, Wright I J, et al. 2020. Growing-season temperature and precipitation are independent drivers of global variation in xylem hydraulic conductivity. Global Change Biology, 26(3): 1833-1841.

Hetherington A M, Ian Woodward F. 2003. The role of stomata in sensing and driving environmental change. Nature, 424(6951): 901-908.

Huang W J, Li Z J, Yang Z P, et al. 2010. The structural traits of *Populus euphratica* heteromorphic leaves and their correlations. Acta Ecologica Sinica, 30(17): 4636-4642.

Hultine K R, Grady K C, Wood T E, et al. 2016. Climate change perils for dioecious plant species. Nature Plants, 2(8): 16109.

Kaproth M A, Fredericksen B W, González-Rodríguez A, et al. 2023. Drought response strategies are coupled with leaf habit in 35 evergreen and deciduous oak (*Quercus*) species across a climatic gradient in the Americas. New Phytologist, 239(3): 888-904.

Kattge J, Bönisch G, Díaz S, et al. 2020. TRY plant trait database — enhanced coverage and open access. Global Change Biology, 26(1): 119-188.

Kattge J, Diaz S, Lavorel S, et al. 2011. TRY — a global database of plant traits. Global Change Biology, 17(9): 2905-2935.

Kavi Kishor P B, Sangam S, Amrutha R N, et al. 2005. Regulation of proline biosynthesis, degradation, uptake and transport in higher plants: its implications in plant growth and abiotic stress tolerance. Current Science, 88(3): 424-438.

Kellomäki S, Wang K Y. 2001. Growth and resource use of birch seedlings under elevated carbon dioxide and temperature. Annals of Botany, 87(5): 669-682.

Kenzo T, Inoue Y, Yoshimura M, et al. 2015. Height-related changes in leaf photosynthetic traits in diverse

Bornean tropical rain forest trees. Oecologia, 177(1): 191-202.

Kermavnar J, Kutnar L, Marinšek A, et al. 2022. Funkcionalna ekologija rastlin: preverjanje izbranih konceptov na primeru rastlinskih vrst gozdnih rastiščnih tipov v Sloveniji. Acta Silvae *et* Ligni, 129: 7-26.

Khalil A A M, Grace J. 1992. Acclimation to drought in *Acer pseudoplatanus* L. (sycamore) seedlings. Journal of Experimental Botany, 43(12): 1591-1602.

Khator K, Shekhawat G S. 2020. Nitric oxide mitigates salt-induced oxidative stress in *Brassica juncea* seedlings by regulating ROS metabolism and antioxidant defense system. 3 Biotech, 10(11): 499.

Kleyer M, Trinogga J, Cebrián-Piqueras M A, et al. 2018. Trait correlation network analysis identifies biomass allocation traits and stem specific length as hub traits in herbaceous perennial plants. Journal of Ecology, 107(2): 829-842.

Koch G W, Sillett S C, Jennings G M, et al. 2004. The limits to tree height. Nature, 428(6985): 851-854.

Koschützki D, Schreiber F. 2008. Centrality analysis methods for biological networks and their application to gene regulatory networks. Gene Regulation and Systems Biology, 2: 193-201.

Kumar A, Prasad A, Sedlářová M, et al. 2023. Malondialdehyde enhances PsbP protein release during heat stress in *Arabidopsis*. Plant Physiology and Biochemistry, 202: 107984.

Kurokawa H, Oguro M, Takayanagi S, et al. 2022. Plant characteristics drive ontogenetic changes in herbivory damage in a temperate forest. Journal of Ecology, 110(11): 2772-2784.

Kusvuran S. 2012. Influence of drought stress on growth, ion accumulation and antioxidative enzymes in okra genotypes. International Journal of Agriculture and Biology, 14(3): 401-406.

Lambers H, Oliveira R S. 2019. Plant Physiological Ecology. Cham: Springer International Publishing. DOI: 10.1007/978-0-387-78341-3.

Lamont B B, Lamont H C. 2022. Contrasting leaf thickness & saturated water content explain diverse structural/physiological properties of arid species. BioRxiv, DOI: https://doi.org/10.1101/2022.11.02. 514850.

Lebrija-Trejos E, Pérez-García E A, Meave J A, et al. 2010. Functional traits and environmental filtering drive community assembly in a species-rich tropical system. Ecology, 91(2): 386-398.

Li C J, Xu X W, Sun Y Q, et al. 2014. Stoichiometric characteristics of C, N, P for three desert plants leaf and soil at different habitats. Arid Land Geography, 37(5): 996-1004.

Li C Y, Ren J, Luo J X, et al. 2004. Sex-specific physiological and growth responses to water stress in *Hippophae rhamnoides* L. populations. Acta Physiologiae Plantarum, 26(2): 123-129.

Li G Y, Yang D M, Sun S C. 2008. Allometric relationships between lamina area, lamina mass and petiole mass of 93 temperate woody species vary with leaf habit, leaf form and altitude. Functional Ecology, 22(4): 557-564.

Li Y, Liu C C, Sack L, et al. 2022. Leaf trait network architecture shifts with species-richness and climate across forests at continental scale. Ecology Letters, 25(6): 1442-1457.

Li Y, Liu C C, Xu L, et al. 2021. Leaf trait networks based on global data: representing variation and adaptation in plants. Frontiers in Plant Science, 12: 710530.

Lian X, Piao S L, Chen A P, et al. 2021. Multifaceted characteristics of dryland aridity changes in a warming world. Nature Reviews Earth & Environment, 2: 232-250.

Lieberman-Aiden E, van Berkum N L, Williams L, et al. 2009. Comprehensive mapping of long-range interactions reveals folding principles of the human genome. Science, 326(5950): 289-293.

Lindermayr C, Saalbach G, Durner J. 2005. Proteomic identification of S-nitrosylated proteins in *Arabidopsis*. Plant Physiology, 137(3): 921-930.

Liu C C, Li Y, Yan P, et al. 2021. How to improve the predictions of plant functional traits on ecosystem functioning? Frontiers in Plant Science, 12: 622260.

Liu Z G, Zhao M, Zhang H, et al. 2022. Divergent response and adaptation of specific leaf area to environmental change at different spatio-temporal scales jointly improve plant survival. Global Change Biology, 29(4): 1144-1159.

Lusk C H, Grierson E R P, Laughlin D C. 2019. Large leaves in warm, moist environments confer an advantage in seedling light interception efficiency. New Phytologist, 223(3): 1319-1327.

Ma T T, Christie P, Luo Y M, et al. 2014. Physiological and antioxidant responses of germinating mung bean seedlings to phthalate esters in soil. Pedosphere, 24(1): 107-115.

Maria M, Franceso D B, Ji I D, et al. 2014. Plant functional traits as determinants of population stability. Ecology, 95(9): 2369-2374.

Medeiros C D, Scoffoni C, John G P, et al. 2019. An extensive suite of functional traits distinguishes Hawaiian wet and dry forests and enables prediction of species vital rates. Functional Ecology, 33(4): 712-734.

Medina-Vega J A, Bongers F, Poorter L, et al. 2021. Lianas have more acquisitive traits than trees in a dry but not in a wet forest. Journal of Ecology, 109(6): 2367-2384.

Meiforth J J, Buddenbaum H, Hill J, et al. 2020. Monitoring of canopy stress symptoms in New Zealand kauri trees analysed with AISA Hyperspectral Data. Remote Sensing, 12(6): 926.

Melnikova N V, Borkhert E V, Snezhkina A V, et al. 2017. Sex-specific response to stress in populus. Frontiers in Plant Science, 8: 1827.

Meziane D, Shipley B. 1999. Interacting components of interspecific relative growth rate: constancy and change under differing conditions of light and nutrient supply. Functional Ecology, 13(5): 611-622.

Midgley J, Bond W. 1989. Leaf size and inflorescence size may be allometrically related traits. Oecologia, 78(3): 427-429.

Mina M, Messier C, Duveneck M, et al. 2021. Network analysis can guide resilience-based management in forest landscapes under global change. Ecological Applications, 31(1): e2221.

Monclus R, Dreyer E, Villar M, et al. 2006. Impact of drought on productivity and water use efficiency in 29 genotypes of *Populus deltoides* × *Populus nigra*. New Phytologist, 169(4): 765-777.

Nakayama H, Sinha N R, Kimura S. 2017. How do plants and phytohormones accomplish heterophylly, leaf phenotypic plasticity, in response to environmental cues. Frontiers in Plant Science, 8: 1717.

Nakhaie A, Habibi G, Vaziri A. 2022. Exogenous proline enhances salt tolerance in acclimated *Aloe vera* by modulating photosystem II efficiency and antioxidant defense. South African Journal of Botany, 147: 1171-1180.

Niinemets Ü. 2007. Photosynthesis and resource distribution through plant canopies. Plant, Cell & Environment, 30(9): 1052-1071.

Obeso J R. 2002. The costs of reproduction in plants. New Phytologist, 155(3): 321-348.

Ohashi Y, Nakayama N, Saneoka H, et al. 2006. Effects of drought stress on photosynthetic gas exchange, chlorophyll fluorescence and stem diameter of soybean plants. Biologia Plantarum, 50(1): 138-141.

Pasho E, Camarero J J, de Luis M, et al. 2011. Impacts of drought at different time scales on forest growth across a wide climatic gradient in north-eastern Spain. Agricultural and Forest Meteorology, 151(12): 1800-1811.

Peppe D J, Royer D L, Cariglino B, et al. 2011. Sensitivity of leaf size and shape to climate: global patterns and paleoclimatic applications. New Phytologist, 190(3): 724-739.

Pitman E J G. 1939. A note on normal correlation. Biometrika, 31(1-2): 9-12.

Poorter H, Niklas K J, Reich P B, et al. 2012. Biomass allocation to leaves, stems and roots: meta-analyses of interspecific variation and environmental control. New Phytologist, 193(1): 30-50.

Rahman M, Islam M, Gebrekirstos A, et al. 2019. Trends in tree growth and intrinsic water-use efficiency in the tropics under elevated CO_2 and climate change. Trees-Structure and Function, 33(3): 623-640.

Ranawana S R W M C J K, Bramley H, Palta J A, et al. 2023. Role of transpiration in regulating leaf temperature and its application in physiological breeding // Mamrutha H M, krishnappa G, khobra R, et al. Translating Physiological Tools to Augment Crop Breeding. Singapore: Springer Nature Singapore: 91-119.

Rao Q Y, Chen J F, Chou Q C, et al. 2023. Linking trait network parameters with plant growth across light gradients and seasons. Functional Ecology, 37(6): 1732-1746.

Ratnam J, Sankaran M, Hanan N P, et al. 2008. Nutrient resorption patterns of plant functional groups in a tropical savanna: variation and functional significance. Oecologia, 157(1): 141-151.

Reich P B, Oleksyn J. 2004. Global patterns of plant leaf N and P in relation to temperature and latitude. Proceedings of the National Academy of Sciences of the United States of America, 101(30): 11001-11006.

Reich P B, Wright I J, Cavender-Bares J, et al. 2003. The evolution of plant functional variation: traits, spectra, and strategies. International Journal of Plant Sciences, 164: S143-S164.

Renner S S, Ricklefs R E. 1995. Dioecy and its correlates in the flowering plants. American Journal of Botany, 82(5): 596-606.

Retuerto R, Lema B F, Roiloa S R, et al. 2000. Gender, light and water effects in carbon isotope discrimination, and growth rates in the dioecious tree *Ilex aquifolium*. Functional Ecology, 14(5): 529-537.

Roderick M L, Berry S L, Noble I R, et al. 1999. A theoretical approach to linking the composition and morphology with the function of leaves. Functional Ecology, 13(5): 683-695.

Rodriguez R E, Debernardi J M, Palatnik J F. 2014. Morphogenesis of simple leaves: regulation of leaf size and shape. Wiley Interdisciplinary Reviews: Developmental Biology, 3(1): 41-57.

Roumet C, Birouste M, Picon-Cochard C, et al. 2016. Root structure–function relationships in 74 species: evidence of a root economics spectrum related to carbon economy. New Phytologist, 210(3): 815-826.

Rozendaal D M A, Hurtado V H, Poorter L. 2006. Plasticity in leaf traits of 38 tropical tree species in response to light; relationships with light demand and adult stature. Functional Ecology, 20(2): 207-216.

Ryan Corces M, Granja J M, Shams S, et al. 2018. The chromatin accessibility landscape of primary human cancers. Science, 362(6413): eaav1898.

Ryan M G, Yoder B J. 1997. Hydraulic limits to tree height and tree growth. BioScience, 47(4): 235-242.

Sack L, Cowan P D, Jaikumar N, et al. 2003. The 'hydrology' of leaves: co-ordination of structure and function in temperate woody species. Plant, Cell & Environment, 26(8): 1343-1356.

Sack L, Holbrook N M. 2006. Leaf hydraulics. Annual Review of Plant Biology, 57: 361-381.

Sack L, Scoffoni C, John G P, et al. 2013. How do leaf veins influence the worldwide leaf economic spectrum? Review and synthesis. Journal of Experimental Botany, 64(13): 4053-4080.

Schmitt S, Trueba S, Coste S, et al. 2022. Seasonal variation of leaf thickness: an overlooked component of functional trait variability. Plant Biology, 24(3): 458-463.

Scoffoni C, Chatelet D S, Pasquet-Kok J, et al. 2016. Hydraulic basis for the evolution of photosynthetic productivity. Nature Plants, 2(6): 16072.

Scott Armbruster W, Pélabon C, Bolstad G H, et al. 2014. Integrated phenotypes: understanding trait covariation in plants and animals. Philosophical Transactions of the Royal Society B-Biological Sciences, 369(1649): 20130245.

Shi P J, Yu K X, Niinemets Ü, et al. 2021. Can leaf shape be represented by the ratio of leaf width to length? Evidence from nine species of *Magnolia* and *Michelia* (Magnoliaceae). Forests, 12(1): 41.

Simonin K A, Limm E B, Dawson T E. 2012. Hydraulic conductance of leaves correlates with leaf lifespan: implications for lifetime carbon gain. New Phytologist, 193(4): 939-947.

Singh T N, Aspinall D, Paleg L G. 1972. Proline accumulation and varietal adaptability to drought in barley: a potential metabolic measure of drought resistance. Nature, 236(67): 188-190.

Sofo A, Dichio B, Xiloyannis C, et al. 2004. Lipoxygenase activity and proline accumulation in leaves and roots of olive trees in response to drought stress. Physiologia Plantarum, 121(1): 58-65.

Da Sternberg L, Sternberg L, Mulkey S, et al. 1989. Ecological interpretation of leaf carbon isotope ratios: influence of respired carbon dioxide. Ecology, 70(5): 1317-1324.

Sun S C, Jin D M, Shi P L. 2006. The leaf size-twig size spectrum of temperate woody species along an altitudinal gradient: an invariant allometric scaling relationship. Annals of Botany, 97(1): 97-107.

Takenaka A. 1994. Effects of leaf blade narrowness and petiole length on the light capture efficiency of a shoot. Ecological Research, 9(2): 109-114.

Tanaka-Oda A, Kenzo T, Kashimura S, et al. 2010. Physiological and morphological differences in the heterophylly of *Sabina vulgaris* Ant. in the semi-arid environment of Mu Us Desert, Inner Mongolia,

China. Journal of Arid Environments, 74(1): 43-48.

Teitel Z, Pickup M, Field D L, et al. 2016. The dynamics of resource allocation and costs of reproduction in a sexually dimorphic, wind-pollinated dioecious plant. Plant Biology, 18(1): 98-103.

Teng K Q, Li J Z, Liu L, et al. 2014. Exogenous ABA induces drought tolerance in upland rice: the role of chloroplast and ABA biosynthesis-related gene expression on photosystem II during PEG stress. Acta Physiologiae Plantarum, 36(8): 2219-2227.

Tsukaya H. 2018. A consideration of leaf shape evolution in the context of the primary function of the leaf as a photosynthetic organ // Adams III W M, Terashima I. The Leaf: A Platform for Performing Photosynthesis. Cham: Springer International Publishing: 1-26.

Turner N C, Stern W R, Evans P. 1987. Water relations and osmotic adjustment of leaves and roots of lupins in response to water Deficits. Crop Science, 27(5): 977-983.

Vendramini F, Díaz S, Gurvich D E, et al. 2002. Leaf traits as indicators of resource-use strategy in floras with succulent species. New Phytologist, 154(1): 147-157.

Verbruggen N, Hermans C. 2008. Proline accumulation in plants: a review. Amino Acids, 35(4): 753-759.

Vicente-Serrano S M. 2007. Evaluating the impact of drought using remote sensing in a Mediterranean, semi-arid region. Natural Hazards, 40(1): 173-208.

Volaire F. 2008. Plant traits and functional types to characterise drought survival of pluri-specific perennial herbaceous swards in Mediterranean areas. European Journal of Agronomy, 29(2-3): 116-124.

Vu J C V, Newman Y C, Allen L H, et al. 2002. Photosynthetic acclimation of young sweet orange trees to elevated growth CO_2 and temperature. Journal of Plant Physiology, 159(2): 147-157.

Wang J, Zhai J T, Zhang J L, et al. 2024. Leaf trait variations and ecological adaptation mechanisms of *Populus euphratica* at different developmental stages and canopy heights. Forests, 15(8): 1283.

Wang L F, Chen Y Y. 2013. Characterization of a wide leaf mutant of rice *Oryza sativa* L. with high yield potential in field. Pakistan Journal of Botany, 45(3): 927-932.

Wang X T, Ji M F, Zhang Y H, et al. 2023. Plant trait networks reveal adaptation strategies in the drylands of China. BMC Plant Biology, 23: 266.

Wei X W, Yang Y H, Yao J L, et al. 2022. Improved utilization of nitrate nitrogen through within-leaf nitrogen allocation trade-offs in *Leymus chinensis*. Frontiers in Plant Science, 13: 870681.

West G B, Brown J H, Enquist B J. 1997. A general model for the origin of allometric scaling laws in biology. Science, 276: 122-126.

Westoby M, Falster D S, Moles A T, et al. 2002. Plant ecological strategies: some leading dimensions of variation between species. Annual Review of Ecology and Systematics, 33: 125-159.

Westoby M, Wright I J. 2003. The leaf size-twig size spectrum and its relationship to other important spectra of variation among species. Oecologia, 135(4): 621-628.

White P S. 1983. Corner's rules in eastern deciduous trees: allometry and its implications for the adaptive architecture of trees. Bulletin of the Torrey Botanical Club, 110: 203-212.

Wilmoth J C, Wang S C, Tiwari S B, et al. 2005. NPH4/ARF7 and ARF19 promote leaf expansion and auxin-induced lateral root formation. The Plant Journal, 43(1): 118-130.

Wright I J, Reich P B, Cornelissen J H C, et al. 2005. Modulation of leaf economic traits and trait relationships by climate. Global Ecology and Biogeography, 14(5): 411-421.

Wright I J, Reich P B, Westoby M, et al. 2004. The worldwide leaf economics spectrum. Nature, 428(6985): 821-827.

Xu F, Guo W H, Xu W H, et al. 2009. Leaf morphology correlates with water and light availability: what consequences for simple and compound leaves? Progress in Natural Science, 19(12): 1789-1798.

Xu H C, Liu M, Li C X, et al. 2024. Optimizing agronomic management practices for enhanced radiation capture and improved radiation use efficiency in winter wheat. Plants, 13(15): 2036.

Xu X, Yang F, Xiao X W, et al. 2008. Sex-specific responses of *Populus cathayana* to drought and elevated temperatures. Plant, Cell & Environment, 31(6): 850-860.

Yan C R, Han X G, Chen L Z, et al. 1998. Foliar $\delta^{13}C$ within temperate deciduous forest: its spatial change and interspecies variation. Acta Botanica Sinica, 40(9): 853-859.

Yan J W, He Y J, Jiao M, et al. 2024. Leaf trait network variations with woody species diversity and habitat heterogeneity in degraded karst forests. Ecological Indicators, 160: 111896.

Yang Y Z, Wang H, Harrison S P, et al. 2019. Quantifying leaf-trait covariation and its controls across climates and biomes. New Phytologist, 221(1): 155-168.

Yao S Y, Wang J, Huang W J, et al. 2024. Adaptation strategies of *Populus euphratica* to arid environments based on leaf trait network analysis in the mainstream of the Tarim River. Forests, 15(3): 437.

Yin C Y, Peng Y H, Zang R G, et al. 2005. Adaptive responses of *Populus kangdingensis* to drought stress. Physiologia Plantarum, 123(4): 445-451.

Yousaf M J, Hussain A, Hamayun M, et al. 2024. Impact of *cis*-zeatin and lovastatin on antioxidant systems and growth parameters in *Zea mays* seedlings under phytohormonal crosstalks. Journal of Plant Interactions, DOI: 10.1080/17429145.2024.2327378.

Yu L, Huang Z D, Tang S L, et al. 2023. *Populus euphratica* males exhibit stronger drought and salt stress resistance than females. Environmental and Experimental Botany, 205: 105114.

Zhai J T, Li Y L, Han Z J, et al. 2020. Morphological, structural and physiological differences in heteromorphic leaves of Euphrates poplar during development stages and at crown scales. Plant Biology, 22(3): 366-375.

Zhang J, Feng J J, Lu J, et al. 2014. Transcriptome differences between two sister desert poplar species under salt stress. BMC Genomics, 15(1): 337.

Zhang X L, Zang R G, Li C Y. 2004. Population differences in physiological and morphological adaptations of *Populus davidiana* seedlings in response to progressive drought stress. Plant Science, 166(3): 791-797.

Zhang Y, Liu T, Meyer C A, et al. 2008. Model-based analysis of ChIP-seq (MACS). Genome Biology, 9(9): R137.

Zhang Y H, Lin W, Chu C J, et al. 2024. Sex-specific outcrossing advantages and sexual dimorphism in the seedlings of dioecious trees. Authorea, DOI: 10.22541/au.170670475.56978149/v1.

Zhang Y J, Meinzer F C, Hao G Y, et al. 2009. Size-dependent mortality in a Neotropical savanna tree: the role of height-related adjustments in hydraulic architecture and carbon allocation. Plant, Cell & Environment, 32(10): 1456-1466.

Zhao C Y, Si J H, Feng Q, et al. 2017. Physiological response to salinity stress and tolerance mechanics of *Populus euphratica*. Environmental Monitoring and Assessment, 189(11): 533.

Zheng X B, Zheng Y X. 2018. CscoreTool: fast hi-C compartment analysis at high resolution. Bioinformatics, 34(9): 1568-1570.

Zhi X Y, Hammer G, Borrell A, et al. 2022. Genetic basis of sorghum leaf width and its potential as a surrogate for transpiration efficiency. Theoretical and Applied Genetics, 135(9): 3057-3071.

Zhou M L, Ma J T, Zhao Y M, et al. 2012. Improvement of drought and salt tolerance in *Arabidopsis* and *Lotus corniculatus* by overexpression of a novel DREB transcription factor from *Populus euphratica*. Gene, 506(1): 10-17.

Zhu S D, Chen Y J, Ye Q, et al. 2018. Leaf turgor loss point is correlated with drought tolerance and leaf carbon economics traits. Tree Physiology, 38(5): 658-663.

Zou R F, Guo X Y, Shan S Y, et al. 2024. Gibberellins regulate expression of cyclins to control leaf width in rice. Agronomy, 14(7): 1597.